精通 Linux内核开发

Mastering Linux Kernel Development

[印度] 拉古 · 巴拉德瓦杰（Raghu Bharadwaj）著
白浩文 文平波 译

人民邮电出版社
北京

图书在版编目（CIP）数据

精通Linux内核开发 / （印）拉古·巴拉德瓦杰（Raghu Bharadwaj）著 ; 白浩文, 文平波译. -- 北京 : 人民邮电出版社, 2021.9
ISBN 978-7-115-56604-1

Ⅰ. ①精… Ⅱ. ①拉… ②白… ③文… Ⅲ. ①Linux操作系统－程序设计 Ⅳ. ①TP316.85

中国版本图书馆CIP数据核字(2021)第101036号

◆ 著　　　　[印] 拉古·巴拉德瓦杰（Raghu Bharadwaj）
　译　　　　白浩文　文平波
　责任编辑　傅道坤
　责任印制　王　郁　焦志炜

◆ 人民邮电出版社出版发行　　北京市丰台区成寿寺路 11 号
　邮编　100164　　电子邮件　315@ptpress.com.cn
　网址　https://www.ptpress.com.cn
　北京市艺辉印刷有限公司印刷

◆ 开本：800×1000　1/16
　印张：18.75
　字数：373 千字　　　　2021 年 9 月第 1 版
　印数：1 – 2 000 册　　2021 年 9 月北京第 1 次印刷

著作权合同登记号　图字：01-2017-9230 号

定价：89.90 元

读者服务热线：(010) 81055410　印装质量热线：(010) 81055316
反盗版热线：(010) 81055315
广告经营许可证：京东市监广登字 20170147 号

内容提要

本书介绍了 Linux 内核、内核的内部编排与设计，以及内核的各个核心子系统等知识。本书分为 11 章，具体内容包括：进程、地址空间和线程；进程调度器；信号管理；内存管理和分配器；文件系统和文件 I/O；进程间通信；虚拟内存管理；内核同步和锁；中断和延迟工作；时钟和时间管理；模块管理。

本书篇幅短小精悍，通过大量代码辅助介绍 Linux 内核的相关开发工作。通过学习本书，读者可以深入理解 Linux 内核的核心服务与机制，了解这个集中了集体智慧的 Linux 内核在保持其良好设计的同时，是如何保持其优雅特性的。

本书适合 Linux 内核开发人员、底层开发人员阅读，还适合希望深入理解 Linux 内核及其各组成部分的系统开发人员学习。高校软件工程专业的学生也可以将本书当作了解 Linux 内核设计原理的参考指南。

关于作者

Raghu Bharadwaj 是 Linux 内核领域的资深顾问、贡献者兼企业培训师，具有近 20 年的从业经验。他是一个狂热的内核爱好者和专家，自 20 世纪 90 年代后期以来就一直密切关注 Linux 内核的发展。他还是 TECH VEDA 公司的创始人，该公司以技术支持、内核贡献和高级培训的形式，专门从事与 Linux 内核有关的工程和技能服务。他对 Linux 有准确的理解和阐述，而且因为对软件设计和操作系统架构的狂热而得到了客户的特别关注。在向从事 Linux 内核、Linux 驱动以及嵌入式 Linux 等工作的工程团队提供定制的且面向解决方案的培训计划这一方面，Raghu 颇有心得。他所服务的客户有 Xilinx（赛灵思）、通用、佳能、富士通、UTC（美国联合技术公司）、TCS（印度塔塔咨询服务公司）、博通、Sasken（印度萨斯肯通讯技术公司）、高通、Cognizant（高知特信息技术公司）、意法半导体、Stryker（史赛克）和 Lattice（莱迪斯）半导体等公司。

首先，感谢 Packt 出版社给我这个机会来写作本书。向 Packt 出版社的所有编辑（Sharon 及其团队）致以诚挚的问候，感谢他们的支持，他们为我按时、有序，且保质保量地写作本书提供了保障。

我还要感谢我的家人，感谢他们在我繁忙的写作期间给予的支持。

最后，我要特别感谢 TECH VEDA 公司的团队，他们不仅为我大开方便之门，而且还用他们各自的方式提供了宝贵的建议和反馈。

关于审稿人

Rami Rosen 是 *Linux Kernel Networking:Implementation and Theory* 一书（Apress 出版社于 2013 年出版）的作者。Rami 已经在高科技公司工作了 20 多年，他的工作之路始于 3 家创业公司。他的大部分工作（无论是过去，还是现在）都是与内核和用户空间网络及虚拟化项目相关的——从设备驱动程序、内核网络栈、DPDK，到 NFV 和 OpenStack，均有涉及。他偶尔会在国际会议上发表演讲，也时常为一家 Linux 新闻站点撰写文章。

感谢我的妻子 Yoonhwa，在我利用周末时间审阅本书时，她给予了足够的宽容和支持。

前　言

本书讲解了 Linux 内核、内核的内部编排和设计，以及内核的各个核心子系统等知识，旨在帮助读者深入理解 Linux 内核。通过学习本书，你将会了解这个集众人之力而拥有了集体智慧的 Linux 内核，在保持其良好设计的同时，是如何保持其优雅特性的。

本书还将介绍所有关键的内核代码、核心数据结构、函数、宏，以便让读者全面、彻底地理解 Linux 内核的核心服务和机制。我们需要将 Linux 内核看作一个精心设计的软件，这可以让我们对软件设计的易扩展性、健壮性和安全性有整体且深入的了解。

本书内容

第 1 章，进程、地址空间和线程，详细讲解了 Linux 中名为“进程”的抽象概念以及整个生态系统，这有助于我们理解这一抽象概念。本章还介绍了地址空间、进程的创建和线程等内容。

第 2 章，进程调度器，讲解了进程调度的内容，这是任何操作系统的一个重要部分。本章将介绍 Linux 为了实现进程的有效执行而采取的不同调度策略。

第 3 章，信号管理，讲解了信号使用、信号表示、数据结构以及用于生成和传递信号的内核例程等信息。

第 4 章，内存管理和分配器，通过 Linux 内核中最关键的一个方面来介绍内存表示和分配的各种细微差异。本章还评估了内核在以最低成本来最大限度地使用资源方面的效率。

第 5 章，文件系统和文件 I/O，对一个典型的文件系统的结构、设计，以及它能成为一个操作系统基本组成部分的原因进行了介绍。本章还介绍了使用通用分层架构设计的抽象，而内核通过 VFS 全面接纳了这种分层架构设计。

第 6 章，进程间通信，介绍了内核提供的各种 IPC 机制。本章将介绍每种 IPC 机制中各种数据结构之间的布局和关系，还有 SysV 和 POSIX IPC 机制。

第 7 章，虚拟内存管理，借助于虚拟内存管理和页表的细节介绍了内存管理相关的知识。本章将深入介绍虚拟内存子系统的各个方面，例如进程的虚拟地址空间和它的段、内存描述符结构、内存映射和 VMA 对象、页缓存和页表的地址转换。

第 8 章，内核同步和锁，介绍了内核提供的各种保护和同步机制以及这些机制的优缺点。本章还对内核如何解决这些变化同步的复杂性进行了介绍。

第 9 章，中断和延迟工作，介绍了中断相关的知识。中断是操作系统的关键部分，用来完成必要的和优先的任务。本章将介绍中断在 Linux 中是如何生成、处理和管理的。中断的各种下半部机制也会在本章进行讲解。

第 10 章，时钟和时间管理，介绍了内核度量和管理时间的方法。本章将介绍所有关键的与时间相关的结构体、例程和宏，以便我们能有效地衡量时间管理。

第 11 章，模块管理，简单介绍了模块、内核在管理模块中的基础结构，以及所涉及的所有核心数据结构等知识。这有助于我们理解内核是如何包含动态扩展性的。

阅读本书的前提条件

除了对 Linux 内核及其设计的细微差别具有强烈的好奇心，读者还需要对 Linux 操作系统有大致的了解，并使用开源软件的思想来学习本书。然而，这并不是阅读本书的必要条件，只要你想获取 Linux 系统及其工作机制的详细信息，就可以学习本书。

本书读者对象

- 希望能更深入地理解 Linux 内核及其各种组成部分的系统编程爱好者和专业人员。
- 开发各种内核相关项目的开发人员，本书是他们的随手读物。
- 软件工程专业的学生，他们可以将本书当作了解 Linux 内核的各个方面及其设计原理的参考指南。

资源与支持

本书由异步社区出品，社区（https://www.epubit.com/）为您提供相关资源和后续服务。

提交勘误

作者和编辑尽最大努力来确保书中内容的准确性，但难免会存在疏漏。欢迎您将发现的问题反馈给我们，帮助我们提升图书的质量。

当您发现错误时，请登录异步社区，按书名搜索，进入本书页面，点击“提交勘误”，输入勘误信息，点击“提交”按钮即可。本书的作者和编辑会对您提交的勘误进行审核，确认并接受后，您将获赠异步社区的100积分。积分可用于在异步社区兑换优惠券、样书或奖品。

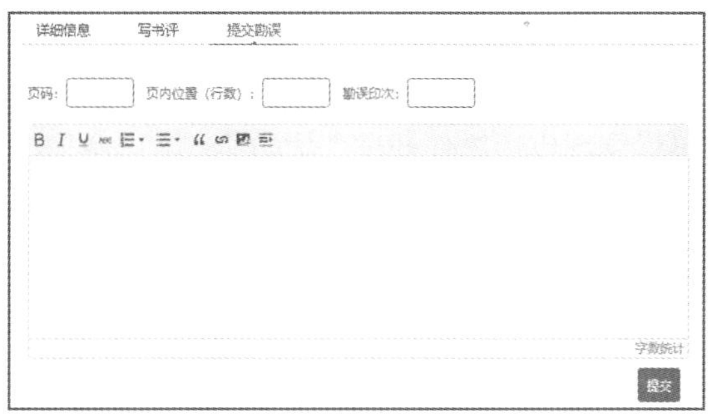

扫码关注本书

扫描下方二维码，您将会在异步社区微信服务号中看到本书信息及相关的服务提示。

与我们联系

如果您对本书有任何疑问或建议，请您发邮件给我们，并请在邮件标题中注明本书书名，以便我们更高效地做出反馈。

如果您有兴趣出版图书、录制教学视频，或者参与图书翻译、技术审校等工作，可以发邮件给我们；有意出版图书的作者也可以向本书责任编辑投稿（邮箱为 fudaokun@ptpress.com.cn）。

如果您来自学校、培训机构或企业，想批量购买本书或异步社区出版的其他图书，也可以发邮件给我们。

如果您在网上发现有针对异步社区出品图书的各种形式的盗版行为，包括对图书全部或部分内容的非授权传播，请您将怀疑有侵权行为的链接发邮件给我们。您的这一举动是对作者权益的保护，也是我们持续为您提供有价值的内容的动力之源。

关于异步社区和异步图书

“异步社区”是人民邮电出版社旗下 IT 专业图书社区，致力于出版精品 IT 图书和相关学习产品，为作译者提供优质出版服务。异步社区创办于 2015 年 8 月，提供大量精品 IT 图书和电子书，以及高品质技术文章和视频课程。更多详情请访问异步社区官网 https://www.epubit.com。

“异步图书”是由异步社区编辑团队策划出版的精品 IT 专业图书的品牌，依托于人民邮电出版社近 30 年的计算机图书出版积累和专业编辑团队，相关图书在封面上印有异步图书的 LOGO。异步图书的出版领域包括软件开发、大数据、AI、测试、前端、网络技术等。

异步社区

微信服务号

目录

1

第 1 章　进程、地址空间和线程

在当前进程上下文中调用内核服务时，通过研究进程上下文的设计布局可更详细地探索内核。本章主要介绍进程，以及内核为进程提供的底层生态系统。本章将介绍以下概念：

- 程序的处理；
- 进程的布局；
- 虚拟地址空间；
- 内核和用户空间；
- 进程 API；
- 进程描述符；
- 内核堆栈管理；
- 线程；
- Linux 线程 API；
- 数据结构；
- 命名空间和 cgroup。

1.1　进程

从本质上讲，计算系统是为了高效运行用户应用程序而设计、开发和经常微调的。而进入计算平台的每个元素都旨在为运行应用程序提供有效且高效的方法。换句话说，计算系统的存在就是为了运行各种不同的应用程序。应用程序既可以作为专用设备中的固件来运行，也可以作为由系统软件（操作系统）驱动的系统中的一个“进程”来运行。

进程的核心是程序在内存中的一个运行实例。从程序到进程的转换过程发生在程序（在磁盘上）被读取到内存中执行时。

一个程序的二进制映像包含代码（所有的二进制指令）和数据（所有的全局数据），它们被映射到内存的不同区域，并具有适当的访问权限（读、写和执行）。除了代码和数据之外，进程还被分配了额外的内存区域，称为堆栈（用于分配具有自动变量和函数参数的函数调用帧），以及在运行时动态分配的堆。

同一个程序的多个实例可以在它们各自的内存分配中存在。例如，对于具有多个打开的选项卡（同时运行浏览器会话）的 Web 浏览器，每个选项卡都被内核视为一个进程实例，各自具有唯一的内存分配。

图 1-1 所示为内存中进程的布局。

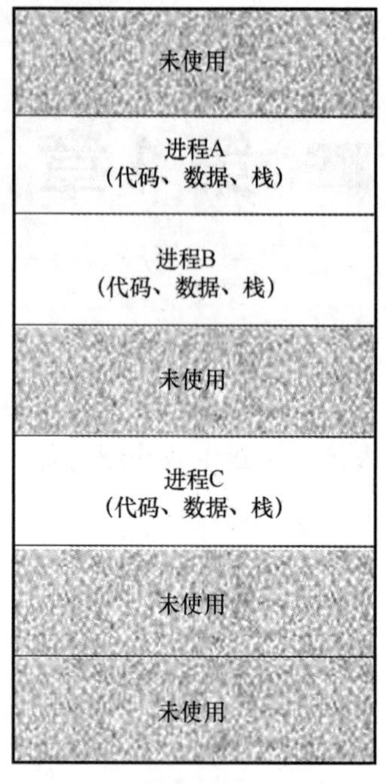

图 1-1

1.1.1 所谓地址空间的错觉

现代计算平台有望有效地处理大量的进程。因此，操作系统必须处理在物理内存（通常是有限的）中为所有并发的进程分配唯一的内存，并确保其可靠的执行。由于多个进程同时发生并执行（多任务），操作系统必须确保每个进程的内存分配都得到保护，以免被另一进程意外访问。

为了解决这个问题，内核在进程和物理内存之间提供了一层抽象，称为虚拟地址空间。虚拟地址空间是进程的内存视图。那么，运行中的程序是如何看待内存的呢？

虚拟地址空间创建了一个假象，即每个进程在执行过程中独占整个内存。这种抽象的内存视图称为虚拟内存，它是由内核的内存管理器与 CPU 的 MMU 协调实现的。每个进程都有一个连续的 32 位或 64 位地址空间，这个地址空间被体系结构所限定，并且对于该进程是唯一的。通过 MMU，每个进程装入其虚拟地址空间中，任何进程尝试访问其边界之外的地址区域都会触发硬件故障，从而使内存管理器能够检测和终止违反的进程，这样就确保进程得到了保护。

图 1-2 所示为每个不同进程创建地址空间的假象。

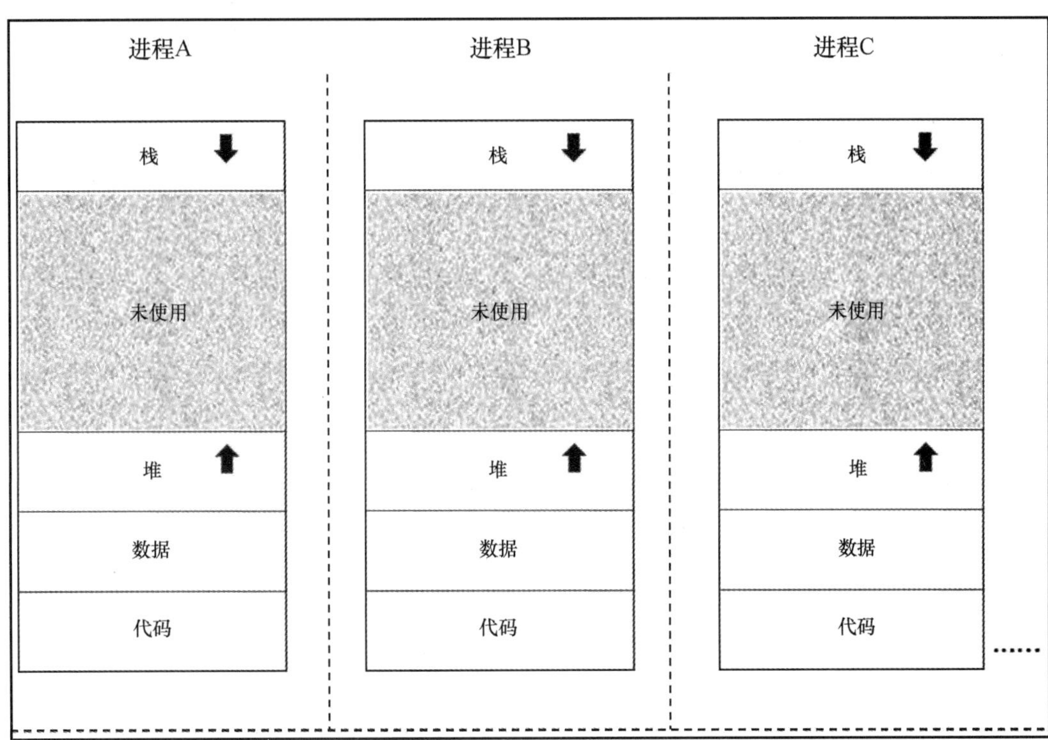

图 1-2

1.1.2 内核空间和用户空间

现代操作系统不仅可以防止一个进程访问另一个进程，还可以防止进程意外访问或操作内核数据和服务（因为内核地址空间是被所有进程共享的）。

操作系统实现这种保护，是通过将整个内存分割成两个逻辑分区：用户空间和内核空间。这种分开设计确保所有分配有地址空间的进程都映射到内存的用户空间部分，而内核数据和服务在内核空间中运行。内核通过与硬件协调配合实现了这种保护。当应用程序进程正在执行代码段中的指令时，CPU 在用户模式下运行。当一个进程打算调用一个内核服务时，它需要将 CPU 切换成特权模式（内核模式），这是通过称为 API（应用程序编程接口）的特殊函数来实现的。这些 API 允许用户进程使用特殊的 CPU 指令切换到内核空间，然后通过系统调用来执行所需要的服务。在所请求的服务完成后，内核使用另一组 CPU 指令来执行到另一个模式的切换，这次是从内核模式返回到用户模式。

注意 系统调用是内核将其服务公开到应用程序进程的接口，它们也被称为内核的入口点。由于系统调用是在内核空间中实现的，对应的处理程序通过用户空间中的 API 提供。API 抽象层也使得调用相关的系统调用变得更容易和方便。

图 1-3 所示为一幅虚拟的内存视图。

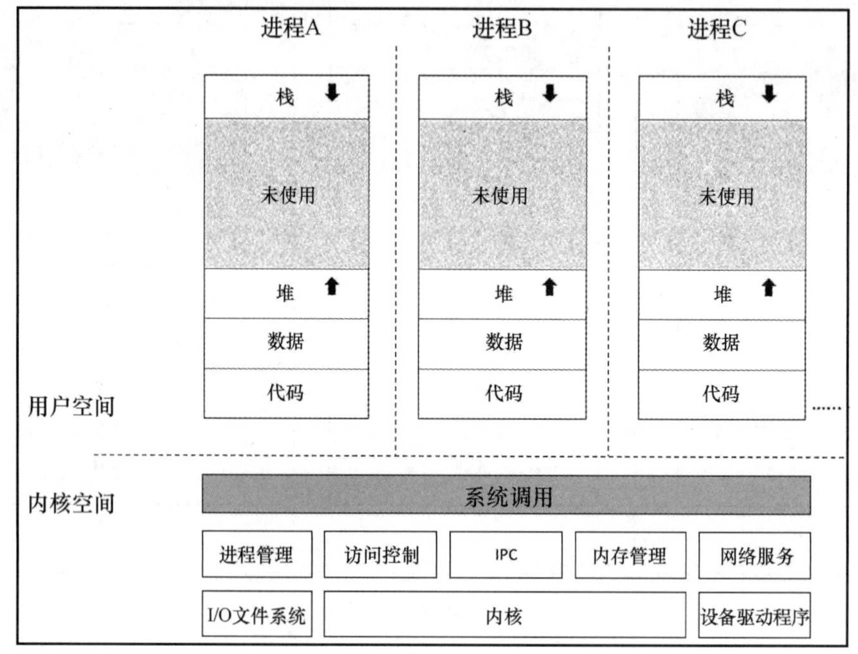

图 1-3

进程上下文

当一个进程通过系统调用请求一个内核服务时，内核将代表调用进程来执行。此时，内核就被认为是在进程上下文中执行的。类似地，内核也会响应其他硬件实体引发的中断；而这里就是说内核在中断上下文中执行。在中断上下文中，内核不代表任何进程来运行。

1.2 进程描述符

从一个进程诞生到退出的时间里，内核的进程管理子系统执行了各种操作，从进程创建、分配 CPU 时间、事件通知到进程终止时销毁进程。

除了地址空间之外，一个进程在内存中还被分配了一个称为进程描述符的数据结构，内核用它来识别、管理和调度该进程。图 1-4 描述了内核中的进程地址空间及其进程描述符。

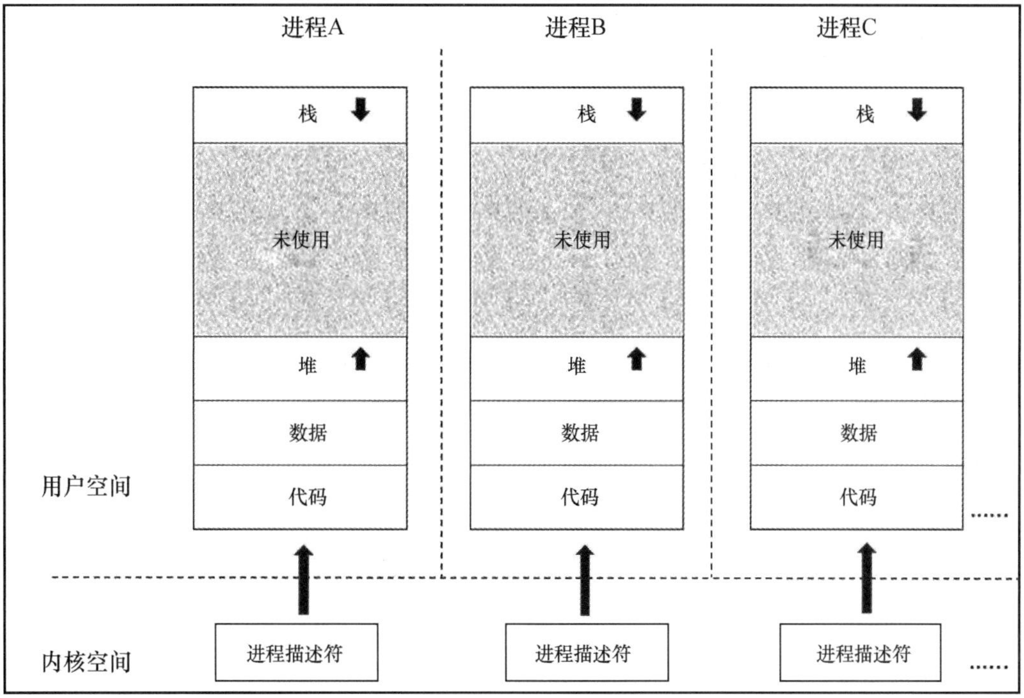

图 1-4

在 Linux 中，一个进程描述符是<linux/sched.h>中定义的 struct task_struct 类型的一个实例，它是核心数据结构之一，包含一个进程所拥有的所有属性、标识的详细信息和资源分配条目。查看 struct task_struct 就像是窥探内核在管理和调度进程时所看到或所使用的内容。

由于任务结构体包含一系列广泛的数据元素，这些元素与不同的内核子系统的功能相关，因此在本章中我们将单独探讨所有元素的目的和范围。我们将介绍一些与进程管理相关的重要元素。

1.2.1 进程属性：关键元素

进程属性定义了一个进程的所有关键特征和基本特征。这些元素包含进程的状态和标识以及其他重要的键值。

1. 状态

一个进程从其产生之时起直至退出就一直处于不同的状态中，称为进程状态——它们定义了进程的当前状态。

- **TASK_RUNNING** (0)：任务正在执行或在调度器运行队列中争抢 CPU。
- **TASK_INTERRUPTIBLE** (1)：任务处于可中断的等待状态；它仍然处于等待状态，直到所等待的条件变为真，例如互斥锁可用、I/O 准备好的设备、睡眠时间超时，或者是一个专属的唤醒调用。在这个等待状态中，为进程生成的任何信号都被传递，使得等待条件被满足前唤醒进程。
- **TASK_KILLABLE**：这与 **TASK_INTERRUPTIBLE** 类似，不同之处在于中断只能发生在致命信号上，这使它成为 **TASK_INTERRUPTIBLE** 以外更好的选择。
- **TASK_UNINTERRUPTIBLE** (2)：任务处于不可中断的等待状态，类似于 **TASK_INTERRUPTIBLE**，但是产生信号给这种睡眠进程不会导致其被唤醒。当它正在等待的事件发生时，进程才转换为 **TASK_RUNNING** 状态。该进程状态很少使用。
- **TASK_STOPPED** (4)：该任务已经收到停止（STOP）信号。在接收到继续信号（SIGCONT）后，它会回到运行状态。
- **TASK_TRACED** (8)：当一个进程可能正在被一个调试器仔细检查，便可认为它处于跟踪状态。
- **EXIT_ZOMBIE** (32)：该进程已经被终止，但它的资源尚未回收。
- **EXIT_DEAD** (16)：父进程使用 wait 方法收集子进程的退出状态后，子进程将终止，并且释放它所持有的所有资源。

图 1-5 描述了进程状态。

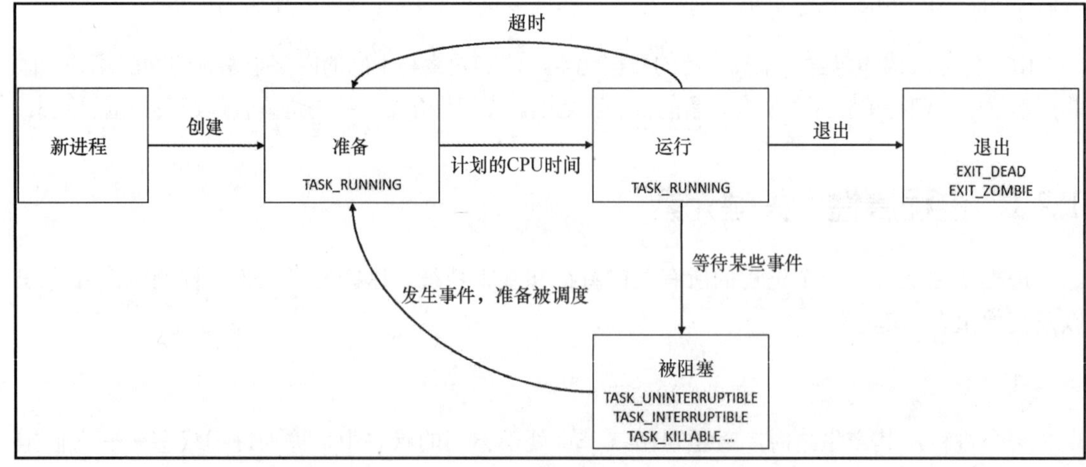

图 1-5

2. pid

该字段保存了进程唯一的标识符，称为 PID。Linux 中的 PID 是 pid_t（整数）类型。虽然 PID 是一个整数，但通过/proc/sys/kernel/pid_max 接口指定的默认最大值只有 32 768。该文件中的值可以设置为任何值，最高可达 2^{22}（PID_MAX_LIMIT，约为 400 万）。

为了管理 PID，内核使用了位图。该位图允许内核跟踪 PID 的使用情况，并且可以为新进程分配唯一的 PID。每个 PID 都是由 PID 位图中的一个位来标识的；PID 的值是根据其对应位的位置来确定的。在位图中，值为 1 的位表示正在使用相应的 PID，值为 0 的位表示空闲的 PID。每当内核需要分配一个唯一的 PID 时，它就会查找第一个未被设置的位并将其设置为 1，相反地，释放一个 PID 时，它会将相应的位从 1 设置为 0。

3. tgid

该字段保存了线程组 id。为了便于理解，假设创建了一个新进程，它的 PID 和 TGID 是相同的，因为进程恰好是唯一的线程。当进程产生一个新的线程时，新的子进程将获得唯一的 PID，但是继承了父线程的 TGID，因为它属于同一个线程组。TGID 主要用于支持多线程进程。我们将在本章后面的线程部分深入了解。

4. thread info

该字段保存了处理器特定的状态信息，并且它是任务结构体的关键元素。本章后文会包含有关 thread_info 的重要细节。

5. flags

该标志字段记录了进程相应的各种属性。该字段中的每一位对应于一个进程生命周期中的各个阶段。每个进程标志定义在<linux/sched.h>中。

```
#define PF_EXITING          /* getting shut down */
#define PF_EXITPIDONE       /* pi exit done on shut down */
#define PF_VCPU             /* I'm a virtual CPU */
#define PF_WQ_WORKER        /* I'm a workqueue worker */
#define PF_FORKNOEXEC       /* forked but didn't exec */
#define PF_MCE_PROCESS      /* process policy on mce errors */
#define PF_SUPERPRIV        /* used super-user privileges */
#define PF_DUMPCORE         /* dumped core */
#define PF_SIGNALED         /* killed by a signal */
#define PF_MEMALLOC         /* Allocating memory */
#define PF_NPROC_EXCEEDED   /* set_user noticed that RLIMIT_NPROC was exceeded */
#define PF_USED_MATH        /* if unset the fpu must be initialized before use */
```

```
#define PF_USED_ASYNC         /* used async_schedule*(), used by module init */
#define PF_NOFREEZE           /* this thread should not be frozen */
#define PF_FROZEN             /* frozen for system suspend */
#define PF_FSTRANS            /* inside a filesystem transaction */
#define PF_KSWAPD             /* I am kswapd */
#define PF_MEMALLOC_NOIO0     /* Allocating memory without IO involved */
#define PF_LESS_THROTTLE      /* Throttle me less: I clean memory */
#define PF_KTHREAD            /* I am a kernel thread */
#define PF_RANDOMIZE          /* randomize virtual address space */
#define PF_SWAPWRITE          /* Allowed to write to swap */
#define PF_NO_SETAFFINITY     /* Userland is not allowed to meddle with cpus_allowed */
#define PF_MCE_EARLY          /* Early kill for mce process policy */
#define PF_MUTEX_TESTER       /* Thread belongs to the rt mutex tester */
#define PF_FREEZER_SKIP       /* Freezer should not count it as freezable */
#define PF_SUSPEND_TASK       /* this thread called freeze_processes and should not be
frozen */
```

6．exit_code 和 exit_signal

这些字段保存了任务的退出值和导致终止的信号的详细信息。这些字段将由父进程在子进程终止时通过 wait()访问。

7．comm

该字段保存了用于启动进程的二进制可执行文件的名称。

8．ptrace

当使用 ptrace()系统调用使进程转为跟踪模式时，将启用并设置该字段。

1.2.2 进程关系：关键元素

每个进程都可以与父进程关联，并建立父子关系。同样，由同一进程产生的多个进程被称为兄弟进程。这些字段确定当前进程与另一个进程的关系。

1．real_parent 和 parent

这些是指向父任务结构体的指针。对于正常的进程，这两个指针都指向同一个 task_struct。它们的区别仅在于使用 posix 线程实现的多线程进程。对于这种情况，real_parent 指向父线程任务结构体，parent 指向收到 SIGCHLD 信号的进程任务结构体。

2．children

这是指向子任务结构体链表的指针。

3．sibling

这是一个指向兄弟任务结构体链表的指针。

4．group_leader

这个指针指向进程组组长的任务结构体。

1.2.3 调度属性：关键元素

所有相互竞争的进程都必须拥有公平的 CPU 时间，这就要求基于时间片和进程优先级来调度。以下这些属性包含了调度器所需的必要信息，以帮助确定哪个进程在竞争时获得优先权。

1．prio 和 static_prio

prio 帮助确定调度进程的优先级。如果进程被分配了实时调度策略，则此字段保存了进程的静态优先级，范围为 1～99（由 sched_setscheduler()指定）。对于正常的进程，这个字段保存了由 nice 值得来的动态优先级。

2．se、rt 和 dl

每个任务都属于调度实体（任务组），因为调度是在每个实体级别上完成的。se 用于所有正常进程，rt 用于实时进程，dl 用于截止期进程。我们将在下一章讨论关于调度的这些属性的更多细节。

3．policy

该字段保存了和进程调度策略相关的信息，这有助于确定进程的优先级。

4．cpus_allowed

该字段指定了进程的 CPU 掩码。也就是说，在多处理器系统中，进程允许在哪个 CPU 上进行调度。

5．rt_priority

该字段用于指定实时调度策略的进程优先级。但对于非实时进程，该字段未被使用。

1.2.4 进程限制：关键元素

内核施加资源限制以确保在相互竞争的进程中公平分配系统资源。这些限制保证了任意一个进程都不会独占所有的资源。有 16 种不同类型的资源限制，task structure 指向一个 struct rlimit 类型的数组，其中每个偏移量包含了一个特定资源的当前值和最大值。

```
/*include/uapi/linux/resource.h*/
struct rlimit {
  __kernel_ulong_t        rlim_cur;
  __kernel_ulong_t        rlim_max;
};
```

这些限制在 include/uapi/asm-generic/resource.h 中进行了指定。

```
#define RLIMIT_CPU        0         /* CPU time in sec */
#define RLIMIT_FSIZE      1         /* Maximum filesize */
#define RLIMIT_DATA       2         /* max data size */
#define RLIMIT_STACK      3         /* max stack size */
#define RLIMIT_CORE       4         /* max core file size */
#ifndef RLIMIT_RSS
# define RLIMIT_RSS       5         /* max resident set size */
#endif
#ifndef RLIMIT_NPROC
# define RLIMIT_NPROC     6         /* max number of processes */
#endif
#ifndef RLIMIT_NOFILE
# define RLIMIT_NOFILE    7         /* max number of open files */
#endif
#ifndef RLIMIT_MEMLOCK
# define RLIMIT_MEMLOCK   8         /* max locked-in-memory
address space */
#endif
#ifndef RLIMIT_AS
# define RLIMIT_AS        9         /* address space limit */
#endif
#define RLIMIT_LOCKS      10        /* maximum file locks held */
#define RLIMIT_SIGPENDING 11        /* max number of pending signals */
#define RLIMIT_MSGQUEUE   12        /* maximum bytes in POSIX mqueues */
#define RLIMIT_NICE       13        /* max nice prio allowed to
raise to 0-39 for nice level  19 .. -20 */
#define RLIMIT_RTPRIO     14        /* maximum realtime priority */
#define RLIMIT_RTTIME     15        /* timeout for RT tasks in us */
#define RLIM_NLIMITS      16
```

1.2.5 文件描述符表：关键元素

在进程的生命周期中，它可以访问各种资源文件来完成其任务。这会导致进程打开、关闭、读取和写入这些文件。而系统又必须跟踪这些行为；文件描述符元素可以帮助系统了解进程操作了哪些文件。

1. fs

文件系统信息存储在该字段中。

2. files

文件描述符表保存了一些指针，这些指针指向进程为了执行各种操作而打开的所有文件。而 files 字段保存了一个指向该文件描述符表的指针。

1.2.6 信号描述符：关键元素

对于要处理信号的进程，任务结构体中有各种元素，而这些元素决定着信号必须如何处理。

1. signal

这是 struct signal_struct 类型的元素，它保存了与进程相关的所有信号的信息。

2. sighand

这是 struct sighand_struct 类型的元素，它保存了与进程相关的所有信号的处理函数。

3. sigset_t blocked 和 real_blocked

这些元素标识了当前被进程屏蔽或阻塞的信号。

4. pending

这是 struct sigpending 类型的，它用来标识已经生成但尚未传递的信号。

5. sas_ss_sp

该字段保存了一个指向备用堆栈的指针，它有助于信号处理。

6. sas_ss_size

该字段表示用于信号处理的备用堆栈的大小。

1.3　内核栈

在基于多核硬件的当代计算平台上，可以同时并行地运行应用程序。因此，在请求同一个进程时，可以同时启动多个进程的内核模式切换。为了能够处理这种情况，内核服务被设计为可重入的，允许多个进程介入并使用所需的服务。这就要求请求进程维护它自己的私有内核栈，来跟踪内核函数调用顺序，存储内核函数的本地数据，等等。

内核栈直接映射到物理内存，强制排列在物理上处于连续的区域中。默认情况下，内核栈对于 x86-32 和大多数其他 32 位系统（在内核构建期间可以配置 4KB 内核栈的选项）为 8KB，在 x86-64 系统上为 16KB。

当内核服务在当前进程上下文中被调用时，它们需要在进行任何相关操作之前验证进程的特权。要执行这类验证，内核服务必须能够访问当前进程的任务结构体并查看相关字段。同样，内核例程可能需要访问当前 task structure，以修改各种资源结构体（如信号处理程序表），查找被挂起的信号、文件描述符表和内存描述符等。为了能够在运行时访问 task structure，内核将当前 task structure 的地址加载到处理器寄存器（所选的寄存器与体系结构相关）中，并通过称为 current 的内核全局宏提供访问（在体系结构特定的内核头文件 asm/current.h 中定义）：

```
/* arch/ia64/include/asm/current.h */
#ifndef _ASM_IA64_CURRENT_H
#define _ASM_IA64_CURRENT_H
/*
* Modified 1998-2000
*       David Mosberger-Tang <davidm@hpl.hp.com>, Hewlett-Packard Co
*/
#include <asm/intrinsics.h>
/*
* In kernel mode, thread pointer (r13) is used to point to the
  current task
* structure.
*/
#define current ((struct task_struct *) ia64_getreg(_IA64_REG_TP))
#endif /* _ASM_IA64_CURRENT_H */
/* arch/powerpc/include/asm/current.h */
#ifndef _ASM_POWERPC_CURRENT_H
#define _ASM_POWERPC_CURRENT_H
#ifdef __KERNEL__
/*
* This program is free software; you can redistribute it and/or
```

```
* modify it under the terms of the GNU General Public License
* as published by the Free Software Foundation; either version
* 2 of the License, or (at your option) any later version.
*/
struct task_struct;
#ifdef __powerpc64__
#include <linux/stddef.h>
#include <asm/paca.h>
static inline struct task_struct *get_current(void)
{
      struct task_struct *task;

      __asm__ __volatile__("ld %0,%1(13)"
      : "=r" (task)
      : "i" (offsetof(struct paca_struct, __current)));
      return task;
}
#define current get_current()
#else
/*
* We keep `current' in r2 for speed.
*/
register struct task_struct *current asm ("r2");
#endif
#endif /* __KERNEL__ */
#endif /* _ASM_POWERPC_CURRENT_H */
```

然而，在寄存器受限的体系结构中，只有很少的寄存器可用，预留一个寄存器来保存当前任务结构体的地址是不可行的。在这样的平台上，当前进程的 task structure 可以直接在其拥有的内核栈的顶部使用。通过屏蔽栈指针的最低有效位，这种方法在确定 task structure 位置方面具有很大的优势。

随着内核的演变，task structure 增长并变得太大而无法容纳在内核栈中，而内核栈已经被限制在物理内存中（8KB）。因此，除了一些关键字段（如定义进程的 CPU 状态和其他底层处理器相关的信息），task structure 已经被移出内核栈。然后将这些字段封装在一个新创建的结构体中，称为 struct thread_info。这个结构体包含在内核栈的顶部，并提供一个指向当前 task structure 的指针，该指针可以被内核服务所使用。

下面的代码片段展示了 x86 体系结构（内核 3.10）的 struct thread_info：

```
/* linux-3.10/arch/x86/include/asm/thread_info.h */
```

```
struct thread_info {
 struct task_struct *task; /* main task structure */
 struct exec_domain *exec_domain; /* execution domain */
 __u32 flags; /* low level flags */
 __u32 status; /* thread synchronous flags */
 __u32 cpu; /* current CPU */
 int preempt_count; /* 0 => preemptable, <0 => BUG */
 mm_segment_t addr_limit;
 struct restart_block restart_block;
 void __user *sysenter_return;
 #ifdef CONFIG_X86_32
 unsigned long previous_esp; /* ESP of the previous stack in case of
 nested (IRQ) stacks */
 __u8 supervisor_stack[0];
 #endif
 unsigned int sig_on_uaccess_error:1;
 unsigned int uaccess_err:1; /* uaccess failed */
};
```

使用包含了进程相关信息的 thread_info，除 task structure 之外，内核对当前进程结构体有多个视角：一个与体系结构无关的信息块 struct task_struct 和一个与体系结构相关的 thread_info。图 1-6 描述了 thread_info 和 task_struct。

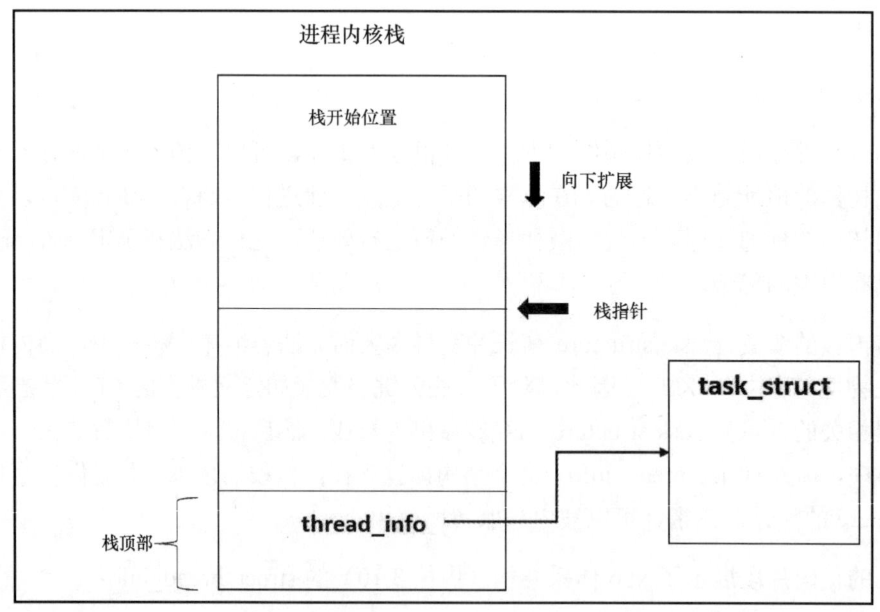

图 1-6

对于使用 thread_info 的体系结构，内核修改了当前宏的实现，以查看内核栈的顶部，从而获取对当前 thread_info 的引用，并通过它来获得当前的 task structure。下面的代码片段所示为当前 x86-64 平台的实现。

```
#ifndef __ASM_GENERIC_CURRENT_H
#define __ASM_GENERIC_CURRENT_H
#include <linux/thread_info.h>
#define get_current() (current_thread_info()->task)
#define current get_current()
#endif /* __ASM_GENERIC_CURRENT_H */
/*
* how to get the current stack pointer in C
*/
register unsigned long current_stack_pointer asm ("sp");
/*
 * how to get the thread information struct from C
 */
static inline struct thread_info *current_thread_info(void)
__attribute_const__;
static inline struct thread_info *current_thread_info(void)
{
       return (struct thread_info *)
               (current_stack_pointer & ~(THREAD_SIZE - 1));
}
```

随着近段时间越来越多地使用 PER_CPU 变量，进程调度器进行了优化，它在 PER_CPU 区域中缓存了当前与进程相关的关键信息。这一更改使得可以通过查找内核栈来快速访问当前进程数据。下面的代码片段所示为 current 宏通过 PER_CPU 变量获取当前任务数据的实现。

```
#ifndef _ASM_X86_CURRENT_H
#define _ASM_X86_CURRENT_H
#include <linux/compiler.h>
#include <asm/percpu.h>
#ifndef __ASSEMBLY__
struct task_struct;
DECLARE_PER_CPU(struct task_struct *, current_task);
static __always_inline struct task_struct *get_current(void)
{
        return this_cpu_read_stable(current_task);
}
```

```
#define current get_current()
#endif /* __ASSEMBLY__ */

#endif /* _ASM_X86_CURRENT_H */
```

使用 PER_CPU 数据会导致 thread_info 中的信息逐渐减少。随着 thread_info 规模的缩小，内核开发者正在考虑通过将 thread_info 移动到 task structure 中，从而完全清除 thread_info。由于这涉及对底层体系结构代码的修改，目前只在 x86-64 体系结构中实现了，而其他体系结构也计划跟随这项改动。以下代码片段所示为只有一个元素的 thread_info 结构体的当前状态。

```
/* linux-4.9.10/arch/x86/include/asm/thread_info.h */
struct thread_info {
 unsigned long flags; /* low level flags */
};
```

1.4 栈溢出问题

与用户模式不同，内核模式栈位于直接映射的内存中。当一个进程调用一个可能在内部被深度嵌套的内核服务时，它有可能会超出当前的内存运行范围。最糟糕的是，内核会察觉不到这种情况。内核程序员通常会使用各种调试选项来跟踪栈使用情况并检测溢出，而这些方法都不便于在生产系统上防止栈溢出。这里也排除了通过使用保护页面的传统保护方式（因为它浪费了一个实际的内存页面）来避免内核栈溢出问题。

内核开发者倾向于遵循编码标准——尽量减少使用本地数据、避免递归、避免深度嵌套等，以减少栈被破坏的可能性。但是，实现功能丰富和深度分层的内核子系统可能会带来各种设计挑战和复杂性，尤其是对于文件系统、存储驱动程序和网络代码可以堆叠在多个层次中的存储子系统，这会导致深度嵌套的函数调用。

在相当长的时间里，Linux 内核社区一直在思考如何预防这类栈破坏问题，为此，决定将内核栈的大小扩展到 16KB（x86-64，自内核 3.15 开始）。内核栈的扩展可能会阻止一部分破坏，但代价是为每个进程内核栈占用许多直接映射的内核内存。但是，为了系统的可靠运行，内核期望在生产系统上出现栈破坏时能够优雅地处理它们。

随着 4.9 版本的发布，内核已经有了一个新的系统来建立虚拟映射的内核栈。由于当前正在使用虚拟地址来映射甚至直接映射页，内核栈实际上并不需要物理上连续的页。内核为虚拟映射的内存预留了一个单独的地址范围，并且在调用 vmalloc()时分配此范围内的地址。这个内存范围称为 vmalloc 范围。当程序需要分配大量内存时使用这个范围，这些内存实际上是虚拟连续的，但物理上是分散的。使用这个方法，内核栈现在可以分配为单独的页，映射到 vmalloc 范围。虚拟映射还可以防止溢出，因为它可以使用页表项分配一个不可访问的保护页（而不浪费实际页）。保护页会提示内核在内存溢出时弹出 oops 消息，并杀死溢出进程。

具有保护页的虚拟映射内核栈目前仅适用于 x86-64 体系结构（对于其他体系结构的支持，看似也会跟进）。这可以通过选择 HAVE_ARCH_VMAP_STACK 或 CONFIG_VMAP_STACK 的构建时选项来开启该功能。

1.5 进程创建

在内核启动期间，会创建一个名为 init 的内核线程，该内核线程接着又被配置为初始化第一个用户模式进程（具有相同的名称）。然后 init（pid 1）进程执行通过配置文件指定的各种初始化操作，创建一系列进程。每个进一步创建的子进程（可能会接着创建自己的子进程）都是 init 进程的后代。因此，创建的进程最终形成了类似于树状结构或单一层次的模型。Shell 就是这样的一个进程，当程序被调用执行时，它成为用户创建用户进程的接口。

fork、vfork、exec、clone、wait 和 exit 是创建和控制新进程的核心内核接口。这些操作是通过相应的用户模式 API 调用的。

1.5.1 fork()

自从传统的 UNIX 版本发布以来，fork()就是*nix 系统中可用的核心“UNIX 线程 API”之一。正如其名字一样，它从正在运行的进程中分出一个新进程。当 fork()执行成功时，通过复制调用者的地址空间和任务结构体来创建新进程（称为子进程）。从 fork()返回时，调用者（父）和新进程（子）会继续执行来自同一代码段的指令，该指令是通过写时复制的方式复制而来的。fork()可能是唯一一个在调用者进程上下文中进入内核模式的 API，并且在执行成功后，会在调用者和子进程（新进程）的上下文中返回到用户模式。

除了少数一些属性，如内存锁、挂起的信号、活跃的定时器和文件记录锁（有关例外的完整列表，请参阅 fork(2)帮助文档）之外，父进程 task structure 的大多数资源条目（如内存描述符、文件描述符表、信号描述符和调度属性）都由子进程继承。子进程被赋予一个唯一的 pid，并通过其 task structure 的 ppid 字段引用其父进程的 pid；而子进程的资源利用和处理器使用条目会被重置为零。

父进程可以通过使用 wait()系统调用更新自己关于子进程的状态，并且通常等待子进程的终止。假如未能调用 wait()，子进程可能会终止并且进入僵尸状态。

1.5.2 写时复制（COW）

在通过复制父进程来创建子进程时，需要为子进程克隆父进程的用户模式地址空间（栈、数据、代码和堆段）和任务结构体；而这会导致执行开销，从而导致创建进程时间的不确定性。更糟糕的是，如果父进程和子进程都没有对克隆资源进行任何状态更改操作，这个克隆过程将变得毫无用处。

根据写时复制（Copy-On-Write，COW），当创建一个子进程时，会为其分配一个唯一的 task structure，其中包含引用父进程 task structure 的所有资源条目（包括页表），并且对父进程和子进程有只读访问权限。当两个进程中的任意一个启动状态更改操作时，资源才会被真正复制，因此称为写时复制。COW 中的 Write 就意味着状态更改。COW 通过将复制进程数据的需求延迟到直到写入时才完成，并且在只发生读取的时候完全避免复制，使效率和优化凸显出来。这种按需复制还可以减少所需交换页的数量，缩短花费在交换页上的时间，并有助于减少分页请求。

1.5.3 exec

有时候，创建一个子进程可能用处不大，除非它完全运行一个新的程序，exec 系列函数正是为此目的而服务的。exec 通过在现有的进程中执行一个新的可执行二进制文件来替代现有的程序：

```
#include <unistd.h>
int execve(const char *filename, char *const argv[],
char *const envp[]);
```

execve 是一个系统调用，它会将第一个传给它的参数作为路径，用来执行二进制文件程序。第二个和第三个参数是以 null 结尾的数组参数和字符串环境变量，它们将作为命令行参数传递给一个新程序。这个系统调用也可以通过各种 glibc（库）封装器来调用，这样会更加方便和灵活：

```
include <unistd.h>
extern char **environ;
int execl(const char *path, const char *arg, ...);
int execlp(const char *file, const char *arg, ...);
```

```
int execle(const char *path, const char *arg,
..., char * const envp[]);
int execv(const char *path, char *constargv[]);
int execvp(const char *file, char *constargv[]);
int execvpe(const char *file, char *const argv[],
char *const envp[]);
```

命令行用户界面程序（如 shell）使用 exec 接口来启动用户请求的程序二进制文件。

1.5.4 vfork()

与 fork()不同，vfork()创建子进程并会阻塞父进程，这意味着子进程会作为一个单独的线程运行并且不允许与父进程并发；换句话说，父进程暂时被挂起，直到子进程退出或调用 exec()。子进程共享父进程的数据。

1.5.5 Linux 线程支持

一个进程中的执行流被称为线程（thread），这意味着每个进程至少会有一个执行线程。多线程意味着在一个进程中存在多个执行上下文流。使用现代的多核体系结构，一个进程中的多个执行流可以真正并发，实现公平的多任务处理。

在计划执行的进程中，线程通常被枚举为纯用户级实体；它们共享父进程的虚拟地址空间和系统资源。每个线程维护其自身代码、堆栈和线程本地存储。线程由线程库调度和管理，线程库使用称为线程对象的结构体来保存唯一的线程标识符，用于调度属性和保存线程上下文。用户级线程应用程序在内存上通常比较轻量化，并且是事件驱动型应用程序的首选并发性模型。另一方面，这样的用户级线程模型不适合并行计算，因为它们被绑定在与父进程绑定的同一个处理器核上执行。

Linux 不直接支持用户级线程，它提出了一个替代 API 枚举并称为轻量级进程（Light Weight Process，LWP）的特殊进程，该进程可以与父进程共享一组配置资源，例如动态内存分配、全局数据、打开文件、信号处理程序和其他广泛的资源。每个 LWP 由一个唯一的 PID 和任务结构体来标识，并被内核视为一个独立的执行上下文。在 Linux 中，术语“线程”总是指 LWP，因为由线程库（Pthreads）初始化的每个线程都被内核枚举为 LWP。

clone()

clone()是 Linux 特有的一个系统调用，用来创建一个新的进程；它被认为是 fork()系统调用的通用版本，通过 flags 参数提供更精细的控制来自定义其功能：

```
int clone(int (*child_func)(void *), void *child_stack, int flags, void *arg);
```

它提供了超过 20 种不同的 CLONE_*标志来控制 clone 操作的各个方面，包括父进程和子进程是否共享资源，如虚拟内存、打开文件描述符和信号处理。使用适当的内存地址（作为第二个参数传递）创建子进程，以用作堆栈（用于存储子进程的本地数据）使用。子进程以其启动函数（作为第一个参数传递给 clone 调用）开始执行。

当进程尝试通过 pthread 库创建线程时，会使用以下标志（见表 1-1）调用 clone()：

```
/*clone flags for creating threads*/
flags=CLONE_VM|CLONE_FS|CLONE_FILES|CLONE_SIGHAND|CLONE_THREAD|CLONE_SYSVSEM|
CLONE_SETTLS|CLONE_PARENT_SETTID|CLONE_CHILD_CLEARTID;
```

表 1-1

标志	含义
CLONE_VM	启用父进程虚拟地址空间（包含活跃的内存映射）的共享（读/写）
CLONE_FS	启用父进程文件系统信息的共享（当前工作目录 umask）
CLONE_FILES	启用同一个文件描述符表的共享。由调用进程或者子进程创建的任何文件描述符在其他进程中也是有效的
CLONE_SIGHAND	让父进程和子进程共享信号处理程序列表，注意该选项不会影响信号掩码以及挂起的信号列表
CLONE_THREAD	每一个 LWP 都有自己的 PID。线程库标准强制多线程应用程序中的所有线程都能绑定到同一个 PID。为此，Linux 使用了线程组的概念，线程组具有不同的组 ID。当设置了该标志时，子线程将与父进程放到同一个线程组中
CLONE_SYSVSEM	让子线程与调用进程共享 System V 信号量调整值的单个列表
CLONE_SETTLS	为子线程创建新的线程本地存储描述符
CLONE_PARENT_SETTID	通过 fork()系统生成的子进程有时可能在其 PID 返回给父进程上下文之前退出。当发生这种情况时，父进程将不再跟踪子进程的状态。可以通过 pthread 库来启用该标志，以便在子进程开始执行之前将子 TID 存储在父进程内存中的 ptid 位置
CLONE_CHILD_CLEARTID	当线程退出时，必须释放掉它的栈。这个标志允许在父进程等待 futex 的内存位置清除子 TID，直到唤醒后的父进程释放线程栈

clone()也可以用来创建一个常规子进程，但通常是使用 fork()和 vfork()生成的：

```
/* clone flags for forking child */
flags = SIGCHLD;
/* clone flags for vfork child */
flags = CLONE_VFORK | CLONE_VM | SIGCHLD;
```

1.6 内核线程

为了满足运行后台操作的需要，内核会创建线程（类似于进程）。这些内核线程与常规进程相似，因为它们也是由任务结构体表示的并且分配了一个 PID。与用户进程不同的是，它们没有映射任何地址空间，并且只在内核模式下运行，这使得它们不具有交互性。各种内核子系统使用 kthreads 线程来周期性运行和进行异步操作。

所有的内核线程都是 kthreadd（pid 2）的后代，它是在引导期间由 kernel（pid 0）创建的。kthreadd 枚举了其他内核线程；它提供了接口例程，通过它可以由内核服务在运行时动态地产生其他内核线程。可以使用 ps -ef 命令从命令行查看内核线程——它们显示在方括号中：

```
UID PID PPID C STIME TTY TIME CMD
root 1 0 0 22:43 ? 00:00:01 /sbin/init splash
root 2 0 0 22:43 ? 00:00:00 [kthreadd]
root 3 2 0 22:43 ? 00:00:00 [ksoftirqd/0]
root 4 2 0 22:43 ? 00:00:00 [kworker/0:0]
root 5 2 0 22:43 ? 00:00:00 [kworker/0:0H]
root 7 2 0 22:43 ? 00:00:01 [rcu_sched]
root 8 2 0 22:43 ? 00:00:00 [rcu_bh]
root 9 2 0 22:43 ? 00:00:00 [migration/0]
root 10 2 0 22:43 ? 00:00:00 [watchdog/0]
root 11 2 0 22:43 ? 00:00:00 [watchdog/1]
root 12 2 0 22:43 ? 00:00:00 [migration/1]
root 13 2 0 22:43 ? 00:00:00 [ksoftirqd/1]
root 15 2 0 22:43 ? 00:00:00 [kworker/1:0H]
root 16 2 0 22:43 ? 00:00:00 [watchdog/2]
root 17 2 0 22:43 ? 00:00:00 [migration/2]
root 18 2 0 22:43 ? 00:00:00 [ksoftirqd/2]
root 20 2 0 22:43 ? 00:00:00 [kworker/2:0H]
root 21 2 0 22:43 ? 00:00:00 [watchdog/3]
root 22 2 0 22:43 ? 00:00:00 [migration/3]
root 23 2 0 22:43 ? 00:00:00 [ksoftirqd/3]
root 25 2 0 22:43 ? 00:00:00 [kworker/3:0H]
root 26 2 0 22:43 ? 00:00:00 [kdevtmpfs]
/*kthreadd creation code (init/main.c) */
static noinline void __ref rest_init(void)
{
 int pid;
```

```
    rcu_scheduler_starting();
    /*
    * We need to spawn init first so that it obtains pid 1, however
    * the init task will end up wanting to create kthreads, which, if
    * we schedule it before we create kthreadd, will OOPS.
    */
    kernel_thread(kernel_init, NULL, CLONE_FS);
    numa_default_policy();
    pid = kernel_thread(kthreadd, NULL, CLONE_FS | CLONE_FILES);
    rcu_read_lock();
    kthreadd_task = find_task_by_pid_ns(pid, &init_pid_ns);
    rcu_read_unlock();
    complete(&kthreadd_done);

    /*
    * The boot idle thread must execute schedule()
    * at least once to get things moving:
    */
    init_idle_bootup_task(current);
    schedule_preempt_disabled();
    /* Call into cpu_idle with preempt disabled */
    cpu_startup_entry(CPUHP_ONLINE);
}
```

上述代码展示了内核引导例程 rest_init()用适当的参数调用 kernel_thread()例程，用来创建 kernel_init（然后继续启动用户模式 init 进程）和 kthreadd 线程。

kthread 是一个永久运行的线程，它会查看名为 kthread_create_list 的链表，以获取有关要创建的新 kthreads 线程的数据：

```
/*kthreadd routine(kthread.c) */
int kthreadd(void *unused)
{
    struct task_struct *tsk = current;

    /* Setup a clean context for our children to inherit. */
    set_task_comm(tsk, "kthreadd");
    ignore_signals(tsk);
    set_cpus_allowed_ptr(tsk, cpu_all_mask);
    set_mems_allowed(node_states[N_MEMORY]);
```

```
current->flags |= PF_NOFREEZE;

for (;;) {
set_current_state(TASK_INTERRUPTIBLE);
if (list_empty(&kthread_create_list))
schedule();
__set_current_state(TASK_RUNNING);
spin_lock(&kthread_create_lock);
while (!list_empty(&kthread_create_list)) {
struct kthread_create_info *create;

create = list_entry(kthread_create_list.next,
struct kthread_create_info, list);
list_del_init(&create->list);
spin_unlock(&kthread_create_lock);
create_kthread(create); /* creates kernel threads with attributes enqueued */

spin_lock(&kthread_create_lock);
}
spin_unlock(&kthread_create_lock);
}

return 0;
}
```

内核线程通过调用 kthread_create 或通过其封装的 kthread_run 函数传递合适的参数来创建，这些参数定义了 kthreadd（启动例程、ARG 数据和名称）。以下代码片段展示了 kthread_create 调用 kthread_create_on_node()，默认情况下，它在当前的 Numa 节点上创建线程：

```
struct task_struct *kthread_create_on_node(int (*threadfn)(void *data),
 void *data,
 int node,
 const char namefmt[], ...);

/**
 * kthread_create - create a kthread on the current node
 * @threadfn: the function to run in the thread
 * @data: data pointer for @threadfn()
 * @namefmt: printf-style format string for the thread name
 * @...: arguments for @namefmt.
 *
```

```
 * This macro will create a kthread on the current node, leaving it in
 * the stopped state. This is just a helper for
 * kthread_create_on_node();
 * see the documentation there for more details.
 */
#define kthread_create(threadfn, data, namefmt, arg...)
 kthread_create_on_node(threadfn, data, NUMA_NO_NODE, namefmt, ##arg)
struct task_struct *kthread_create_on_cpu(int (*threadfn)(void *data),
 void *data,
 unsigned int cpu,
 const char *namefmt);

/**
 * kthread_run - create and wake a thread.
 * @threadfn: the function to run until signal_pending(current).
 * @data: data ptr for @threadfn.
 * @namefmt: printf-style name for the thread.
 *
 * Description: Convenient wrapper for kthread_create() followed by
 * wake_up_process(). Returns the kthread or ERR_PTR(-ENOMEM).
 */
#define kthread_run(threadfn, data, namefmt, ...)
({
 struct task_struct *__k
 = kthread_create(threadfn, data, namefmt, ## __VA_ARGS__);
 if (!IS_ERR(__k))
 wake_up_process(__k);
 __k;
})
```

kthread_create_on_node() 是要创建的 kthread 的实例化函数（作为参数接收），封装在类型为 kthread_create_info 的结构体中，并将其加入 kthread_create_list 链表尾部。然后它唤醒 kthreadd 并等待线程创建完成：

```
/* kernel/kthread.c */
static struct task_struct *__kthread_create_on_node(int (*threadfn)(void *data),
 void *data, int node,
 const char namefmt[],
 va_list args)
{
 DECLARE_COMPLETION_ONSTACK(done);
```

```
    struct task_struct *task;
    struct kthread_create_info *create = kmalloc(sizeof(*create),
    GFP_KERNEL);

    if (!create)
    return ERR_PTR(-ENOMEM);
    create->threadfn = threadfn;
    create->data = data;
    create->node = node;
    create->done = &done;

    spin_lock(&kthread_create_lock);
    list_add_tail(&create->list, &kthread_create_list);
    spin_unlock(&kthread_create_lock);

    wake_up_process(kthreadd_task);
    /*
    * Wait for completion in killable state, for I might be chosen by
    * the OOM killer while kthreadd is trying to allocate memory for
    * new kernel thread.
    */
    if (unlikely(wait_for_completion_killable(&done))) {
    /*
    * If I was SIGKILLed before kthreadd (or new kernel thread)
    * calls complete(), leave the cleanup of this structure to
    * that thread.
    */
    if (xchg(&create->done, NULL))
    return ERR_PTR(-EINTR);
    /*
    * kthreadd (or new kernel thread) will call complete()
    * shortly.
    */
    wait_for_completion(&done); // wakeup on completion of thread creation.
    }
...
...
...
}

struct task_struct *kthread_create_on_node(int (*threadfn)(void *data),
```

```
void *data, int node,
const char namefmt[],
...)
{
struct task_struct *task;
va_list args;

va_start(args, namefmt);
task = __kthread_create_on_node(threadfn, data, node, namefmt, args);
va_end(args);

return task;
}
```

回想一下，kthreadd 调用 create_thread()例程，根据加入链表中的数据来启动内核线程。这个例程创建线程并指示完成：

```
/* kernel/kthread.c */
static void create_kthread(struct kthread_create_info *create)
{
int pid;

#ifdef CONFIG_NUMA
current->pref_node_fork = create->node;
#endif

/* We want our own signal handler (we take no signals by default). */
pid = kernel_thread(kthread, create, CLONE_FS | CLONE_FILES |
SIGCHLD);
if (pid < 0) {
/* If user was SIGKILLed, I release the structure. */
struct completion *done = xchg(&create->done, NULL);

if (!done) {
kfree(create);
return;
}
create->result = ERR_PTR(pid);
complete(done); /* signal completion of thread creation */
}
}
```

do_fork()和 copy_process()

到目前为止，我们所讨论的所有进程/线程创建调用接口都会调用不同的系统调用（create_thread 除外）来进入内核模式。所有这些系统调用最终又会落到共同的内核函数_do_fork()中，该函数将使用不同的 CLONE_*标志进行调用。_do_fork()在内部会通过 copy_process()来完成任务。图 1-7 总结了进程创建的调用顺序。

```
/* kernel/fork.c */
/*
 * Create a kernel thread.
 */
pid_t kernel_thread(int (*fn)(void *), void *arg, unsigned long flags)
{
 return _do_fork(flags|CLONE_VM|CLONE_UNTRACED, (unsigned long)fn,
 (unsigned long)arg, NULL, NULL, 0);
}

/* sys_fork: create a child process by duplicating caller */
SYSCALL_DEFINE0(fork)
{
#ifdef CONFIG_MMU
 return _do_fork(SIGCHLD, 0, 0, NULL, NULL, 0);
#else
 /* cannot support in nommu mode */
 return -EINVAL;
#endif
}

/* sys_vfork: create vfork child process */
SYSCALL_DEFINE0(vfork)
{
 return _do_fork(CLONE_VFORK | CLONE_VM | SIGCHLD, 0,
 0, NULL, NULL, 0);
}

/* sys_clone: create child process as per clone flags */

#ifdef __ARCH_WANT_SYS_CLONE
#ifdef CONFIG_CLONE_BACKWARDS
SYSCALL_DEFINE5(clone, unsigned long, clone_flags, unsigned long, newsp,
```

```
 int __user *, parent_tidptr,
 unsigned long, tls,
 int __user *, child_tidptr)
#elif defined(CONFIG_CLONE_BACKWARDS2)
SYSCALL_DEFINE5(clone, unsigned long, newsp, unsigned long, clone_flags,
 int __user *, parent_tidptr,
 int __user *, child_tidptr,
 unsigned long, tls)
#elif defined(CONFIG_CLONE_BACKWARDS3)
SYSCALL_DEFINE6(clone, unsigned long, clone_flags, unsigned long, newsp,
 int, stack_size,
 int __user *, parent_tidptr,
 int __user *, child_tidptr,
 unsigned long, tls)
#else
SYSCALL_DEFINE5(clone, unsigned long, clone_flags, unsigned long, newsp,
 int __user *, parent_tidptr,
 int __user *, child_tidptr,
 unsigned long, tls)
#endif
{
 return _do_fork(clone_flags, newsp, 0, parent_tidptr, child_tidptr, tls);
}
#endif
```

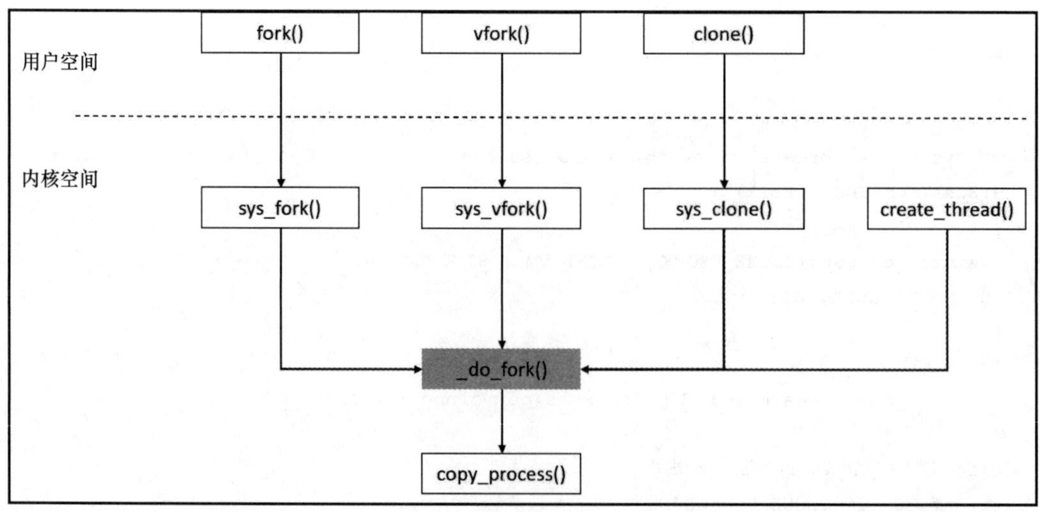

图 1-7

1.7 进程状态和终止

在一个进程的整个生命周期中，它在最终终止之前会经历很多不同的状态。而用户必须要有适当的机制来更新其生命周期中所发生的一切。Linux 为此提供了一组函数。

1.7.1 wait

对于由父进程创建的进程和线程，父进程想要了解其子进程/线程的执行状态，在功能上也许是有用的。这可以使用系统调用的 wait 函数族来实现：

```
#include <sys/types.h>
#include <sys/wait.h>
pid_t wait(int *status);
pid_t waitpid(pid_t pid, int *status, intoptions);
int waitid(idtype_t idtype, id_t id, siginfo_t *infop, int options)
```

这些系统调用更新调用进程关于子进程的状态更改事件。以下状态更改事件会被通知：

- 子进程终止；
- 被信号停止；
- 被信号恢复。

除了报告状态，这些 API 还允许父进程收回已经终止的子进程。终止的进程会进入僵尸状态，直到当前的父进程调用 wait 来收回它的子进程为止。

1.7.2 exit

每个进程都必须结束。进程终止由进程调用 exit()或主函数返回时完成。一个进程也可能会在接收到强制终止的信号或出现迫使其终止的异常时突然终止，比如 KILL 命令，系统会发送一个信号来杀死进程，或者引发异常。终止后，进程将进入退出状态，直到当前的父进程将其收回。

exit 调用 sys_exit 系统调用，它实际上调用了 do_exit 例程。do_exit 主要执行以下任务（do_exit 设置了许多值，并多次调用相关内核例程以完成其任务）：

- 获取子进程返回给父进程的退出码；

- 设置 PF_EXITING 标志，表示进程正在退出；
- 清理并回收该进程所持有的资源。这包括释放 mm_struct，如果它正在等待一个 IPC 信号量，则从队列中移除，并释放文件系统数据和文件（如果有），然后调用 schedule()，因为进程不再可执行了。

在 do_exit 执行完后，进程保持僵尸状态，并且该进程描述符仍然保持完整，以便其父进程收集它的状态，然后由系统回收资源。

1.8 命名空间和 cgroup

登录到 Linux 系统的用户可以清晰透视各种系统实体，如全局资源、进程、内核和用户。例如，一个有效的用户可以访问系统上所有正在运行的进程的 PID（不管它们属于哪个用户）。用户可以观察到系统上其他用户的存在，并且可以运行命令来查看全局系统全局资源的状态，如内存、文件系统挂载和设备。此类操作不被视为入侵或安全漏洞，因为系统始终保证一个用户/进程永远不能入侵其他用户/进程。

但是，在少数服务器平台上这种透明度是不合理的。例如，考虑提供平台即服务（Platform as a Service，PaaS）的云服务提供商。它们提供一个环境来托管和部署自定义客户端应用程序。它们管理运行时、存储、操作系统、中间件和网络服务，留给客户管理自己的应用程序和数据。PaaS 服务被各种电子商务、金融、在线游戏和其他相关企业所使用。

为了给客户端提供高效和有效的隔离和资源管理，PaaS 服务提供商使用了各种工具。他们为每个客户端虚拟化系统环境，以实现安全性、可靠性和健壮性。Linux 内核以 cgroup 和命名空间的形式提供底层机制，用于构建可以虚拟化系统环境的各种轻量级工具。Docker 就是这样一个基于 cgroup 和命名空间的框架。

命名空间从本质上来说是抽象、隔离和限制一组进程对各种系统实体（如进程树、网络接口、用户 ID 和文件系统挂载）的可见性的机制。命名空间被分成几个组，而我们可以直接看到。

1.8.1 挂载命名空间

传统上，挂载和卸载操作将改变系统中所有进程所看到的文件系统视图。换句话说，所有进程都会看到一个全局挂载命名空间。挂载命名空间将文件系统挂载点的集合限制在一个进程的命名空间内可见，使挂载命名空间中的一个进程组与另一个进程相比具有文件系统列表的独有视图。

1.8.2 UTS 命名空间

这使得在一个 uts 命名空间内能够隔离系统的主机和域名。这使初始化和配置脚本时能够基于各自的命名空间得到指引。

1.8.3 IPC 命名空间

这些方法将进程与使用 System V 和 POSIX 消息队列区分开来。这样可以防止一个进程从 IPC 命名空间访问另一个进程的资源。

1.8.4 PID 命名空间

传统上，*nix 内核（包括 Linux）在系统引导期间使用 PID 1 生成 init 进程，该进程进而依次启动其他用户模式进程并被视为整棵进程树的根（所有其他进程都在此进程树下启动）。PID 命名空间允许进程使用其自己的根进程（PID 1 进程）分离出它下面的新进程树。PID 命名空间隔离进程 ID 号，并允许在不同的 PID 命名空间中复制 PID 号，这意味着不同 PID 命名空间中的进程可以具有相同的进程 ID。PID 命名空间内的进程 ID 是唯一的，并且从 PID 1 开始按顺序分配。

1.8.5 网络命名空间

这种类型的命名空间提供了网络协议服务和接口的抽象化和虚拟化。每个网络命名空间都有自己的网络设备实例，可以使用单独的网络地址进行配置。而对其他网络服务（路由表、端口号等）启用了隔离。

1.8.6 用户命名空间

用户命名空间允许进程在命名空间内外使用唯一的用户 ID 和组 ID。这意味着一个进程可以在用户命名空间内部使用特权用户和组 ID（0），并在命名空间外部继续使用非零用户和组 ID。

1.8.7 cgroup 命名空间

cgroup 命名空间虚拟化/proc/self/cgroup 文件的内容。cgroup 命名空间内的进程只能查看相对于其命名空间根目录的路径。

1.8.8 控制组（cgroup）

cgroup 是限制和度量每个进程组资源分配的内核机制。使用 cgroup 可以分配资源，例如 CPU 时间、网络和内存。

与 Linux 中的进程模型类似，每个进程都是父进程的子进程，并且在关系上都源自 init 进程，从而形成单一树状结构。而 cgroup 是分层结构，其中子 cgroup 继承父 cgroup 的属性，但不同之处在于多个 cgroup 可以存在于单个系统中，其中每个 cgroup 又具有不同的资源特权。

在命名空间上应用 cgroup 会导致将进程隔离到系统中的容器中，资源在这些容器中会得到不同的管理。每个容器都是一个轻量级的虚拟机，所有这些虚拟机都作为单独的实体运行，并且可以忽视同一系统中的其他实体的存在。

下面是 Linux 手册页中描述的名称空间 API：

```
clone(2)
The clone(2) system call creates a new process. If the flags argument of the call
specifies one or more of the CLONE_NEW* flags listed below, then new namespaces are
created for each flag, and the child process is made a member of those namespaces.(This
system call also implements a number of features unrelated to namespaces.)
setns(2)
The setns(2) system call allows the calling process to join an existing namespace.
The namespace to join is specified via a file descriptor that refers to one of the /
proc/[pid]/ns files described below.
unshare(2)
The unshare(2) system call moves the calling process to a new namespace. If the
flags argument of the call specifies one or more of the CLONE_NEW* flags listed below,
then new namespaces are created for each flag, and the calling process is made a member
of those namespaces. (This system call also implements a number of features unrelated
to namespaces.)
Namespace Constant          Isolates
Cgroup    CLONE_NEWCGROUP   Cgroup root directory
IPC       CLONE_NEWIPC      System V IPC, POSIX message queues
Network   CLONE_NEWNET      Network devices, stacks, ports, etc.
```

```
Mount       CLONE_NEWNS       Mount points
PID         CLONE_NEWPID      Process IDs
User        CLONE_NEWUSER     User and group IDs
UTS         CLONE_NEWUTS      Hostname and NIS domain name
```

1.9 小结

我们了解了 Linux 的主要抽象之一——进程，以及促进这种抽象运行的整个生态系统。现在的挑战仍然是通过提供公平的 CPU 时间来运行大量的进程。随着多核系统对进程实施多种策略和优先级，对确定性调度的需求显得至关重要。

下一章将深入探讨进程调度，这是进程管理的另一个关键部分，并理解 Linux 调度器是如何设计来处理这种多样性的。

2

第 2 章 进程调度器

进程调度在任何操作系统中都是最关键、最重要的执行任务之一，Linux 也不例外。调度进程中的启发式逻辑和效率决定了操作系统的调度周期，并且可以用一个名称来区分，例如通用操作系统、服务器或实时系统。在本章中，我们将掀开 Linux 调度器的面纱，介绍如下概念：

- Linux 调度器设计；
- 调度类；
- 调度策略和优先级；
- 完全公平调度器；
- 实时调度器；
- deadline 调度器；
- 组调度；
- 抢占。

2.1 进程调度器

任何操作系统的有效性都与其公平调度所有竞争进程的能力成正比。进程调度器是内核的核心组件，它计算并决定一个进程何时获取 CPU 时间以及占用 CPU 的时长。理想情况下，进程需要 CPU 的时间片来运行，所以调度器本质上需要在进程之间公平地分配处理器的时间片。

一个调度器通常应该：

- 避免进程饥饿；
- 管理优先级调度；
- 最大化所有进程的吞吐量；
- 确保低周转时间；
- 确保资源的均匀使用；
- 避免独占 CPU；
- 考虑进程的优先级行为模式；
- 重负载下优雅地补偿；
- 高效处理多核调度。

2.2 Linux 进程调度器设计

Linux 最初是为桌面系统开发的，毫无疑问，它已经演变成一个多维操作系统，其使用范围遍及嵌入式设备、大型机、超级计算机以及房间大小的服务器。它还无缝地适应了不断演变的多种计算平台，如 SMP、虚拟化和实时系统。这些平台的多样性是由在这些系统上运行的多种进程产生的。例如，高度交互式的桌面系统可以运行 I/O 密集型的进程，实时系统在确定性的进程上蓬勃发展。因此，当需要公平调度时，每种进程都需要一种不同的启发式算法，例如 CPU 密集型进程可能比普通进程需要更多 CPU 时间，而实时进程则需要确定性执行。因此，迎合各种系统的 Linux 面临着管理这些多样化进程时出现的各种调度的挑战。

Linux 的进程调度器的内在设计通过采用简单的两层模型，优雅而敏捷地处理了这个挑战。第一层是通用调度器，定义作为调度器入口函数的抽象操作；第二层是调度类，实现实际的调度操作，其中每个类都是专门处理特定种类进程的调度启发式算法。该模型使通用调度器可以从每个调度类的细节实现中抽象出来。例如，普通进程（I/O 密集型）可以由一个类来处理，而需要确定性执行的进程（如实时进程）可以由另一个类来处理。该设计架构还可以无缝地添加新的调度类。图 2-1 所示为进程调度器的分层设计。

通用调度器通过一个称为 sched_class 的结构体来定义抽象接口：

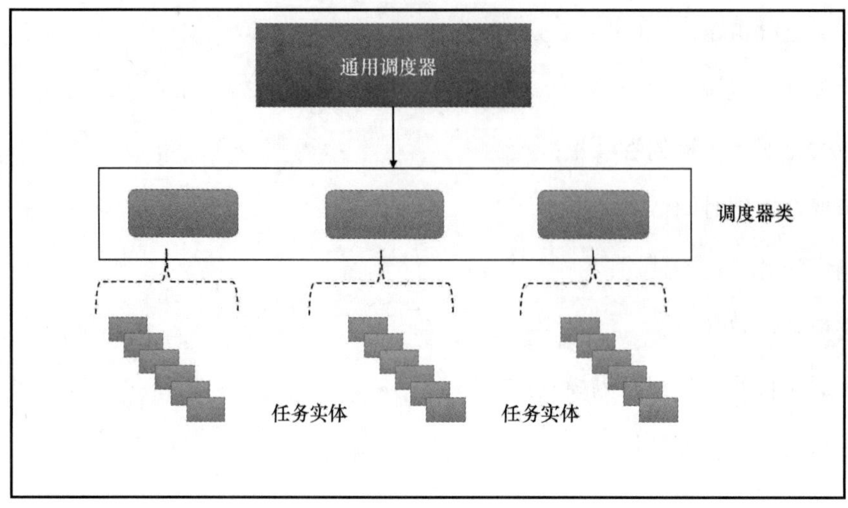

图 2-1

```
struct sched_class {
    const struct sched_class *next;

     void (*enqueue_task) (struct rq *rq, struct task_struct *p, int flags);
    void (*dequeue_task) (struct rq *rq, struct task_struct *p, int flags);
    void (*yield_task) (struct rq *rq);
        bool (*yield_to_task) (struct rq *rq, struct task_struct *p, bool preempt);

    void (*check_preempt_curr) (struct rq *rq, struct task_struct *p, int flags);
        /*
           * It is the responsibility of the pick_next_task() method that will
         * return the next task to call put_prev_task() on the @prev task or
    * something equivalent.
     *
           * May return RETRY_TASK when it finds a higher prio class has runnable
      * tasks.
    */
         struct task_struct * (*pick_next_task) (struct rq *rq,
                                                   struct task_struct *prev,
                                                struct rq_flags *rf);
       void (*put_prev_task) (struct rq *rq, struct task_struct *p);

  #ifdef CONFIG_SMP
          int (*select_task_rq)(struct task_struct *p, int task_cpu, int
  sd_flag, int flags);
```

```
    void (*migrate_task_rq)(struct task_struct *p);

    void (*task_woken) (struct rq *this_rq, struct task_struct *task);

    void (*set_cpus_allowed)(struct task_struct *p,
                             const struct cpumask *newmask);

    void (*rq_online)(struct rq *rq);
    void (*rq_offline)(struct rq *rq);
#endif

    void (*set_curr_task) (struct rq *rq);
    void (*task_tick) (struct rq *rq, struct task_struct *p, int queued);
    void (*task_fork) (struct task_struct *p);
    void (*task_dead) (struct task_struct *p);
    /*
     * The switched_from() call is allowed to drop rq->lock, therefore we
     * cannot assume the switched_from/switched_to pair is serialized by
     * rq->lock. They are however serialized by p->pi_lock.
     */
    void (*switched_from) (struct rq *this_rq, struct task_struct *task);
    void (*switched_to) (struct rq *this_rq, struct task_struct *task);
    void (*prio_changed) (struct rq *this_rq, struct task_struct *task,
                          int oldprio);

    unsigned int (*get_rr_interval) (struct rq *rq,
                                     struct task_struct *task);
    void (*update_curr) (struct rq *rq);

#define TASK_SET_GROUP 0
#define TASK_MOVE_GROUP 1

#ifdef CONFIG_FAIR_GROUP_SCHED
    void (*task_change_group) (struct task_struct *p, int type);
#endif
};
```

每个调度类都实现了 sched_class 结构体中定义的操作。从 4.12.x 内核开始，有 3 个调度类：完全公平调度类（CFS）、实时调度类和截止期调度类（deadline）。每个类处理具有特定调度需求的进程。下面的代码片段展示了每个类是如何按照 sched_class 结构体填充其操作的。

完全公平调度类：

```
const struct sched_class fair_sched_class = {
          .next                         = &idle_sched_class,
          .enqueue_task                 = enqueue_task_fair,
          .dequeue_task                 = dequeue_task_fair,
          .yield_task                   = yield_task_fair,
          .yield_to_task                = yield_to_task_fair,

          .check_preempt_curr           = check_preempt_wakeup,

          .pick_next_task               = pick_next_task_fair,
          .put_prev_task                = put_prev_task_fair,
....
}
```

实时调度类：

```
const struct sched_class rt_sched_class = {
          .next                         = &fair_sched_class,
          .enqueue_task                 = enqueue_task_rt,
          .dequeue_task                 = dequeue_task_rt,
          .yield_task                   = yield_task_rt,

          .check_preempt_curr           = check_preempt_curr_rt,

          .pick_next_task               = pick_next_task_rt,
          .put_prev_task                = put_prev_task_rt,
....
}
```

deadline 调度类：

```
const struct sched_class dl_sched_class = {
          .next                         = &rt_sched_class,
          .enqueue_task                 = enqueue_task_dl,
          .dequeue_task                 = dequeue_task_dl,
          .yield_task                   = yield_task_dl,

          .check_preempt_curr           = check_preempt_curr_dl,

          .pick_next_task               = pick_next_task_dl,
          .put_prev_task                = put_prev_task_dl,
....
}
```

2.3 运行队列

通常，运行队列包含了所有的进程，它们在给定的 CPU 核（每个 CPU 都有一个运行队列）上争夺 CPU 时间。设计通用调度器的目的是在调度时查看运行队列里可以调度的下一个可运行的最佳任务。由于每个调度类都会处理特定的调度策略和优先级，因此为所有可运行进程维护一个通用运行队列是不可能的。

内核通过将其设计原理推向前端来解决这个问题。每个调度类都将其运行队列数据结构的布局定义为最适合其策略的。通用调度器层实现了一个抽象的运行队列结构体，其中包含了用作运行队列接口的通用元素。这个结构体通过用指向特定调度类的运行队列的指针进行扩展。换句话说，所有的调度类都将它们的运行队列嵌入主运行队列结构体中。这是一个经典的设计，它可以让每个调度类为其运行队列数据结构选择一个合适的布局。

下面的代码片段 struct rq（runqueue）会帮助我们理解这个概念（和 SMP 相关的元素已经从结构体中删除，以便把我们的注意力集中在相关的内容上）：

```
struct rq {
        /* runqueue lock: */
        raw_spinlock_t lock;
   /*
    * nr_running and cpu_load should be in the same cacheline because
    * remote CPUs use both these fields when doing load calculation.
    */
         unsigned int nr_running;
    #ifdef CONFIG_NUMA_BALANCING
         unsigned int nr_numa_running;
         unsigned int nr_preferred_running;
    #endif
         #define CPU_LOAD_IDX_MAX 5
         unsigned long cpu_load[CPU_LOAD_IDX_MAX];
#ifdef CONFIG_NO_HZ_COMMON
#ifdef CONFIG_SMP
         unsigned long last_load_update_tick;
#endif /* CONFIG_SMP */
         unsigned long nohz_flags;
#endif /* CONFIG_NO_HZ_COMMON */
#ifdef CONFIG_NO_HZ_FULL
```

```
        unsigned long last_sched_tick;
#endif
        /* capture load from *all* tasks on this cpu: */
        struct load_weight load;
        unsigned long nr_load_updates;
        u64 nr_switches;

        struct cfs_rq cfs;
        struct rt_rq rt;
        struct dl_rq dl;

#ifdef CONFIG_FAIR_GROUP_SCHED
        /* list of leaf cfs_rq on this cpu: */
        struct list_head leaf_cfs_rq_list;
        struct list_head *tmp_alone_branch;
#endif /* CONFIG_FAIR_GROUP_SCHED */

         unsigned long nr_uninterruptible;

        struct task_struct *curr, *idle, *stop;
        unsigned long next_balance;
        struct mm_struct *prev_mm;

        unsigned int clock_skip_update;
        u64 clock;
        u64 clock_task;

        atomic_t nr_iowait;

#ifdef CONFIG_IRQ_TIME_ACCOUNTING
        u64 prev_irq_time;
#endif
#ifdef CONFIG_PARAVIRT
        u64 prev_steal_time;
#endif
#ifdef CONFIG_PARAVIRT_TIME_ACCOUNTING
        u64 prev_steal_time_rq;
#endif
        /* calc_load related fields */
        unsigned long calc_load_update;
        long calc_load_active;
```

```
#ifdef CONFIG_SCHED_HRTICK
#ifdef CONFIG_SMP
        int hrtick_csd_pending;
        struct call_single_data hrtick_csd;
#endif
        struct hrtimer hrtick_timer;
#endif
...
#ifdef CONFIG_CPU_IDLE
        /* Must be inspected within a rcu lock section */
        struct cpuidle_state *idle_state;
#endif
};
```

在上述代码中可以看到调度类（cfs、rt 和 dl）是如何将它们自己嵌入运行队列中的。运行队列中其他相关的元素如下所示。

- nr_running：表示运行队列中的进程数。
- load：表示队列上的当前负载（所有可运行的进程）。
- curr 和 idle：这些指针分别指向当前正在运行任务和空闲任务的 task_struct。当没有其他任务要运行时，会调度空闲任务。

2.4 调度入口

进程的调度是从调用通用调度器（即在<kernel/sched/core.c>中定义的 schedule()函数）开始的。这可能是内核中调用最多的例程之一。schedule()的功能是挑选下一个最佳的可运行任务。schedule()函数中的 pick_next_task()遍历调度类中包含的所有对应函数，并最终选出要运行的下一个最佳任务。每个调度类都使用单链表进行链接，这使得 pick_next_task()可以遍历这些调度类。

考虑到 Linux 主要是为了迎合高度交互的系统而设计的，如果其他任何类中都没有更高优先级的可运行任务，则该函数首先在 CFS 类中寻找下一个最佳可运行任务（这是通过检查运行队列中可运行任务的总数（nr_running）是否等于 CFS 类的子运行队列中可运行任务的总数来完成的）；否则，它会遍历所有其他类并挑选下一个最佳可运行任务。最后，如果没有找到可运行任务，它将调用空闲的后台任务（它总是返回一个非空值）。

下面的代码块展示了 pick_next_task()的实现：

```
/*
 * Pick up the highest-prio task:
 */
static inline struct task_struct *
pick_next_task(struct rq *rq, struct task_struct *prev, struct rq_flags *rf)
{
   const struct sched_class *class;
  struct task_struct *p;

      /*
         * Optimization: we know that if all tasks are in the fair class we can
    * call that function directly, but only if the @prev task wasn't of a
        * higher scheduling class, because otherwise those loose the
      * opportunity to pull in more work from other CPUs.
       */
       if (likely((prev->sched_class == &idle_sched_class ||
                  prev->sched_class == &fair_sched_class) &&
                 rq->nr_running == rq->cfs.h_nr_running)) {

         p = fair_sched_class.pick_next_task(rq, prev, rf);
                if (unlikely(p == RETRY_TASK))
                    goto again;
         /* Assumes fair_sched_class->next == idle_sched_class */
               if (unlikely(!p))
                 p = idle_sched_class.pick_next_task(rq, prev, rf);
          return p;
 }

again:
       for_each_class(class) {
           p = class->pick_next_task(rq, prev, rf);
               if (p) {
                  if (unlikely(p == RETRY_TASK))
                            goto again;
                       return p;
         }
 }
   /* The idle class should always have a runnable task: */
  BUG();
}
```

2.5 进程优先级

调度器决定运行哪个进程取决于进程的优先级。每个进程都标有一个优先级值，其相当于给予进程一个当前的位置，这个位置以何时给予 CPU 时间为依据。在*nix 系统中，优先级从本质上分为动态优先级和静态优先级。动态优先级（dynamic priority）基本上由内核动态地设置给普通进程，其中考虑了各种因素，如进程的 nice 值、历史行为（I/O 密集型或处理器密集型）、失效执行和等待时间。静态优先级（static priority）被用户设置给实时进程，而内核不能动态地改变其优先级。因而在调度时，具有静态优先级的进程优先级更高。

注意 I/O 密集型进程：当一个进程的执行被 I/O 操作（等待资源或事件）打断时，例如文本编辑器，它几乎在运行和等待按键之间交替，这样的进程被称为 I/O 密集型进程。由于这种性质，调度器通常会将短的处理器时间片分配给 I/O 密集型进程，并将其与其他进程复用，从而增加了上下文切换的开销以及计算下一个最佳运行进程的后续启发式算法。

处理器密集型进程：这些进程喜欢保持运行在 CPU 时间片上，因为它们需要最大限度地利用处理器的计算能力。这些需要大量计算的进程（如复杂的科学计算和视频渲染编解码器）都是处理器密集型进程。尽管需要更长的 CPU 时间片看起来也是合理的，但是期望在固定的时间周期内运行它们通常不是必需的。交互式操作系统上的调度器更加乐意运行 I/O 密集型进程，而不是处理器密集型进程。为了实现良好的交互性能，Linux 尽可能更加优化，以缩短响应时间，而倾向于运行 I/O 密集型进程，尽管处理器密集型进程的运行频率较低，而理想情况下它们应该获得更多的时间片来运行。进程也可以是多方面的，一个 I/O 密集型进程也可能需要执行大量的科学计算而消耗 CPU 时间。

任何普通进程的 nice 值的范围在 19（最低优先级）～−20（最高优先级），其中 0 是默认值。较高的 nice 值表示较低的优先级（该进程对其他进程更友好）。实时进程的优先级的范围在 0～99（静态优先级）。所有这些优先级范围都是从用户的角度来看的。

内核的优先级视角

然而，Linux 从自己的角度来看待进程优先级。它增加了更多的计算来设置进程的优先级。基本上，它标定的所有优先级都处于 0～139，其中 0～99 被分配给实时进程，100～139 代表 nice 值的范围（−20～19）。

2.6 调度类

现在让我们更深入地了解每个调度类，并理解它为进程娴熟而优雅地管理调度操作时所用到的操作、策略和启发式算法。如前所述，struct sched_class 的一个实例必须由每个调度类提供，我们来看看这个结构体中的一些关键元素。

- enqueue_task：在运行队列中添加一个新进程。
- dequeue_task：当进程从运行队列中移除时。
- yield_task：当进程想自愿放弃 CPU 时。
- pick_next_task：schedule()调用 pick_next_task 的对应函数。从它的类中挑选出下一个最佳可运行任务。

2.7 完全公平调度类（CFS）

所有具有动态优先级的进程都由 CFS 类来处理，而且通用*nix 系统中的大多数进程是普通（非实时）进程，所以 CFS 仍然是内核中最繁忙的调度类。

基于为每个任务分配的策略和动态优先级，CFS 依赖于在给任务分配处理器时间方面保持平衡。在 CFS 下的进程调度是在它具有“理想的、精确的多任务 CPU”的前提下实现的，公平地为所有进程提供最高的性能。例如，如果有两个进程，完美的多任务 CPU 确保这两个进程同时运行，每个进程利用其 50%的性能。这实际上是不可能的（实现并行），因此 CFS 通过在所有竞争进程中保持适当的平衡来为进程分配处理器时间。如果一个进程没有被分配到公平的时间，它就会被认为是失去平衡的，从而成为下一个最佳可运行进程。

CFS 不依赖传统的时间片来分配处理器时间，而是使用虚拟运行时间（vruntime）的概念：它表示进程获得 CPU 时间的时间量，这意味着低 vruntime 值表示进程是被处理器剥夺运行时间的，而高 vruntime 值表示该进程获得了相当长的处理器时间。具有低 vruntime 值的进程在调度时会获得最高优先级。CFS 还为理想地等待 I/O 请求的进程提供了睡眠者公平性。睡眠者公平性要求等待的进程在最终唤醒后，会在事后被给予相当可观的 CPU 时间。根据 vruntime 值，CFS 决定进程最终运行的时间。它还使用 nice 值来衡量一个进程与所有竞争进程的关系：nice 值越高，低优先级进程的权重越小；nice 值越低，高优先级进程的权重越大。

在 Linux 中，实际上处理具有不同优先级的进程也是很讲究的，因为与优先级较高的任务相比，优先级较低的任务会产生相当大的延迟，这使得分配给低优先级任务的时间很快耗尽。

2.7.1 CFS 计算优先级和时间片

优先级是根据进程等待多久、进程运行了多久、进程的历史行为以及它的 nice 值来分配的。通常情况下，调度器使用复杂的算法选择一个最佳的进程来运行。

在计算每个进程所获得的时间片时，CFS 不仅依赖于进程的 nice 值，还要考虑进程的负载权重。对于进程来说，nice 值每增加 1，CPU 时间片会减少 10%；nice 值每减少 1，CPU 时间片会增加 10%，意思是对于 nice 值每次增减，CPU 时间片都会有 10%的变化。为了计算相应 nice 值的负载权重，内核维护一个名为 prio_to_weight 的数组，其中每个 nice 值对应一个负载权重：

```
static const int prio_to_weight[40] = {
  /* -20 */     88761,     71755,     56483,     46273,     36291,
  /* -15 */     29154,     23254,     18705,     14949,     11916,
  /* -10 */      9548,      7620,      6100,      4904,      3906,
  /*  -5 */      3121,      2501,      1991,      1586,      1277,
  /*   0 */      1024,       820,       655,       526,       423,
  /*   5 */       335,       272,       215,       172,       137,
  /*  10 */       110,        87,        70,        56,        45,
  /*  15 */        36,        29,        23,        18,        15,
};
```

进程的负载权重值存储在 struct load_weight 的 weight 字段中。

与进程的负载权重值一样，CFS 的运行队列也分配了一个权重值，这是运行队列中所有任务的总权重。现在，可以通过分解调度实体的负载权重、运行队列的负载权重和 sched_period（调度周期）来计算时间片。

2.7.2 CFS 运行队列

CFS 不再需要一个普通的运行队列，而是使用一个自平衡的红黑树来代替，以找到下一个最佳进程，以便在最短的时间内运行。红黑树保存了所有竞争进程，有助于快速插入、删除和搜索进程。最高优先级的进程放置在其最左边的节点上。pick_next_task()函数现在只需从红黑树中选择最左边的节点来进行调度。

2.7.3 组调度

为了确保调度时的公平性，CFS 旨在确保每个可运行的进程在定义的时间段内至少在处理器上运行一次，称为调度周期（scheduling period）。在调度周期内，CFS 基本上能确保公平性，换句话说，确保将不公平保持在最低限度，因为每个进程至少能运行一次。CFS 在所有执行线程中将调度周期划分为时间片，以避免进程饥饿。然而，试想这样一个场景，其中进程 A 创建了 10 个执行线程，进程 B 创建了 5 个执行线程：这里 CFS 将时间片平均分配给所有线程，导致进程 A 和它的线程获得最长运行时间，而进程 B 被不公平对待。如果进程 A 继续创建更多的线程，则进程 B 及其创建的线程的情况可能变得更严重，因为进程 B 将不得不争抢最小调度粒度或时间片（1 毫秒）。在这种情况下，公平性要求进程 A 和进程 B 获得与创建的线程相等的时间片，以便在内部共享这些时间片。例如，如果进程 A 和进程 B 分别获得 50%的时间，那么进程 A 将在它创建的 10 个线程中分配其 50%的时间，每个线程在内部可以获得 5%的时间。

为了解决这个问题并保持公平性，CFS 引入了组调度（group scheduling），其中时间片被分配给线程组而不是单个线程。继续上一个例子，在组调度下，进程 A 及其创建的线程属于一个组，进程 B 及其创建的线程属于另一个组。由于调度粒度建立在组级上而不是在线程级上，因此它为进程 A 和进程 B 提供了相同的处理器时间份额，进程 A 和进程 B 在它们内部组成员之间再划分时间片。在这里，进程 A 下创建的线程会受到影响，因为它会创建更多的执行线程。为了确保组调度的启用，在配置内核时要设置 CONFIG_FAIR_GROUP_SCHED。CFS 任务组由 sched_entity 结构体表示，而每个组都被认为是一个调度实体（scheduling entity）。以下代码片段展示了调度实体结构体的关键元素：

```
struct sched_entity {
        struct load_weight          load; /* for load-balancing */
        struct rb_node              run_node;
        struct list_head            group_node;
        unsigned int                on_rq;

        u64                         exec_start;
        u64                         sum_exec_runtime;
        u64                         vruntime;
        u64                         prev_sum_exec_runtime;

        u64                         nr_migrations;

 #ifdef CONFIG_SCHEDSTATS
```

```
        struct sched_statistics statistics;
#endif

#ifdef CONFIG_FAIR_GROUP_SCHED
        int depth;
        struct sched_entity *parent;
         /* rq on which this entity is (to be) queued: */
        struct cfs_rq           *cfs_rq;
        /* rq "owned" by this entity/group: */
        struct cfs_rq           *my_q;
#endif

....
};
```

- load：表示每个实体承担队列总负载的负载量。
- vruntime：表示进程已经运行的时间量。

2.7.4 多核系统下的调度实体

在多核系统中，任务组可以运行在任意一个 CPU 核上。但为了实现这一点，仅创建一个调度实体是不够的。因此，组必须为系统上的每个 CPU 核都创建一个调度实体。在 CPU 上的调度实体由 struct task_group 表示：

```
/* task group related information */
struct task_group {
       struct cgroup_subsys_state css;

#ifdef CONFIG_FAIR_GROUP_SCHED
 /* schedulable entities of this group on each cpu */
      struct sched_entity **se;
 /* runqueue "owned" by this group on each cpu */
  struct cfs_rq **cfs_rq;
   unsigned long shares;

#ifdef CONFIG_SMP
        /*
         * load_avg can be heavily contended at clock tick time, so put
    * it in its own cacheline separated from the fields above which
   * will also be accessed at each tick.
```

```
    */
      atomic_long_t load_avg ____cacheline_aligned;
#endif
#endif

#ifdef CONFIG_RT_GROUP_SCHED
     struct sched_rt_entity **rt_se;
   struct rt_rq **rt_rq;

       struct rt_bandwidth rt_bandwidth;
#endif

       struct rcu_head rcu;
      struct list_head list;

      struct task_group *parent;
        struct list_head siblings;
        struct list_head children;

#ifdef CONFIG_SCHED_AUTOGROUP
       struct autogroup *autogroup;
#endif
    struct cfs_bandwidth cfs_bandwidth;
};
```

现在，每个任务组都有一个针对每个 CPU 核的调度实体以及一个与之关联的 CFS 运行队列。当一个任务组中的任务从一个 CPU 核 x 迁移到另一个 CPU 核 y 时，该任务将从 CPU 核 x 的 CFS 运行队列中移除，并添加到 CPU 核 y 的 CFS 运行队列。

2.7.5 调度策略

调度策略应用于进程，并帮助决定调度决策。大家应该还记得，第 1 章中描述了 struct task_struct 中调度属性的 int policy 字段。policy field 这个值指示在调度时要将哪个策略应用在进程中。CFS 类使用以下两种策略来处理所有的普通进程。

- SCHED_NORMAL (0)：适用于所有普通进程。所有非实时进程都可以归类为普通进程。由于 Linux 的目标是成为响应迅速的交互式系统，因此大部分调度行为和启发式算法都是围绕着公平调度普通进程进行的。普通进程根据 POSIX 被称为 SCHED_OTHER。

- SCHED_BATCH (3)：通常在服务器中，进程是非交互式的，是 CPU 密集型批量处理的。这些 CPU 密集型进程的优先级比 SCHED_NORMAL 进程的优先级低一点，并且它们不会抢占正在调度的普通进程。

CFS 类还负责调度空闲进程，该进程由以下策略指定。

- SCHED_IDLE (5)：当没有进程运行时，空闲进程（低优先级的后台进程）被调度。空闲进程在所有进程中被分配了最低优先级。

2.8 实时调度类

Linux 支持软实时任务，它们由实时调度类来调度。rt 进程被分配了静态优先级，并且由内核动态地保持不变。由于实时任务的目标是确定性地运行，并希望控制何时被调度和调度多久，因此它们总是优先于普通任务（SCHED_NORMAL）。与使用红黑树作为子运行队列的 CFS 不同，rt 调度器并不那么复杂，只是使用每个优先级值为 1～99 的单链表。在调度静态优先级的进程时，Linux 应用了 rr 和 fifo 这两个实时策略，它们由 struct task_struct 的 policy 元素表示。

- SCHED_FIFO (1)：使用先入先出（FIFO）的方法来调度软实时进程。
- SCHED_RR (2)：使用轮询（RR）策略来调度软实时进程。

2.8.1 FIFO

FIFO 是适用于优先级高于 0（分配给普通进程的优先级为 0）的进程的调度机制。FIFO 进程在没有任何时间片分配下运行，换句话说，它们总是在运行，直到它们被某个事件阻塞或明确被另一个进程抢占。当调度器遇到优先级较高的可执行 FIFO、RR 或 deadline 任务时，FIFO 进程也会被抢占。当调度器遇到多个具有相同优先级的 FIFO 任务时，它会从链表头部的第一个进程开始，以轮询的方式运行进程。而在抢占时，该进程会被添加回链表的尾部。如果高优先级进程抢占 FIFO 进程，它将会在链表头部等待，并且当所有其他高优先级任务被抢占后，才会再次启动运行。当新的 FIFO 进程变为可运行时，它会被添加到链表的尾部。

2.8.2 RR

轮询策略与 FIFO 类似，唯一的不同是它被分配了一个时间片来运行。这是对 FIFO 的一种改进（因为一个 FIFO 进程可能会运行，直到它主动让出 CPU 或等待）。与 FIFO 类似，链表头部的 RR 进程被挑选执行（如果没有其他更高优先级的任务可用），并且在时间片用完时被抢占并被添加回链表的尾部。具有相同优先级的 RR 进程轮询运行，直到被高优先级任务抢占。当一个高优先级的任务抢占一个 RR 任务时，它将在链表头部等待，并且仅在其时间片的剩余时间继续运行。

2.8.3 实时组调度

类似于 CFS 的组调度，实时进程也可以使用 CONFIG_RT_GROUP_SCHED 选项来实现组调度。要使组调度成功，必须为每个组分配一部分 CPU 时间，并保证时间片足够在每个实体下运行任务，否则会失败。因此，“运行时间”（一个周期内 CPU 可以花多长时间来运行）被分配给每个组。分配给一个组的运行时间不会被另一个组使用。未分配给实时组的 CPU 时间将由普通优先级任务使用，实时实体任何未使用的时间也将由普通任务来选取使用。FIFO 和 RR 组由 struct sched_rt_entity 表示：

```
struct sched_rt_entity {
 struct list_head                run_list;
 unsigned long                   timeout;
  unsigned long                   watchdog_stamp;
   unsigned int                    time_slice;
       unsigned short                  on_rq;
    unsigned short                 on_list;

    struct sched_rt_entity         *back;
#ifdef CONFIG_RT_GROUP_SCHED
  struct sched_rt_entity         *parent;
  /* rq on which this entity is (to be) queued: */
  struct rt_rq                   *rt_rq;
   /* rq "owned" by this entity/group: */
    struct rt_rq                   *my_q;
#endif
};
```

2.8.4 deadline 调度类（零散任务模型的 deadline 调度）

deadline 调度类是 Linux 上 RT 进程的新类别（自 3.14 内核开始添加）。与 FIFO 和 RR 不同的是，进程可能会占用 CPU 或受到时间片的约束，一个 deadline 进程基于全局最早截止期优先（Global Earliest Deadline First，GEDF）和固定带宽服务器（Constant Bandwidth Server，CBS）算法，会预先确定其运行时的需求。一个零散的进程在内部运行多个任务，每个任务都有一个相对截止期（在截止期内必须完成执行）和一个计算时间，该时间定义了 CPU 完成进程执行所需要的时间。为了确保内核成功执行 deadline 进程，内核根据 deadline 参数运行切入测试，并在失败时返回错误 EBUSY。使用 deadline 策略的进程优先于所有的其他进程。deadline 进程使用 SCHED_DEADLINE(6)作为其策略元素。

2.9 调度相关的系统调用

Linux 提供了一整套系统调用，用于管理各种调度器参数、策略和优先级，并为调用线程中返回大量与调度相关的信息。它也使线程能够显式地放弃 CPU。

```
nice(int inc)
```

nice()把一个 int 参数设置到调用线程的 nice 值中。成功时，它会返回线程的新 nice 值。nice 值在 19（最低优先级）～−20（最高优先级）的范围内。nice 值只能在这个范围内递增。

```
getpriority(int which, id_t who)
```

通过参数指示，将返回指定用户的线程、组、用户或一组线程的 nice 值。它返回任意进程所拥有的最高优先级。

```
setpriority(int which, id_t who, int prio)
```

setpriority 设置由其参数指定用户的线程、组、用户或一组线程的调度优先级。成功时返回 0。

```
sched_setscheduler(pid_t pid, int policy, const struct sched_param *param)
```

这将设置指定线程的调度策略和参数，由其 pid 指示。如果 pid 为 0，则设置调用线程的调度策略。指定调度参数的 param 参数指向结构体 sched_param，该结构体保存了 int sched_priority。普通进程的 sched_priority 必须为 0，FIFO 和 RR 策略的优先级值范围为 1～99（在策略参数中已提及）。成功时返回 0。

```
sched_getscheduler(pid_t pid)
```

它返回一个线程（pid）的调度策略。如果 pid 为 0，则返回调用线程的调度策略。

```
sched_setparam(pid_t pid, const struct sched_param *param)
```

它设置与指定线程（pid）的调度策略关联的调度参数。如果 pid 为 0，则设置调用进程的参数。成功时，它返回 0。

```
sched_getparam(pid_t pid, struct sched_param *param)
```

这是为指定的线程（pid）设置调度参数。如果 pid 为 0，则返回调用线程的调度参数。成功时，它返回 0。

```
sched_setattr(pid_t pid, struct sched_attr *attr, unsigned int flags)
```

它为指定的线程（pid）设置调度策略和相关属性。如果 pid 为 0，则设置调用进程的调度策略和相关属性。这是一个 Linux 特有的调用，它是 sched_setscheduler()和 sched_setparam()调用提供的功能的超集。成功时，它返回 0。

```
sched_getattr(pid_t pid, struct sched_attr *attr, unsigned int size, unsigned int flags)
```

它获取指定线程（pid）的调度策略和相关属性。如果 pid 为 0，则返回调用线程的调用策略和相关属性。这是一个 Linux 特有的调用，它是 sched_getscheduler()和 sched_getparam()调用提供的功能的超集。成功时，它返回 0。

```
sched_get_priority_max(int policy)
sched_get_priority_min(int policy)
```

这将分别返回指定调度策略的最高优先级和最低优先级。支持的策略有 FIFO、RR、deadline、normal、batch 和 idle。

```
sched_rr_get_interval(pid_t pid, struct timespec *tp)
```

它获取指定线程（pid）的时间片并将其写入由 tp 指定的 timespec 结构体中。如果 pid 为 0，调用进程的时间片将被提取到 tp 中。这仅适用于 RR 调度策略的进程。成功时，它返回 0。

```
sched_yield(void)
```

这被称为显式地放弃 CPU。该线程现在会被添加回队列。成功时，它返回 0。

处理器亲和性调用

内核提供了 Linux 特定的处理器亲和性调用，这些调用有助于线程定义它们想要运行在哪个 CPU 上。默认情况下，每个线程都会继承其父进程的处理器亲和性，但可以定义它的亲和性掩码来确定其处理器亲和性。在多核系统上，通过帮助进程保持在一个核上运行（然而

Linux 试图在一个 CPU 上保持运行一个线程)，CPU 亲和性调用有助于提高性能。亲和性位掩码信息包含在 struct task_struct 的 cpu_allowed 字段中。亲和性调用如下：

```
sched_setaffinity(pid_t pid, size_t cpusetsize, const cpu_set_t *mask)
```

它将线程（pid）的 CPU 亲和性掩码设置为 mask 提及的值。如果线程（pid）没有在指定 CPU 的队列中运行，则把它迁移到指定的 CPU 上运行。成功时，它返回 0。

```
sched_getaffinity(pid_t pid, size_t cpusetsize, cpu_set_t *mask)
```

这会将线程（pid）的亲和性掩码提取到由掩码指向的 cpusetsize 结构体中。如果 pid 为 0，则返回调用线程的掩码。成功时，它返回 0。

2.10 进程抢占

理解抢占和上下文切换是完全理解调度及其对内核保持低延迟和一致性影响的关键。每个进程必须隐式或显式地被抢占，以便为另一个进程让路。抢占可能会导致上下文切换，这需要一个底层的体系结构特定的操作，由函数 context_switch()执行。一个处理器切换其上下文需要完成两项主要任务：将旧进程的虚拟内存映射切换到新进程；将旧进程的处理器状态切换到新进程。这两项任务分别由 switch_mm()和 switch_to()完成。

抢占可以因为以下任一原因而发生。

- 当一个高优先级进程变为可运行时。为此，调度器将不得不定期检查高优先级的可运行线程。程序从中断或系统调用返回时，会设置 TIF_NEED_RESCHEDULE（内核提供的标志，表示需要重新调度），然后调用调度器。由于有周期性的定时器中断保证定期发生，保证了调度器被调用。当进程进入一个被阻塞的调用或发生中断事件时，也会发生抢占。
- Linux 内核在历史上一直是非抢占式的，这意味着内核模式下的任务是不可抢占的，除非发生中断事件或者它选择显式地放弃 CPU。自 2.6 版本的内核以来，内核已经添加了抢占（需要在内核构建期间启用）。在启用内核抢占的情况下，内核模式下的任务可以出于所列出的原因而具有可抢占性，但是，内核模式任务允许在执行临界操作时禁用内核抢占。这是通过向每个进程的 thread_info 结构体添加抢占计数器（preempt_count）实现的。任务可以通过内核宏 preempt_disable()和 preempt_enable()来禁用/启用抢占，这其实是对 preempt_counter 进行递增或递减。并且确保只有当

preempt_counter 为 0 时（表示没有获得锁），内核才能被抢占。

- 内核代码中的临界区是通过禁用抢占来执行的，这是通过调用内核锁操作（自旋锁、互斥锁）中的 preempt_disable 和 preempt_enable 调用来实现的。
- Linux 内核使用“preempt rt”选项构建，它支持完全可抢占内核选项，启用时可使所有内核代码（包括临界区）完全可抢占。

2.11 小结

进程调度是内核不断发展的一部分功能，而随着 Linux 不断发展并进一步向多种计算领域多样化地延伸，将会对进程调度器进行更细微的调整和更改。基于我们对本章内容的理解，要获得更深入的见解或理解任何新的改变或许会变得很容易了。我们现在准备进一步探索另一个重要方面——作业控制和信号管理。我们将对信号的基础知识进行梳理，并继续深入了解内核的信号管理数据结构和例程。

第 3 章 信号管理

信号提供了一个基础架构，其中任何进程都可以异步地收到系统事件通知。它们也可以作为进程之间的通信机制。了解内核如何提供和管理整个信号处理机制的平滑吞吐量，可以让我们更好地了解内核。在本章中，我们将加深对信号的理解，从进程是如何派发信号，到内核如何灵活地管理信号的相关例程以确保信号事件的顺利派发。本章将介绍以下主题：

- 信号及其类型的概述；
- 进程级别的信号管理调用；
- 进程描述符中的信号数据结构；
- 内核中信号的产生和传递机制。

3.1 信号

信号是传递给一个进程或一个进程组的短消息。内核使用信号来通知进程有关系统事件的发生；信号也用于进程之间的通信。Linux 将信号分为两组，即通用 POSIX（传统 UNIX 信号）和实时信号。每组由 32 个不同的信号组成，各信号有唯一的 ID 标识：

```
#define _NSIG 64
#define _NSIG_BPW __BITS_PER_LONG
#define _NSIG_WORDS (_NSIG / _NSIG_BPW)

#define SIGHUP 1
#define SIGINT 2
#define SIGQUIT 3
#define SIGILL 4
#define SIGTRAP 5
```

```
#define SIGABRT 6
#define SIGIOT 6
#define SIGBUS 7
#define SIGFPE 8
#define SIGKILL 9
#define SIGUSR1 10
#define SIGSEGV 11
#define SIGUSR2 12
#define SIGPIPE 13
#define SIGALRM 14
#define SIGTERM 15
#define SIGSTKFLT 16
#define SIGCHLD 17
#define SIGCONT 18
#define SIGSTOP 19
#define SIGTSTP 20
#define SIGTTIN 21
#define SIGTTOU 22
#define SIGURG 23
#define SIGXCPU 24
#define SIGXFSZ 25
#define SIGVTALRM 26
#define SIGPROF 27
#define SIGWINCH 28
#define SIGIO 29
#define SIGPOLL SIGIO
/*
#define SIGLOST 29
*/
#define SIGPWR 30
#define SIGSYS 31
#define SIGUNUSED 31

/* These should not be considered constants from userland. */
#define SIGRTMIN 32
#ifndef SIGRTMAX
#define SIGRTMAX _NSIG
#endif
```

通用类别的信号会绑定到一个特定的系统事件，并通过宏进行适当命名。而那些实时类别的信号不会被绑定到特定的事件，并且应用程序可以自由地进行进程通信；内核用通用名称 SIGRTMIN 和 SIGRTMAX 来指代它们。

在产生信号时，内核将信号事件传递到目标进程，而目标进程又可以根据所配置的操作对信号进行响应，称为信号处理（signal disposition）。

以下是进程可以设置为其信号处理的操作列表。进程可以将其中的任意一个操作行为设置为它在某个时间点的信号处理方式，并且可以在这些操作行为之间任意多次切换，而不受任何限制。

- **内核处理程序（kernel handler）**：内核为每个信号都实现了一个默认的处理程序。这些处理程序可以通过其任务结构体的信号处理程序表提供给进程。在接收到信号后，进程可以请求执行适当的信号处理程序。这是默认的信号处理方式。
- **进程定义的处理程序（process defined handler）**：内核允许进程实现自己的信号处理程序，并将它们设置为对信号事件的响应来执行。这可以通过适当的系统调用接口来实现，该接口允许进程将其处理程序与信号绑定。在发生信号时，进程处理程序会被异步调用。
- **忽略（ignore）**：进程也允许忽略信号的发生，但它需要通过调用适当的系统调用来宣告它忽略的意图。

内核定义的默认处理程序可以执行以下任一操作。

- **ignore**：什么都不会发生。
- **terminate**：终止进程，即终止组中的所有线程（类似于 exit_group）。只有组长会向它们的父进程报告 WIFSIGNALED 状态。
- **coredump**：保存一个核心转储文件，描述使用相同 mm 的所有线程，然后终止所有线程。
- **stop**：停止组中的所有线程，即 TASK_STOPPED 状态。

下面列出了默认处理程序执行的操作：

```
+--------------------+------------------+
* | POSIX signal     | default action |
* +------------------+------------------+
* | SIGHUP           | terminate
* | SIGINT           | terminate
* | SIGQUIT          | coredump
* | SIGILL           | coredump
```

```
 * | SIGTRAP           | coredump
 * | SIGABRT/SIGIOT    | coredump
 * | SIGBUS            | coredump
 * | SIGFPE            | coredump
 * | SIGKILL           | terminate
 * | SIGUSR1           | terminate
 * | SIGSEGV           | coredump
 * | SIGUSR2           | terminate
 * | SIGPIPE           | terminate
 * | SIGALRM           | terminate
 * | SIGTERM           | terminate
 * | SIGCHLD           | ignore
 * | SIGCONT           | ignore
 * | SIGSTOP           | stop
 * | SIGTSTP           | stop
 * | SIGTTIN           | stop
 * | SIGTTOU           | stop
 * | SIGURG            | ignore
 * | SIGXCPU           | coredump
 * | SIGXFSZ           | coredump
 * | SIGVTALRM         | terminate
 * | SIGPROF           | terminate
 * | SIGPOLL/SIGIO     | terminate
 * | SIGSYS/SIGUNUSED  | coredump
 * | SIGSTKFLT         | terminate
 * | SIGWINCH          | ignore
 * | SIGPWR            | terminate
 * | SIGRTMIN-SIGRTMAX| terminate
 * +------------------+------------------+
 * | non-POSIX signal | default action |
 * +------------------+------------------+
 * | SIGEMT            | coredump |
 * +--------------------+------------------+
```

3.2 信号管理 API

内核为应用程序提供了各种用于管理信号的 API。我们先看几个重要的 API。

1．sigaction()：用户模式进程使用 POSIX API sigaction()来检查或更改信号处理。该 API

提供了多种属性标志，这些标志可以进一步定义信号的行为。

```
#include <signal.h>
int sigaction(int signum, const struct sigaction *act, struct sigaction *oldact);
The sigaction structure is defined as something like:

struct sigaction {
void (*sa_handler)(int);
void (*sa_sigaction)(int, siginfo_t *, void *);
sigset_t sa_mask;
int sa_flags;
void (*sa_restorer)(void);
};
```

- int signum 是识别信号的标识号。sigaction()检查并设置与此信号关联的操作。
- const struct sigaction * act 被分配一个 struct sigaction 实例的地址。在这个结构体中指定的操作将会成为绑定到信号的新操作。当 act 指针未初始化（NULL）时，其当前的信号处理保持不变。
- struct sigaction * oldact 是一个输出参数，需要用未初始化的 sigaction 实例的地址初始化；sigaction()通过此参数返回当前与信号相关的操作。

以下是各种标志选项。

- SA_NOCLDSTO：该标志仅在绑定 SIGCHLD 的处理程序时有用。它用于禁用子进程上停止（SIGSTP）和恢复（SIGCONT）事件的 SIGCHLD 通知。
- SA_NOCLDWAIT：该标志仅在绑定 SIGCHLD 的处理程序或将其信号处理设置为 SIG_DFL 时有用。设置这个标志会导致子进程在终止时被立即销毁，而不是处于僵尸状态。
- SA_NODEFER：设置此标志会导致产生的信号被传递，即使相应的处理程序正在执行。
- SA_ONSTACK：该标志仅在绑定信号处理程序时有用。设置此标志会使信号处理程序使用备用栈；而备用栈必须由调用进程通过 sigaltstack()API 设置。在没有备用栈的情况下，该处理程序将在当前栈上被调用。
- SA_RESETHAND：当这个标志用于调用 sigaction()时，它使信号处理程序只执行一次，也就是说，指定信号的操作会被重置为 SIG_DFL，以便随后再产生该信号。
- SA_RESTART：该标志允许重新进入被当前信号处理程序中断的系统调用操作。

- SA_SIGINFO：该标志用于向系统表明信号处理程序已分配，sigaction 结构体的 sa_sigaction 指针取代了 sa_handler。分配给 sa_sigaction 的处理程序会收到两个额外的参数：

  ```
  void handler_fn(int signo, siginfo_t *info, void *context);
  ```

  第一个参数是 signo，该参数与处理程序绑定。第二个参数是一个输出参数，它是一个指向 siginfo_t 类型对象的指针，它提供了关于信号源的附加信息。以下是 siginfo_t 的完整定义：

  ```
  siginfo_t {
  int si_signo; /* Signal number */
  int si_errno; /* An errno value */
  int si_code; /* Signal code */
  int si_trapno; /* Trap number that caused hardware-generated signal (unused on
  most architectures) */
  pid_t si_pid; /* Sending process ID */
  uid_t si_uid; /* Real user ID of sending process */
  int si_status; /* Exit value or signal */
  clock_t si_utime; /* User time consumed */
  clock_t si_stime; /* System time consumed */
  sigval_t si_value; /* Signal value */
  int si_int; /* POSIX.1b signal */
  void *si_ptr; /* POSIX.1b signal */
  int si_overrun; /* Timer overrun count; POSIX.1b timers */
  int si_timerid; /* Timer ID; POSIX.1b timers */
  void *si_addr; /* Memory location which caused fault */
  long si_band; /* Band event (was int in glibc 2.3.2 and earlier) */
  int si_fd; /* File descriptor */
  short si_addr_lsb; /* Least significant bit of address (since Linux 2.6.32) */
  void *si_call_addr; /* Address of system call instruction (since Linux 3.5) */
  int si_syscall; /* Number of attempted system call (since Linux 3.5) */
  unsigned int si_arch; /* Architecture of attempted system call (since Linux 3.5) */
  }
  ```

2. sigprocmask()：除了改变信号处理（指定接收信号时要执行的操作），还允许应用程序阻塞或解除阻塞信号的传递。应用程序可能需要在执行关键代码块的同时执行此类操作，而不会被异步信号处理程序抢占。例如，一个网络通信应用程序可能不希望在其进入发起连接的代码块时处理信号。

sigprocmask()是一个 POSIX API，用于检查、阻塞和解除阻塞信号。

```
int sigprocmask(int how, const sigset_t *set, sigset_t *oldset);
```

任何发生阻塞的信号都会在每个进程的挂起信号链表中排队。挂起队列被设计用于保存一个发生阻塞的通用信号，而对每一个实时信号事件都进行排队。用户模式进程可以使用 sigpending()和 rt_sigpending() API 来探测挂起信号。这些例程将挂起信号的链表返回给由 sigset_t 指针指向的实例。

```
int sigpending(sigset_t *set);
```

注意 这些操作适用于除 SIGKILL 和 SIGSTOP 以外的所有信号。换句话说，不允许进程改变默认的信号处理或者阻塞 SIGSTOP 和 SIGKILL 信号。

3.2.1 程序发出信号

kill()和 sigqueue()是 POSIX API，一个进程可以通过它们为另一个进程或进程组发出信号。这些 API 有助于将信号用作进程通信机制：

```
int kill(pid_t pid, int sig);
int sigqueue(pid_t pid, int sig, const union sigval value);

union sigval {
int sival_int;
void *sival_ptr;
};
```

发出信号时，两个 API 都提供参数来指定接收进程 PID 和 signum，但 sigqueue()提供了一个额外的参数（union 信号），借助于这个参数，数据可以和信号一起发送给接收进程。目标进程可以通过 struct siginfo_t（si_value）的实例访问数据。Linux 通过本地 API 扩展了这些函数，本地 API 可以将信号排队到线程组中，甚至是排队到线程组中的轻量级进程（LWP）：

```
/* queue signal to specific thread in a thread group */
int tgkill(int tgid, int tid, int sig);

/* queue signal and data to a thread group */
int rt_sigqueueinfo(pid_t tgid, int sig, siginfo_t *uinfo);

/* queue signal and data to specific thread in a thread group */
int rt_tgsigqueueinfo(pid_t tgid, pid_t tid, int sig, siginfo_t *uinfo);
```

3.2.2 等待排队信号

当将信号应用于进程通信时，进程可能更适合挂起自己直到出现特定信号，并在来自另一进程的信号到达时恢复执行。POSIX 调用 sigsuspend()、sigwaitinfo()和 sigtimedwait()提供此功能：

```
int sigsuspend(const sigset_t *mask);
int sigwaitinfo(const sigset_t *set, siginfo_t *info);
int sigtimedwait(const sigset_t *set, siginfo_t *info, const struct timespec *timeout);
```

虽然所有这些 API 都允许进程等待指定的信号出现，但 sigwaitinfo()会通过 info 指针返回的 siginfo_t 实例来提供有关信号的附加数据。sigtimedwait()通过提供额外的参数来扩展功能，该参数允许操作超时，使其成为有限时间的等待调用。Linux 内核提供了一个替代 API，允许通过特殊文件描述符（称为 signalfd()）来通知进程信号的出现：

```
#include <sys/signalfd.h>
int signalfd(int fd, const sigset_t *mask, int flags);
```

成功时，signalfd()返回一个文件描述符，进程需要在其上调用 read()，它会阻塞，直到掩码中指定的任意信号出现为止。

3.3 信号数据结构

内核维护了每个进程的信号数据结构，用来记录信号处理、阻塞信号和挂起信号队列。进程的任务结构体包含了对这些信号数据结构的适当引用：

```
struct task_struct {

....
....
....
/* signal handlers */
 struct signal_struct *signal;
 struct sighand_struct *sighand;

 sigset_t blocked, real_blocked;
 sigset_t saved_sigmask; /* restored if set_restore_sigmask() was used */
```

```
    struct sigpending pending;

    unsigned long sas_ss_sp;
    size_t sas_ss_size;
    unsigned sas_ss_flags;
     ....
     ....
     ....
     ....
};
```

3.3.1 信号描述符

第 1 章讲到，Linux 通过轻量级进程支持多线程应用程序。线程应用程序的所有 LWP 都是同一个进程组的一部分并共享信号处理程序；每个 LWP（线程）维护自己的挂起和被阻塞的信号队列。

任务结构体的 signal 指针指的是 signal_struct 类型的实例，它是信号描述符。该结构体由线程组的所有 LWP 共享，并维护共享挂起信号队列（对于在线程组中排队的信号）等元素，这对进程组中的所有线程都是通用的。

图 3-1 所示为维护共享挂起信号所涉及的数据结构。

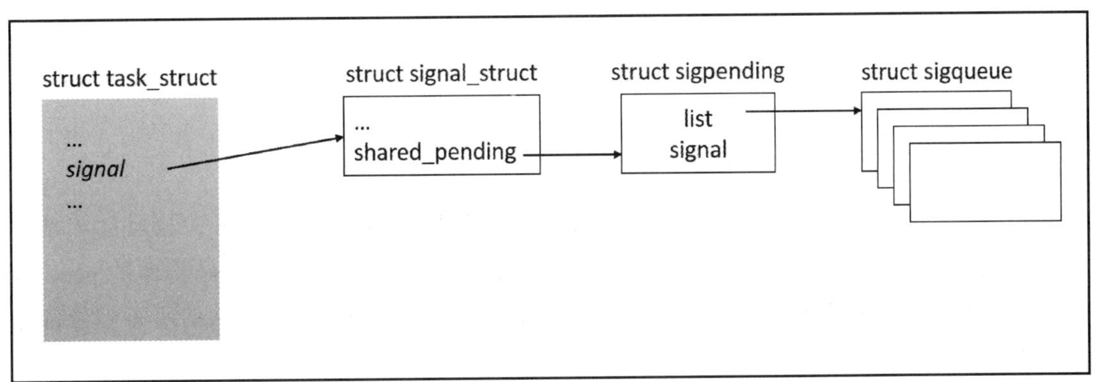

图 3-1

下面是 signal_struct 的几个重要字段：

```
struct signal_struct {
```

```
atomic_t sigcnt;
atomic_t live;
int nr_threads;
struct list_head thread_head;

wait_queue_head_t wait_chldexit; /* for wait4() */

/* current thread group signal load-balancing target: */
struct task_struct *curr_target;

/* shared signal handling: */
struct sigpending shared_pending;

/* thread group exit support */
int group_exit_code;
/* overloaded:
* - notify group_exit_task when ->count is equal to notify_count
* - everyone except group_exit_task is stopped during signal delivery
* of fatal signals, group_exit_task processes the signal.
*/
int notify_count;
struct task_struct *group_exit_task;

/* thread group stop support, overloads group_exit_code too */
int group_stop_count;
unsigned int flags; /* see SIGNAL_* flags below */
```

3.3.2 被阻塞和挂起的队列

任务结构体中的 blocked 和 real_blocked 实例是被阻塞信号的位掩码，这些队列是按进程排队的。线程组中的每一个 LWP 都有自己的被阻塞信号掩码。任务结构体的 pending 实例用于存放私有挂起信号；在普通进程和线程组中的特殊 LWP 中排队的所有信号都存放到此链表中：

```
struct sigpending {
 struct list_head list; // head to double linked list of struct sigqueue
 sigset_t signal; // bit mask of pending signals
};
```

图 3-2 所示为维护私有挂起信号所涉及的数据结构。

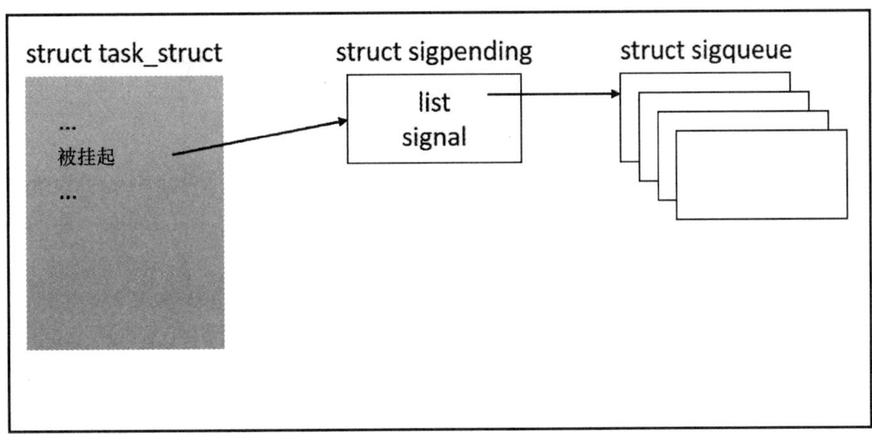

图 3-2

3.3.3 信号处理程序描述符

任务结构体的 sighand 指针指向了 struct sighand_struct 的一个实例，它是线程组中所有进程共享的信号处理程序描述符。所有使用 clone()并且带有 CLONE_SIGHAND 标志创建的进程都会共享该结构体。这个结构体包含了 k_sigaction 实例的一个数组，每个实例都封装了一个描述每个信号当前信号处理的 sigaction 实例：

```
struct k_sigaction {
 struct sigaction sa;
#ifdef __ARCH_HAS_KA_RESTORER
 __sigrestore_t ka_restorer;
#endif
};

struct sighand_struct {
 atomic_t count;
 struct k_sigaction action[_NSIG];
 spinlock_t siglock;
 wait_queue_head_t signalfd_wqh;
};
```

图 3-3 所示为信号处理程序描述符。

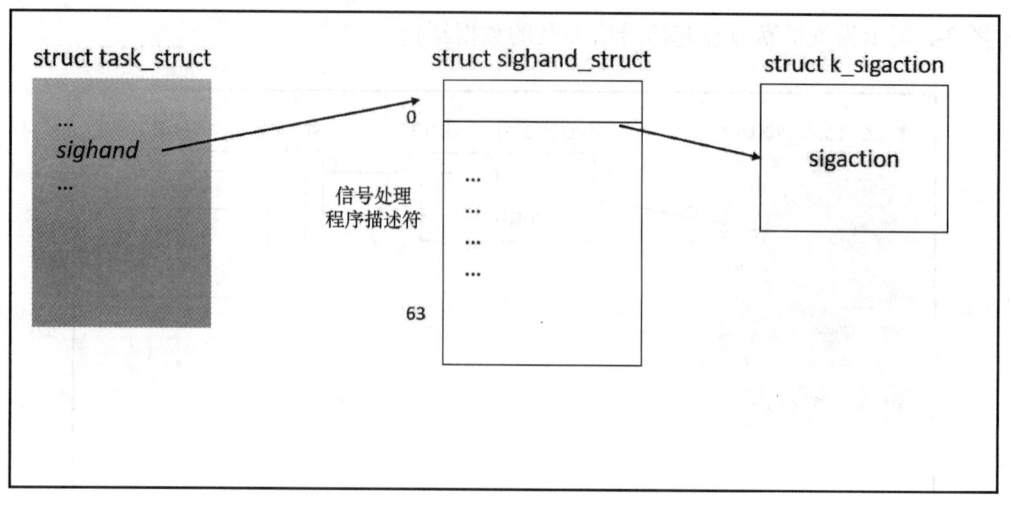

图 3-3

3.4 信号生成和传递

信号是在其已排队时生成的，以便在接收程序进程的任务结构体中列出挂起的信号。信号是根据用户模式进程、内核或任何内核服务的请求生成的（在进程或组上）。当接收程序进程意识到信号的出现并被迫执行适当的响应处理程序时，可以认为信号被传递了；换句话说，信号的传递相当于相应的处理程序的初始化。理想情况下，产生的每个信号都被假定会立即传递。然而，信号生成和最终传递之间可能存在延迟。为了减少信号可能的延迟传递，内核为信号生成和传递提供了单独的函数。

3.4.1 信号生成调用

内核为信号的生成提供了两组单独的函数：一组用于在单个进程上生成信号；另一组用于为进程的线程组生成信号。

以下是在进程上生成信号的重要函数。

- send_sig()：在进程上生成指定的信号，这个函数被内核服务广泛地使用。
- end_sig_info()：用附加的 siginfo_t 实例参数扩展 send_sig()。
- force_sig()：用于生成优先级不可屏蔽的信号，它是不可被忽略或阻塞的。

- force_sig_info()：用附加的 siginfo_t 实例参数扩展 force_sig()。

所有这些函数最终会调用核心内核函数 send_signal()，该函数的作用是生成指定的信号。

以下是在进程组上生成信号的重要函数。

- kill_pgrp()：在进程组中的所有线程组上生成指定的信号。
- kill_pid()：在 PID 指定的线程组上生成指定的信号。
- kill_pid_info()：用附加的 siginfo_t 实例参数扩展 kill_pid()。

所有这些函数都会调用一个函数 group_send_sig_info()，然后最终通过适当的参数调用 send_signal()。

send_signal()函数是信号生成的核心函数，最终它会通过适当的参数调用__send_signal()函数：

```
static int send_signal(int sig, struct siginfo *info, struct task_struct *t,
int group)
{
 int from_ancestor_ns = 0;

#ifdef CONFIG_PID_NS
 from_ancestor_ns = si_fromuser(info) &&
 !task_pid_nr_ns(current, task_active_pid_ns(t));
#endif

 return __send_signal(sig, info, t, group, from_ancestor_ns);
}
```

以下是__send_signal()执行的关键步骤。

1. 检查 info 参数中的信号源。如果信号是由内核不可屏蔽的 SIGKILL 或 SIGSTOP 发起生成的，它会立即设置 sigpending 位掩码的相应位，设置 TIF_SIGPENDING 标志，并通过唤醒目标线程来发起传递过程。

```
/*
* fast-pathed signals for kernel-internal things like SIGSTOP
* or SIGKILL.
*/
if (info == SEND_SIG_FORCED)
goto out_set;
```

```
....
....
....
out_set:
 signalfd_notify(t, sig);
 sigaddset(&pending->signal, sig);
 complete_signal(sig, t, group);
```

2．调用__sigqueue_alloc()函数，该函数检查接收程序进程的挂起信号数量是否小于资源限制数。如果是，则递增挂起信号计数器并返回 struct sigqueue 实例的地址。

```
q = __sigqueue_alloc(sig, t, GFP_ATOMIC | __GFP_NOTRACK_FALSE_POSITIVE,
override_rlimit);
```

3．将 sigqueue 实例列入挂起链表，并将信号信息填入 siginfo_t。

```
if (q) {
 list_add_tail(&q->list, &pending->list);
 switch ((unsigned long) info) {
 case (unsigned long) SEND_SIG_NOINFO:
       q->info.si_signo = sig;
       q->info.si_errno = 0;
       q->info.si_code = SI_USER;
       q->info.si_pid = task_tgid_nr_ns(current,
       task_active_pid_ns(t));
       q->info.si_uid = from_kuid_munged(current_user_ns(), current_uid());
       break;
 case (unsigned long) SEND_SIG_PRIV:
       q->info.si_signo = sig;
       q->info.si_errno = 0;
       q->info.si_code = SI_KERNEL;
       q->info.si_pid = 0;
       q->info.si_uid = 0;
       break;
 default:
      copy_siginfo(&q->info, info);
      if (from_ancestor_ns)
      q->info.si_pid = 0;
      break;
}
```

4．在挂起信号的位掩码中设置适当的信号位，并通过调用 complete_signal()来尝试传递信号，进而设置 TIF_SIGPENDING 标志。

```
sigaddset(&pending->signal, sig);
complete_signal(sig, t, group);
```

3.4.2 信号传递

在更新接收程序进程的任务结构体中适当的字段来生成信号之后，通过前面提到的信号生成调用函数，内核进入传递模式。如果接收程序进程在 CPU 上并且没有阻塞指定信号，则立即传递信号。即使接收程序进程不在 CPU 上，也会通过唤醒进程来传递优先级信号 SIGSTOP 和 SIGKILL；但是，对于其余的信号，传递被延迟到进程准备好接收信号为止。为了有利于延迟传递，内核在允许进程恢复用户模式执行之前，检查一个进程从中断（interrupt）和系统调用（system call）返回时的非阻塞挂起信号。当进程调度器（从中断和异常返回时调用）发现 TIF_SIGPENDING 标志被设置时，它会在恢复进程的用户模式上下文之前调用内核函数 do_signal()以发起挂起信号的传递。

进入内核模式后，进程的用户模式寄存器状态存储在进程的内核栈中，称为 pt_regs（体系结构相关）的结构体：

```
struct pt_regs {
/*
 * C ABI says these regs are callee-preserved. They aren't saved on kernel entry
 * unless syscall needs a complete, fully filled "struct pt_regs".
 */
 unsigned long r15;
 unsigned long r14;
 unsigned long r13;
 unsigned long r12;
 unsigned long rbp;
 unsigned long rbx;
/* These regs are callee-clobbered. Always saved on kernel entry. */
 unsigned long r11;
 unsigned long r10;
 unsigned long r9;
 unsigned long r8;
 unsigned long rax;
 unsigned long rcx;
 unsigned long rdx;
 unsigned long rsi;
```

```
unsigned long rdi;
/*
 * On syscall entry, this is syscall#. On CPU exception, this is error code.
 * On hw interrupt, it's IRQ number:
 */
unsigned long orig_rax;
/* Return frame for iretq */
unsigned long rip;
unsigned long cs;
unsigned long eflags;
unsigned long rsp;
unsigned long ss;
/* top of stack page */
};
```

do_signal()函数是以在内核栈中 pt_regs 的地址作为参数来调用的。虽然 do_signal()用于传递非阻塞的挂起信号，但它的实现是和体系结构相关的。

以下是 x86 版本的 do_signal()：

```
void do_signal(struct pt_regs *regs)
{
struct ksignal ksig;
if (get_signal(&ksig)) {
/* Whee! Actually deliver the signal. */
handle_signal(&ksig, regs);
return;
}
/* Did we come from a system call? */
if (syscall_get_nr(current, regs) >= 0) {
/* Restart the system call - no handlers present */
switch (syscall_get_error(current, regs)) {
case -ERESTARTNOHAND:
case -ERESTARTSYS:
case -ERESTARTNOINTR:
regs->ax = regs->orig_ax;
regs->ip -= 2;
break;
case -ERESTART_RESTARTBLOCK:
regs->ax = get_nr_restart_syscall(regs);
regs->ip -= 2;
break;
```

```
 }
 }
 /*
 * If there's no signal to deliver, we just put the saved sigmask
 * back.
 */
 restore_saved_sigmask();
}
```

do_signal()使用 struct ksignal 类型的实例的地址来调用 get_signal()函数（我们将简要说明该函数的关键步骤，跳过其他细节）。该函数包含了一个循环，循环调用 dequeue_signal()，直到来自私有和共享挂起链表中的所有非阻塞挂起信号都被移除。它首先查找私有挂起信号队列，从编号最小的信号开始，然后继续查找共享队列中的挂起信号，接着更新数据结构来指示信号不再处于挂起状态并返回其编号：

```
signr = dequeue_signal(current, &current->blocked, &ksig->info);
```

对于 dequeue_signal()返回的每个挂起信号，get_signal()通过 struct ksigaction * ka 类型的指针检索当前信号处理：

```
ka = &sighand->action[signr-1];
```

如果信号处理设置为 SIG_IGN，它会忽略当前信号并继续迭代检索另一个挂起信号：

```
if (ka->sa.sa_handler == SIG_IGN) /* Do nothing. */
 continue;
```

如果信号处理不等于 SIG_DFL，它将检索 sigaction 的地址并将其初始化到参数 ksig-> ka，以进一步执行用户模式处理程序。它进一步检查用户 sigaction 中的 SA_ONESHOT（SA_RESETHAND）标志，如果设置了该标志，则将信号处理重置为 SIG_DFL，跳出循环，然后返回到调用函数。接着 do_signal()就调用 handle_signal()函数来执行用户模式处理程序（我们将在下一节中详细讨论）。

```
 if (ka->sa.sa_handler != SIG_DFL) {
/* Run the handler. */
ksig->ka = *ka;

if (ka->sa.sa_flags & SA_ONESHOT)
ka->sa.sa_handler = SIG_DFL;

break; /* will return non-zero "signr" value */
}
```

如果信号处理设置为 SIG_DFL，它会调用一组宏来检查内核处理程序的默认操作。可能的默认操作如下所示。

- **term**：默认操作是终止进程。
- **ign**：默认操作是忽略信号。
- **core**：默认操作是终止进程并保存核心转储。
- **stop**：默认操作是停止进程。
- **cont**：默认操作是继续执行处于停止状态的进程。

以下是 get_signal()的代码片段，它根据设置的信号处理启动默认操作：

```
/*
 * Now we are doing the default action for this signal.
 */
 if (sig_kernel_ignore(signr)) /* Default is nothing. */
 continue;

 /*
 * Global init gets no signals it doesn't want.
 * Container-init gets no signals it doesn't want from same
 * container.
 *
 * Note that if global/container-init sees a sig_kernel_only()
 * signal here, the signal must have been generated internally
 * or must have come from an ancestor namespace. In either
 * case, the signal cannot be dropped.
 */
 if (unlikely(signal->flags & SIGNAL_UNKILLABLE) &&
!sig_kernel_only(signr))
 continue;

 if (sig_kernel_stop(signr)) {
 /*
 * The default action is to stop all threads in
 * the thread group. The job control signals
 * do nothing in an orphaned pgrp, but SIGSTOP
 * always works. Note that siglock needs to be
 * dropped during the call to is_orphaned_pgrp()
 * because of lock ordering with tasklist_lock.
```

```
* This allows an intervening SIGCONT to be posted.
* We need to check for that and bail out if necessary.
*/
if (signr != SIGSTOP) {
spin_unlock_irq(&sighand->siglock);

/* signals can be posted during this window */

if (is_current_pgrp_orphaned())
goto relock;

spin_lock_irq(&sighand->siglock);
}

if (likely(do_signal_stop(ksig->info.si_signo))) {
/* It released the siglock. */
goto relock;
}

/*
* We didn't actually stop, due to a race
* with SIGCONT or something like that.
*/
continue;
}

spin_unlock_irq(&sighand->siglock);

/*
* Anything else is fatal, maybe with a core dump.
*/
current->flags |= PF_SIGNALED;

if (sig_kernel_coredump(signr)) {
if (print_fatal_signals)
print_fatal_signal(ksig->info.si_signo);
proc_coredump_connector(current);
/*
* If it was able to dump core, this kills all
* other threads in the group and synchronizes with
```

```
    * their demise. If we lost the race with another
    * thread getting here, it set group_exit_code
    * first and our do_group_exit call below will use
    * that value and ignore the one we pass it.
    */
    do_coredump(&ksig->info);
    }

    /*
    * Death signals, no core dump.
    */
    do_group_exit(ksig->info.si_signo);
    /* NOTREACHED */
    }
```

首先，宏 sig_kernel_ignore 检查默认操作是否需要忽略。如果是，则继续循环迭代查找下一个挂起信号。第二个宏 sig_kernel_stop 检查默认操作是否停止。如果是，则调用 do_signal_stop()函数，该函数将进程组中的每个线程都设置为 TASK_STOPPED 状态。第三个宏 sig_kernel_coredump 检查默认操作是否转储。如果是，则调用 do_coredump()函数，该函数会生成核心转储二进制文件并终止线程组中的所有进程。接下来，对于默认操作是终止的信号，会通过调用 do_group_exit()函数来杀死组内的所有线程。

3.4.3 执行用户模式处理程序

上一节讲到，do_signal()调用 handle_signal()函数来传递挂起信号，这些信号处理被设置为用户处理程序。用户模式信号处理程序驻留在进程代码段中，并且需要访问进程的用户模式栈，因此，内核需要切换到用户模式栈来执行信号处理程序。要从信号处理程序成功返回，需要切换回内核栈来恢复用户上下文以正常执行用户模式，但是这样的操作会失败，因为内核栈将不再包含用户上下文（struct pt_regs），其原因是它在从用户模式到内核模式的切换过程中清空了进程的每个条目。

为了确保在用户模式下可以实现进程的平滑转换（从信号处理函数返回），handle_signal()函数将内核栈中的用户模式硬件上下文（struct pt_regs）移动到用户模式栈中（struct ucontext），并设置处理程序帧以在返回时调用_kernel_rt_sigreturn()函数，该函数将硬件上下文复制回内核栈并恢复用户模式上下文，以恢复当前进程的正常执行。

图 3-4 所示为一个用户模式信号处理程序的执行过程。

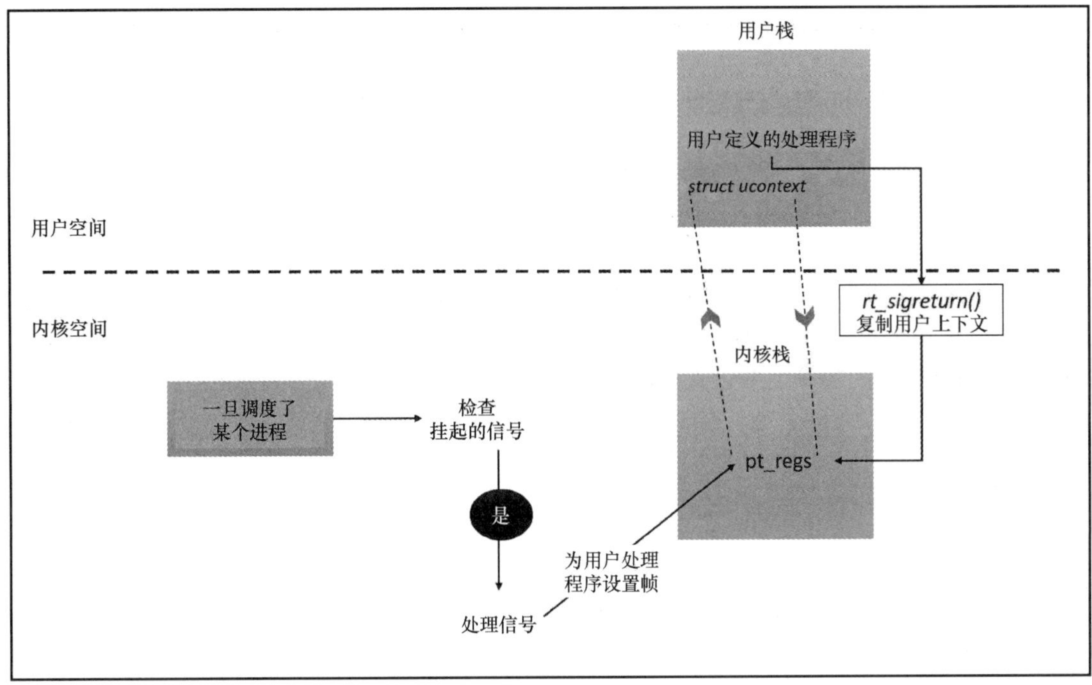

图 3-4

3.4.4 设置用户模式处理程序帧

为了设置用户模式处理程序帧，handle_signal()使用 ksignal 实例的地址作为参数调用 setup_rt_frame()，其中包含与信号关联的 k_sigaction 和当前进程的内核栈中指向 struct pt_regs 的指针。

以下是 x86 平台上 setup_rt_frame()的实现：

```
setup_rt_frame(struct ksignal *ksig, struct pt_regs *regs)
{
 int usig = ksig->sig;
 sigset_t *set = sigmask_to_save();
 compat_sigset_t *cset = (compat_sigset_t *) set;

 /* Set up the stack frame */
 if (is_ia32_frame(ksig)) {
 if (ksig->ka.sa.sa_flags & SA_SIGINFO)
 return ia32_setup_rt_frame(usig, ksig, cset, regs); // for 32bit systems with SA_SIGINFO
 else
```

```
return ia32_setup_frame(usig, ksig, cset, regs); // for 32bit systems without SA_SIGINFO
} else if (is_x32_frame(ksig)) {
return x32_setup_rt_frame(ksig, cset, regs);// for systems with x32 ABI
} else {
return __setup_rt_frame(ksig->sig, ksig, set, regs);// Other variants of x86
}
}
```

它检查 x86 的特定变体并调用适当的帧设置函数。为了进一步讨论，我们将重点关注__setup_rt_frame()，它用于x86-64平台。该函数使用处理信号所需的信息填充名为struct rt_sigframe 的结构体的实例，并设置返回路径（通过调用__kernel_rt_sigreturn()函数），并将其推入用户模式栈：

```
/*arch/x86/include/asm/sigframe.h */
#ifdef CONFIG_X86_64

struct rt_sigframe {
 char __user *pretcode;
 struct ucontext uc;
 struct siginfo info;
 /* fp state follows here */
};

-----------------------

/*arch/x86/kernel/signal.c */
static int __setup_rt_frame(int sig, struct ksignal *ksig,
 sigset_t *set, struct pt_regs *regs)
{
 struct rt_sigframe __user *frame;
 void __user *restorer;
 int err = 0;
 void __user *fpstate = NULL;

 /* setup frame with Floating Point state */
 frame = get_sigframe(&ksig->ka, regs, sizeof(*frame), &fpstate);

 if (!access_ok(VERIFY_WRITE, frame, sizeof(*frame)))
 return -EFAULT;

 put_user_try {
```

```
put_user_ex(sig, &frame->sig);
put_user_ex(&frame->info, &frame->pinfo);
put_user_ex(&frame->uc, &frame->puc);

/* Create the ucontext. */
if (boot_cpu_has(X86_FEATURE_XSAVE))
put_user_ex(UC_FP_XSTATE, &frame->uc.uc_flags);
else
put_user_ex(0, &frame->uc.uc_flags);
put_user_ex(0, &frame->uc.uc_link);
save_altstack_ex(&frame->uc.uc_stack, regs->sp);

/* Set up to return from userspace. */
restorer = current->mm->context.vdso +
vdso_image_32.sym__kernel_rt_sigreturn;
if (ksig->ka.sa.sa_flags & SA_RESTORER)
restorer = ksig->ka.sa.sa_restorer;
put_user_ex(restorer, &frame->pretcode);

/*
* This is movl $__NR_rt_sigreturn, %ax ; int $0x80
*
* WE DO NOT USE IT ANY MORE! It's only left here for historical
* reasons and because gdb uses it as a signature to notice
* signal handler stack frames.
*/
put_user_ex(*((u64 *)&rt_retcode), (u64 *)frame->retcode);
} put_user_catch(err);

err |= copy_siginfo_to_user(&frame->info, &ksig->info);
err |= setup_sigcontext(&frame->uc.uc_mcontext, fpstate,
regs, set->sig[0]);
err |= __copy_to_user(&frame->uc.uc_sigmask, set, sizeof(*set));

if (err)
return -EFAULT;

/* Set up registers for signal handler */
regs->sp = (unsigned long)frame;
regs->ip = (unsigned long)ksig->ka.sa.sa_handler;
regs->ax = (unsigned long)sig;
regs->dx = (unsigned long)&frame->info;
```

```
    regs->cx = (unsigned long)&frame->uc;

    regs->ds = __USER_DS;
    regs->es = __USER_DS;
    regs->ss = __USER_DS;
    regs->cs = __USER_CS;
    return 0;
}
```

rt_sigframe 结构体的*pretcode 字段被赋值了信号处理函数（也就是__kernel_rt_sigreturn()函数）的返回地址。struct ucontext uc 使用 sigcontext 初始化，其中包含从内核栈的 pt_regs 复制的用户模式上下文、常规阻塞信号的位数组和浮点状态。在设置 frame 实例并将其推入用户模式栈后，__setup_rt_frame()会更改内核栈中进程的 pt_regs，以便在当前进程恢复执行时将控制权移交给信号处理程序。instruction pointer (ip)被设置为信号处理程序的基地址，stack pointer (sp)被设置为先前推入帧的顶部地址，这些更改会促使信号处理程序执行。

3.5 重新启动被中断的系统调用

第 1 章讲到，用户模式进程调用系统调用以切换到内核模式从而执行内核服务。当一个进程进入内核服务函数时，该函数可能会因为获取某些资源（例如，等待排斥锁）或发生某此事件（例如中断）被阻塞。这类阻塞操作要求将调用者进程设置为 TASK_INTERRUPTIBLE、TASK_UNINTERRUPTIBLE 或 TASK_KILLABLE 状态。具体的状态取决于系统调用中的阻塞函数调用的选择。

如果调用任务被设置为 TASK_UNINTERRUPTIBLE 状态，任务在这种状态下生成的信号，会导致其进入挂起链表，并且只有在完成服务函数后（在其返回用户模式的路径上）才传递给进程。但是，如果任务被设置为 TASK_INTERRUPTIBLE 状态，任务在这种状态下生成的信号，会使当前任务状态更改为 TASK_RUNNING 从而尝试立即传递信号，这会导致任务在系统调用完成之前就在被阻塞的系统调用中唤醒（致使系统调用操作失败）。这种中断是通过返回适当的故障代码来指示的。对于处于 TASK_KILLABLE 状态的任务来说，信号对它的影响与对处于 TASK_INTERRUPTIBLE 状态的任务的影响类似，除了只有在出现致命的 SIGKILL 信号时才会唤醒 TASK_KILLABLE 状态的任务。

EINTR、ERESTARTNOHAND、ERESTART_RESTARTBLOCK、ERESTARTSYS 或 ERESTARTNOINTR 是各种内核定义的故障代码，系统调用会在失败时返回适当的错误标志。错误

代码的选择决定了中断信号处理后是否需要重新启动失败的系统调用操作：

```
(include/uapi/asm-generic/errno-base.h)
#define EPERM 1 /* Operation not permitted */
#define ENOENT 2 /* No such file or directory */
#define ESRCH 3 /* No such process */
#define EINTR 4 /* Interrupted system call */
#define EIO 5 /* I/O error */
#define ENXIO 6 /* No such device or address */
#define E2BIG 7 /* Argument list too long */
#define ENOEXEC 8 /* Exec format error */
#define EBADF 9 /* Bad file number */
#define ECHILD 10 /* No child processes */
#define EAGAIN 11 /* Try again */
#define ENOMEM 12 /* Out of memory */
#define EACCES 13 /* Permission denied */
#define EFAULT 14 /* Bad address */
#define ENOTBLK 15 /* Block device required */
#define EBUSY 16 /* Device or resource busy */
#define EEXIST 17 /* File exists */
#define EXDEV 18 /* Cross-device link */
#define ENODEV 19 /* No such device */
#define ENOTDIR 20 /* Not a directory */
#define EISDIR 21 /* Is a directory */
#define EINVAL 22 /* Invalid argument */
#define ENFILE 23 /* File table overflow */
#define EMFILE 24 /* Too many open files */
#define ENOTTY 25 /* Not a typewriter */
#define ETXTBSY 26 /* Text file busy */
#define EFBIG 27 /* File too large */
#define ENOSPC 28 /* No space left on device */
#define ESPIPE 29 /* Illegal seek */
#define EROFS 30 /* Read-only file system */
#define EMLINK 31 /* Too many links */
#define EPIPE 32 /* Broken pipe */
#define EDOM 33 /* Math argument out of domain of func */
#define ERANGE 34 /* Math result not representable */
linux/errno.h)
#define ERESTARTSYS 512
#define ERESTARTNOINTR 513
#define ERESTARTNOHAND 514 /* restart if no handler.. */
#define ENOIOCTLCMD 515 /* No ioctl command */
#define ERESTART_RESTARTBLOCK 516 /* restart by calling sys_restart_syscall */
#define EPROBE_DEFER 517 /* Driver requests probe retry */
```

```
#define EOPENSTALE 518 /* open found a stale dentry */
```

从一个被中断的系统调用返回时，用户模式 API 始终返回 EINTR 错误代码，而不受底层内核服务函数返回的特定错误代码的影响。剩余的错误代码由内核的信号传递函数使用，以确定被中断的系统调用在从信号处理程序返回时是否可以重新启动。

表 3-1 所示为系统调用执行被中断的错误代码及其对各种信号处理的影响。

表 3-1

信号处理	EINTR	ERESTARTSYS	ERESTARTNOHAND、ERESTART_RESTARTBLOCK	ERESTARTNOINTR
默认的处理程序	不重启	自动重启	自动重启	自动重启
忽略	不重启	自动重启	自动重启	自动重启
用户定义	不重启	显式重启	不重启	自动重启

它们的含义如下。

- 不重启：系统调用不会重新启动。该进程将从系统调用之后的指令（int $0x80 或 sysenter）继续以用户模式执行。
- 自动重启：内核通过将相应的系统调用标识符加载到 eax，并执行系统调用指令（int $0x80 或 sysenter）来强制用户进程重新初始化系统调用操作。
- 显式重启：仅当进程在为中断信号设置处理程序（通过 sigaction）时启用了 SA_RESTART 标志时，系统调用才会重新启动。

3.6 小结

信号虽然是进程和内核服务所使用的一种基本通信形式，但它提供了一种简单有效的方法，以便在发生各种事件时从正在运行的进程中获取异步响应。通过了解信号使用的所有核心部分，它们的表示形式、数据结构和用于信号生成和传递的内核函数，我们现在更加了解了内核，并且为了在本书的后续部分讨论进程之间更加复杂的通信方式做好了准备。在讨论了进程及其相关内容的前三章之后，我们现在将要深入研究内核的其他子系统。在下一章中，我们将建立对内核的一个核心部分——内存子系统的理解。

在下一章中，我们将逐步理解内存管理的许多关键部分，例如内存初始化、分页和保护，以及内核内存分配算法等。

第 4 章　内存管理和分配器

内存管理的效率很大程度上决定了整个内核的效率。随意管理的内存系统会严重影响其他子系统的性能，这使内存成为内核的一个关键组件。内存子系统通过虚拟化物理内存并管理由它们发起的所有动态分配请求来动态设置所有进程和内核服务。内存子系统还处理广泛的操作，以维持运行效率和优化资源。这些操作既是体系结构特定的，又是独立的，这要求整体设计和实现都是公正的和可调整的。在我们努力理解这个庞大的子系统时，我们将仔细研究本章的以下几个方面：

- 物理内存表示；
- 节点和区域的概念；
- 页分配器；
- 伙伴系统；
- kmalloc 分配器；
- slab 缓存；
- vmalloc 分配器；
- 连续内存分配。

4.1　初始化操作

大多数体系结构在复位时，处理器在正常或物理地址模式（在 x86 中也称为实模式）下初始化，并开始执行复位向量（reset vector）上的平台固件指令。这些固件指令（可以是单一二进制或多级二进制）用来执行各种操作，包括初始化内存控制器、校准物理 RAM，以及将二进制内核映像加载到物理内存的特定区域等。

在实模式中，处理器不支持虚拟寻址，而 Linux 则是为具有保护模式（protected mode）的系统设计和实现的，需要虚拟寻址（virtual addressing）来实现进程保护和隔离，这是内核提供的一个关键抽象（请见第 1 章）。这要求处理器切换到保护模式，并且在内核启动之前开启虚拟地址支持，并开始引导操作和子系统的初始化。切换到保护模式需要在启用分页的过程中通过设置适当的核心数据结构来初始化 MMU 芯片组。这些操作是体系结构特定的，并且在内核源代码树的拱形分支中实现。在内核构建过程中，这些源代码将被编译并链接到保护模式内核映像的头部中，这个头部被称为内核引导程序（kernel bootstrap）或实模式内核（real mode kernel），如图 4-1 所示。

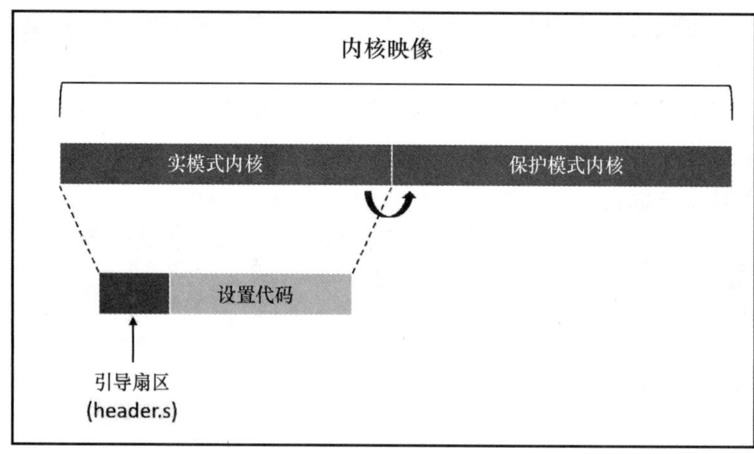

图 4-1

以下是 x86 架构引导程序的 main()函数，该函数在实模式下执行，负责调用 go_to_protected_mode()进入保护模式之前分配适当的资源。

```
/* arch/x86/boot/main.c */
void main(void)
{
 /* First, copy the boot header into the "zeropage" */
 copy_boot_params();

 /* Initialize the early-boot console */
 console_init();
 if (cmdline_find_option_bool("debug"))
 puts("early console in setup coden");
```

```
/* End of heap check */
init_heap();

/* Make sure we have all the proper CPU support */
if (validate_cpu()) {
puts("Unable to boot - please use a kernel appropriate "
"for your CPU.n");
die();
}

/* Tell the BIOS what CPU mode we intend to run in. */
set_bios_mode();

/* Detect memory layout */
detect_memory();

/* Set keyboard repeat rate (why?) and query the lock flags */
keyboard_init();

/* Query Intel SpeedStep (IST) information */
query_ist();

/* Query APM information */
#if defined(CONFIG_APM) || defined(CONFIG_APM_MODULE)
query_apm_bios();
#endif

/* Query EDD information */
#if defined(CONFIG_EDD) || defined(CONFIG_EDD_MODULE)
query_edd();
#endif

/* Set the video mode */
set_video();

/* Do the last things and invoke protected mode */
go_to_protected_mode();
}
```

为了设置 MMU 和处理转换到保护模式而调用的实模式内核函数是体系结构特定的（我们不会涉及这些函数）。无论使用哪种体系结构特定的代码，主要目的都是通过启用分页

（paging）来支持虚拟寻址。启用分页后，系统开始将物理内存（RAM）看作固定大小的块的数组，称为页帧。一个页帧的大小是通过恰当地修改 MMU 的分页单元来配置的。大多数 MMU 支持页帧大小为 4KB、8KB、16KB、64KB 甚至 4MB 的配置选项。然而，对于大多数体系结构，Linux 内核默认的构建配置选项是选择 4KB 作为其标准页帧大小。

页描述符

页帧（page frame）是内存的最小可分配单元，内核需要将它们用于其所有的内存需求。有些页帧需要将物理内存映射到用户模式进程的虚拟地址空间，有些用于内核代码及其数据结构，还有一些用于处理进程或内核服务引发的动态分配请求。为了有效管理这些操作，内核需要区分当前使用的页帧与空闲和可用的页帧。这个目的是通过一个与体系结构无关的数据结构来实现的，这个数据结构被称为 struct page，它定义了与页帧相关的所有元数据，包括它的当前状态。每个物理页帧都会被分配一个 struct page 实例，为了找到它们，内核必须始终在主内存中维护一个页实例的链表。

页结构体（page structure）是内核中大量使用的数据结构之一，并被不同的内核代码所引用。这个结构体中填充了不同的元素，它们的关联度完全基于物理页帧的状态。例如，页结构体的特定成员可以指定是否将对应的物理页映射到进程或一组进程的虚拟地址空间。当物理页被保留用于动态分配时，这些字段都是无效的。为了确保内存中的页实例只分配给相关字段，会经常使用联合体来填充成员字段。这是一个明智的选择，因为它可以在页结构体中填充更多信息而不增加内存的大小：

```
/*include/linux/mm-types.h */
/* The objects in struct page are organized in double word blocks in
 * order to allows us to use atomic double word operations on portions
 * of struct page. That is currently only used by slub but the arrangement
 * allows the use of atomic double word operations on the flags/mapping
 * and lru list pointers also.
 */
struct page {
        /* First double word block */
         unsigned long flags; /* Atomic flags, some possibly updated
asynchronously */ union {
          struct address_space *mapping;
          void *s_mem; /* slab first object */
          atomic_t compound_mapcount; /* first tail page */
          /* page_deferred_list().next -- second tail page */
```

```
    };
   ....
   ....

}
```

下面是页结构体的重要成员的简要描述。注意，这里的很多细节是假设你已经熟悉了内存子系统的其他内容（如内存分配器、页表等），这些内容会在本章后续部分进行讨论。如果读者对这些内容还不熟悉，建议在掌握了这些必要的知识之后再来阅读本节。

1. 标志

它是一个 unsigned long 位字段，保存了描述物理页状态的标志。标志常量是通过内核头文件 include/linux/page-flags.h 中的一个 enum 定义的。表 4-1 列出了一些重要的标志常量。

表 4-1

标志	描述
PG_locked	用于指示页是否被锁定；此位在页上初始化 I/O 操作时置位，并在完成时清除
PG_error	用于指示错误页。在页上发生 I/O 错误时置位
PG_referenced	用于指示页缓存的页回收
PG_uptodate	用于指示从磁盘读操作后页是否有效
PG_dirty	当有文件背景的页被修改并且与磁盘映像不同步时，将置位
PG_lru	用于指示最近最少使用的位是否被设置，用于帮助处理页回收
PG_active	用于指示该页是否在活动链表中
PG_slab	用于指示该页是否由 slab 分配器管理
PG_reserved	用于指示不可交换的保留页
PG_private	用于指示页用于文件系统保存其私有数据
PG_writeback	在有文件背景的页上开始回写操作时置位
PG_head	用于表示复合页的首页
PG_swapcache	用于指示页是否处于交换缓存（swap cache）中
PG_mappedtodisk	用于指示该页是否映射到磁盘上的块
PG_swapbacked	用于指示该页是否备份到交换分区上
PG_unevictable	用于指示该页在 unevictable 链表中；通常，该位是被 ramfs 和 SHM_LOCKed 共享内存页所拥有的页设置的
PG_mlocked	用于指示该页上启用了 VMA 锁

这里有一些宏用来检查、设置和清除单个页位。这些操作保证是原子的，并声明在内核头文件/include/linux/page-flags.h 中。不同的内核代码会调用它们来操作页标志：

```
/*Macros to create function definitions for page flags */
#define TESTPAGEFLAG(uname, lname, policy) \
static __always_inline int Page##uname(struct page *page) \
{ return test_bit(PG_##lname, &policy(page, 0)->flags); }

#define SETPAGEFLAG(uname, lname, policy) \
static __always_inline void SetPage##uname(struct page *page) \
{ set_bit(PG_##lname, &policy(page, 1)->flags); }

#define CLEARPAGEFLAG(uname, lname, policy) \
static __always_inline void ClearPage##uname(struct page *page) \
{ clear_bit(PG_##lname, &policy(page, 1)->flags); }

#define __SETPAGEFLAG(uname, lname, policy) \
static __always_inline void __SetPage##uname(struct page *page) \
{ __set_bit(PG_##lname, &policy(page, 1)->flags); }

#define __CLEARPAGEFLAG(uname, lname, policy) \
static __always_inline void __ClearPage##uname(struct page *page) \
{ __clear_bit(PG_##lname, &policy(page, 1)->flags); }

#define TESTSETFLAG(uname, lname, policy) \
static __always_inline int TestSetPage##uname(struct page *page) \
{ return test_and_set_bit(PG_##lname, &policy(page, 1)->flags); }

#define TESTCLEARFLAG(uname, lname, policy) \
static __always_inline int TestClearPage##uname(struct page *page) \
{ return test_and_clear_bit(PG_##lname, &policy(page, 1)->flags); }

....
....
```

2. 映射

页描述符的另一个重要元素是 struct address_space 类型的指针*mapping。但是，这是一个难以处理的指针，它可以引用 struct address_space 的实例，也可以引用 struct anon_vma 的实例。在详细了解如何实现这一点之前，首先来了解这些结构体的重要性及它们所表示的资源。

文件系统使用空闲页（以页缓存起）缓存最近访问的磁盘文件的数据。此机制有助于最小化磁盘 I/O 操作：当修改缓存中的文件数据时，通过设置 PG_dirty 位将相应的页标记为脏；通过以策略间隔调度磁盘 I/O 操作，将所有脏页写入相应的磁盘块。struct address_space 是一个抽象，用来表示一组用于文件缓存的页。页缓存的空闲页也可以映射（mapped）到一个进程或进程组用以进行动态分配，为这种内存分配而映射的页称为匿名（anonymous）页映射。struct anon_vma 的实例表示使用匿名页创建的内存块，这些内存块被映射到一个或多个进程的虚拟地址空间（通过 VMA 实例）。

指针的复杂动态初始化地址，是通过位操作来实现指向任意数据结构的。如果指针 *mapping 的低位清零，则表明页映射到 inode 并且指针指向 struct address_space。如果低位被置位，则表示匿名映射，这意味着指针指向 struct anon_vma 的实例。这可以通过确保分配与 sizeof(long)对齐的 address_space 实例来实现，使得指向 address_space 的指针的最低有效位不被置位（即设置为 0）。

4.2 区域和节点

对于整个内存管理框架来说，基本的数据结构是区域（zone）和节点（node）。让我们熟悉一下这些数据结构背后的核心概念吧。

4.2.1 内存区域

为了有效管理内存分配，物理页被组织成称为区域（zone）的组。每个 zone 中的页用于满足特定的需求，如 DMA、高端内存和其他常规分配需求。内核头文件 mmzone.h 中的一个 enum 声明了 zone 常量：

```
/* include/linux/mmzone.h */
enum zone_type {
#ifdef CONFIG_ZONE_DMA
ZONE_DMA,
#endif
#ifdef CONFIG_ZONE_DMA32
 ZONE_DMA32,
#endif
#ifdef CONFIG_HIGHMEM
 ZONE_HIGHMEM,
```

```
#endif
 ZONE_MOVABLE,
#ifdef CONFIG_ZONE_DEVICE
 ZONE_DEVICE,
#endif
 __MAX_NR_ZONES
};
```

在 ZONE_DMA 这个 zone 中的页保留给无法在所有可寻址内存上执行 DMA 操作的设备。zone 的大小与体系结构相关，如表 4-2 所示。

表 4-2

体系结构	限制
parsic、ia64、sparc	小于 4GB
s390	小于 2GB
ARM	可变
Alpha	无限制或小于 16MB
alpha、i386、x86-64	小于 16MB

- ZONE_DMA32：该 zone 用于支持 32 位设备，可以在小于 4GB 的内存上执行 DMA 操作。此 zone 仅存在于 x86-64 平台上。
- ZONE_NORMAL：所有可寻址内存都被认为是常规 zone。DMA 操作可以在这些页上执行，只要 DMA 设备支持所有可寻址内存操作。
- ZONE_HIGHMEM：该 zone 包含的页只能由内核通过显式映射到其地址空间来访问。换句话说，超出内核段的所有物理内存页都属于此 zone。该 zone 仅适用于虚拟地址 3:1 分割（用户模式为 3GB 地址空间，内核模式为 1GB 地址空间）的 32 位平台。例如，在 i386 上，允许内核寻址超过 900 MB 的内存将需要为内核要访问的每个页设置特殊映射（页表项）。
- ZONE_MOVABLE：内存碎片化是现代操作系统所面临的挑战之一，Linux 也不例外。从内核引导的那一刻起，在整个运行期间，内核为一系列任务分配和释放页，从而导致很少有内存区域具有物理上连续的页。考虑到 Linux 对虚拟寻址的支持，碎片可能不是顺利执行各种进程的障碍，因为物理上分散的内存总是可以通过页表映射到虚拟连续的地址空间。然而，有一些场景，如 DMA，为内核数据结构分配和设置缓存，这些数据结构对物理上连续的内存区域有着迫切的需求。

多年来，内核开发人员一直在开发许多防碎片技术来缓解碎片化（fragmentation）。ZONE_MOVABLE 的引入就是其中的尝试之一。这里的核心思想是跟踪每个 zone 中的 movable 页并在此伪 zone 下表示它们，这有助于防止碎片化（下一节将讨论更多关于伙伴系统的内容）。

该 zone 的大小是在内核引导时通过其中一个内核参数 kernelcore 进行配置的。注意，所赋的值指定了被认为 non-movable 的内存数量，其余的是 movable。通常，在配置内存管理器时需要考虑将页从最高填充 zone 到 ZONE_MOVABLE 的迁移，其对于 32 位的 x86 计算机是 ZONE_HIGHMEM，对于 x86_64 则是 ZONE_DMA32。

- ZONE_DEVICE：该 zone 是用来支持热插拔内存的，如大容量持久存储器阵列。持久性内存（persistent memory）在很多方面与 DRAM 非常相似。具体来说，CPU 可以在字节级直接寻址它们，而诸如持久性、性能（较慢的写入速度）和大小（通常以太字节［TB］为单位）等特性将它们与普通内存区别开来。为了使内核能够支持 4 KB 页大小的内存，它需要枚举数十亿的页结构体，这将消耗大量的主内存或根本不适合这么做。因此，内核开发人员选择将持久性内存视为设备（device）而非内存（memory），这意味着内核可以依靠适当的驱动程序（driver）来管理这些内存。

```
void *devm_memremap_pages(struct device *dev, struct resource *res,
                        struct percpu_ref *ref, struct vmem_altmap *altmap);
```

持久性内存驱动程序的 devm_memremap_pages()函数将持久性内存区域映射到内核的地址空间，并在持久性设备内存中设置相关的页结构体。这些映射下的所有页都分组在 ZONE_DEVICE 下。有一个明确的 zone 来标记这样的页，这样就可以允许内存管理器将它们与常规的一致内存页区分开来。

4.2.2 内存节点

Linux 内核在很长一段时间内都是为了支持多处理器机器体系结构而设计的。内核实现了各种资源，例如 per-CPU 数据缓存、互斥锁和原子操作宏，这些资源用于各种 SMP 模型子系统，例如进程调度器和设备管理等。特别是内存管理子系统的作用对于内核在这种体系结构上的运行是至关重要的，因为它需要虚拟化每个处理器所查看的内存。根据每个处理器的模型以及访问系统内存的延迟，多处理器机器体系结构大致分为下面两种类型（见图 4-2）。

- **一致内存访问体系结构（Uniform Memory Access Architecture，UMA）**：这些是多处理器体系结构机器，其中处理器互相连接在一起并共享物理内存和 I/O 端口。它们被命名为 UMA 系统，因为内存访问延迟是一致的和固定的，而不管它们是从哪个处理器发起访问的。多数对称多处理器系统都是 UMA。

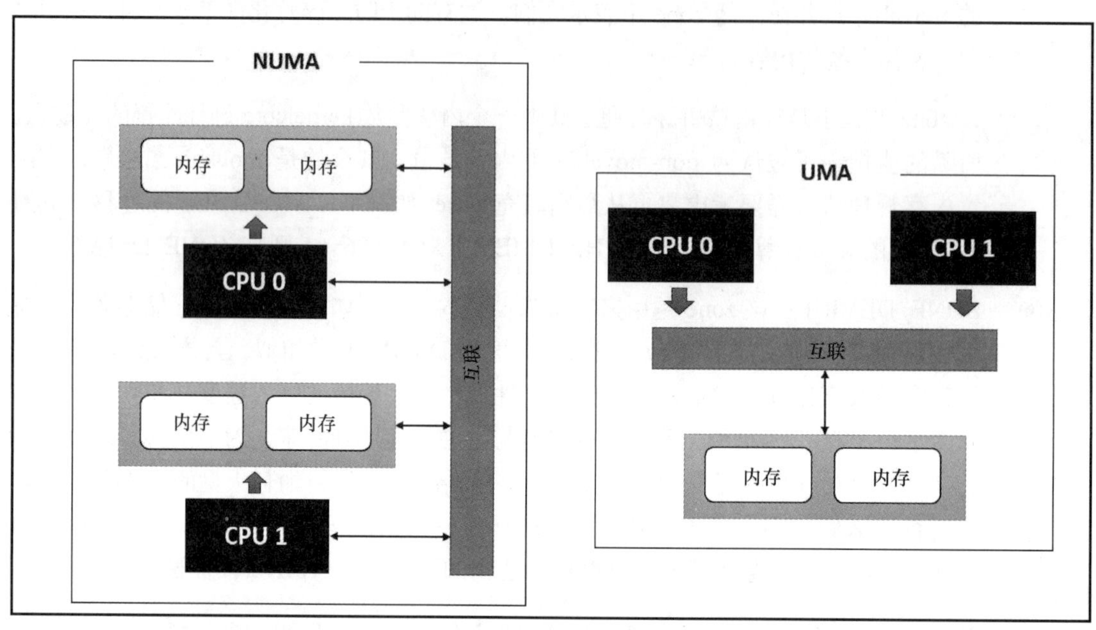

图 4-2

- **非一致内存访问体系结构（Non-Uniform Memory Access Architecture，NUMA）**：这些是多处理器机器，在设计上与 UMA 形成对比，这些系统设计为每个处理器设有专用的内存，具有固定内存访问延迟。但是，处理器可以互相连接并发起对其他处理器的本地内存进行访问操作，而这样的操作使得内存访问延迟是可变的。

  由于每个处理器的系统内存的非一致（非连续）视图，该模型的机器被命名为 NUMA。

为了扩展对 NUMA 机器的支持，内核将每个非统一内存分区（本地内存）视为一个节点（node）。每个节点由一个类型为 pg_data_t 的描述符标识，该节点之下有前面讨论的每个分区策略所指向的页。每个 zone 都通过 struct zone 的实例来表示。UMA 机器将包含一个节点描述符，在该节点描述符下就表示整个内存，而在 NUMA 机器上，枚举了一个节点描述符链表，其中每个节点描述符表示一个连续的内存节点。图 4-3 说明了这些数据结构之间的关系。

接下来是节点描述符和区域描述符数据结构的定义。注意，这里不打算讲述这些结构体的每个元素，因为它们与内存管理的各个方面有关，而这些内容超出了本章的范围。

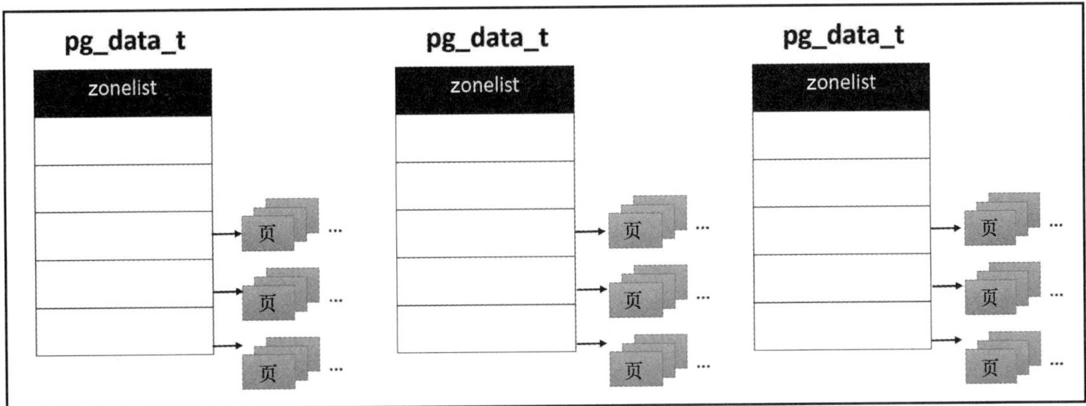

图 4-3

1. 节点描述符结构体

节点描述符结构体 pg_data_t 在内核头文件 mmzone.h 中声明：

```
/* include/linux/mmzone.h */

typedef struct pglist_data {
  struct zone node_zones[MAX_NR_ZONES];
  struct zonelist node_zonelists[MAX_ZONELISTS];
  int nr_zones;

#ifdef CONFIG_FLAT_NODE_MEM_MAP /* means !SPARSEMEM */
  struct page *node_mem_map;
#ifdef CONFIG_PAGE_EXTENSION
  struct page_ext *node_page_ext;
#endif
#endif
#ifndef CONFIG_NO_BOOTMEM
  struct bootmem_data *bdata;
#endif
#ifdef CONFIG_MEMORY_HOTPLUG
 spinlock_t node_size_lock;
#endif
 unsigned long node_start_pfn;
 unsigned long node_present_pages; /* total number of physical pages */
 unsigned long node_spanned_pages;
 int node_id;
 wait_queue_head_t kswapd_wait;
```

```
    wait_queue_head_t pfmemalloc_wait;
    struct task_struct *kswapd;
    int kswapd_order;
    enum zone_type kswapd_classzone_idx;

#ifdef CONFIG_COMPACTION
    int kcompactd_max_order;
    enum zone_type kcompactd_classzone_idx;
    wait_queue_head_t kcompactd_wait;
    struct task_struct *kcompactd;
#endif
#ifdef CONFIG_NUMA_BALANCING
    spinlock_t numabalancing_migrate_lock;
    unsigned long numabalancing_migrate_next_window;
    unsigned long numabalancing_migrate_nr_pages;
#endif
    unsigned long totalreserve_pages;

#ifdef CONFIG_NUMA
    unsigned long min_unmapped_pages;
    unsigned long min_slab_pages;
#endif /* CONFIG_NUMA */

    ZONE_PADDING(_pad1_)
    spinlock_t lru_lock;

#ifdef CONFIG_DEFERRED_STRUCT_PAGE_INIT
    unsigned long first_deferred_pfn;
#endif /* CONFIG_DEFERRED_STRUCT_PAGE_INIT */

#ifdef CONFIG_TRANSPARENT_HUGEPAGE
    spinlock_t split_queue_lock;
    struct list_head split_queue;
    unsigned long split_queue_len;
#endif
    unsigned int inactive_ratio;
    unsigned long flags;
    ZONE_PADDING(_pad2_)
    struct per_cpu_nodestat __percpu *per_cpu_nodestats;
    atomic_long_t vm_stat[NR_VM_NODE_STAT_ITEMS];
} pg_data_t;
```

内核根据机器类型和内核配置选项，将各个元素编译进该结构体中。我们来看几个重要的字段，如表 4-3 所示。

表 4-3

字段	描述
node_zones	一个数组，用于保存该节点中各页的 zone 实例
node_zonelists	一个数组，用于指定该节点中内存分配时各个区域的优先顺序
nr_zones	在当前节点中区域的计数
node_mem_map	指向当前节点中页描述符链表的指针
bdata	指向引导内存描述符的指针（在后文中讨论）
node_start_pfn	保存该节点中第一个物理页的帧号；对于 UMA 系统，此值为 0
node_present_pages	节点中的页总数
node_spanned_pages	物理页范围的总大小，包括空洞（如果有）
node_id	保存唯一的节点标识符（节点从 0 开始编号）
kswapd_wait	kswapd 内核线程的等待队列
kswapd	指向 kswapd 内核线程的任务结构体的指针
totalreserve_pages	未用于用户空间内存分配的保留页总数

2. 区域描述符结构体

内核头文件 mmzone.h 还声明了 struct zone，它用作区域描述符。以下是结构体定义的代码片段，并且已经加了注释。我们将描述几个重要的字段。

```
struct zone {
 /* Read-mostly fields */

 /* zone watermarks, access with *_wmark_pages(zone) macros */
 unsigned long watermark[NR_WMARK];
 unsigned long nr_reserved_highatomic;

 /*
 * We don't know if the memory that we're going to allocate will be
 * freeable or/and it will be released eventually, so to avoid totally
 * wasting several GB of ram we must reserve some of the lower zone
 * memory (otherwise we risk to run OOM on the lower zones despite
 * there being tons of freeable ram on the higher zones). This array is
 * recalculated at runtime if the sysctl_lowmem_reserve_ratio sysctl
 * changes.
```

```
	 */
	long lowmem_reserve[MAX_NR_ZONES];

#ifdef CONFIG_NUMA
	int node;
#endif
	struct pglist_data *zone_pgdat;
	struct per_cpu_pageset __percpu *pageset;

#ifndef CONFIG_SPARSEMEM
	/*
	 * Flags for a pageblock_nr_pages block. See pageblock-flags.h.
	 * In SPARSEMEM, this map is stored in struct mem_section
	 */
	unsigned long *pageblock_flags;
#endif /* CONFIG_SPARSEMEM */

	/* zone_start_pfn == zone_start_paddr >> PAGE_SHIFT */
	unsigned long zone_start_pfn;

	/*
	 * spanned_pages is the total pages spanned by the zone, including
	 * holes, which is calculated as:
	 * spanned_pages = zone_end_pfn - zone_start_pfn;
	 *
	 * present_pages is physical pages existing within the zone, which
	 * is calculated as:
	 * present_pages = spanned_pages - absent_pages(pages in holes);
	 *
	 * managed_pages is present pages managed by the buddy system, which
	 * is calculated as (reserved_pages includes pages allocated by the
	 * bootmem allocator):
	 * managed_pages = present_pages - reserved_pages;
	 *
	 * So present_pages may be used by memory hotplug or memory power
	 * management logic to figure out unmanaged pages by checking
	 * (present_pages - managed_pages). And managed_pages should be used
	 * by page allocator and vm scanner to calculate all kinds of watermarks
	 * and thresholds.
	 *
	 * Locking rules:
```

```
 *
 * zone_start_pfn and spanned_pages are protected by span_seqlock.
 * It is a seqlock because it has to be read outside of zone->lock,
 * and it is done in the main allocator path. But, it is written
 * quite infrequently.
 *
 * The span_seq lock is declared along with zone->lock because it is
 * frequently read in proximity to zone->lock. It's good to
 * give them a chance of being in the same cacheline.
 *
 * Write access to present_pages at runtime should be protected by
 * mem_hotplug_begin/end(). Any reader who can't tolerant drift of
 * present_pages should get_online_mems() to get a stable value.
 *
 * Read access to managed_pages should be safe because it's unsigned
 * long. Write access to zone->managed_pages and totalram_pages are
 * protected by managed_page_count_lock at runtime. Idealy only
 * adjust_managed_page_count() should be used instead of directly
 * touching zone->managed_pages and totalram_pages.
 */
 unsigned long managed_pages;
 unsigned long spanned_pages;
 unsigned long present_pages;

 const char *name;// name of this zone

#ifdef CONFIG_MEMORY_ISOLATION
 /*
  * Number of isolated pageblock. It is used to solve incorrect
  * freepage counting problem due to racy retrieving migratetype
  * of pageblock. Protected by zone->lock.
  */
 unsigned long nr_isolate_pageblock;
#endif

#ifdef CONFIG_MEMORY_HOTPLUG
 /* see spanned/present_pages for more description */
 seqlock_t span_seqlock;
#endif

 int initialized;
```

```
    /* Write-intensive fields used from the page allocator */
    ZONE_PADDING(_pad1_)
    /* free areas of different sizes */
    struct free_area free_area[MAX_ORDER];

    /* zone flags, see below */
    unsigned long flags;

    /* Primarily protects free_area */
    spinlock_t lock;

    /* Write-intensive fields used by compaction and vmstats. */
    ZONE_PADDING(_pad2_)

    /*
     * When free pages are below this point, additional steps are taken
     * when reading the number of free pages to avoid per-CPU counter
     * drift allowing watermarks to be breached
     */
    unsigned long percpu_drift_mark;

#if defined CONFIG_COMPACTION || defined CONFIG_CMA
    /* pfn where compaction free scanner should start */
    unsigned long compact_cached_free_pfn;
    /* pfn where async and sync compaction migration scanner should start */
    unsigned long compact_cached_migrate_pfn[2];
#endif

#ifdef CONFIG_COMPACTION
    /*
     * On compaction failure, 1<<compact_defer_shift compactions
     * are skipped before trying again. The number attempted since
     * last failure is tracked with compact_considered.
     */
    unsigned int compact_considered;
    unsigned int compact_defer_shift;
    int compact_order_failed;
#endif

#if defined CONFIG_COMPACTION || defined CONFIG_CMA
```

```
 /* Set to true when the PG_migrate_skip bits should be cleared */
 bool compact_blockskip_flush;
#endif

 bool contiguous;

 ZONE_PADDING(_pad3_)
 /* Zone statistics */
 atomic_long_t vm_stat[NR_VM_ZONE_STAT_ITEMS];
} ____cacheline_internodealigned_in_smp;
```

表 4-4 所示为重要字段的汇总表，对每个字段都做了简要的说明。

表 4-4

字段	描述
watermark	包含 WRMARK_MIN、WRMARK_LOW 和 WRMARK_HIGH 偏移量的无符号长整型数组。这些偏移量的值会影响 kswapd 内核线程执行的 swap 操作
nr_reserved_highatomic	保留的高阶原子页计数
lowmem_reserve	一个数组，专门为每个 zone 的紧急内存分配而保留的页计数
zone_pgdat	指向此 zone 的节点描述符的指针
pageset	指向 per-CPU 的冷热页链表的指针
free_area	struct free_area 类型的实例数组，每个抽象的连续空闲页都可用于伙伴分配器。有关伙伴分配器的更多信息，请参阅后面部分
flags	无符号长整型变量，用于保存 zone 的当前状态
zone_start_pfn	zone 中第一个页帧的索引
vm_stat	该 zone 的统计信息

4.3 内存分配

在研究了物理内存是如何组织并通过核心数据结构表示之后，我们现在将注意力转移到物理内存的管理上，以便处理分配和释放内存的请求。内存分配请求可以由系统中的多种实体对象发起，例如用户模式进程、驱动程序和文件系统。根据实体的类型和请求分配的上下文，返回的分配可能需要满足某些特性，例如页对齐的物理上连续的大块内存或物理上连续的小块内存，硬件缓存对齐的内存，或者映射成虚拟连续的地址空间的物理上的碎片块。

为了有效地管理物理内存，并根据所选择的优先级和模式来满足内存需求，内核使用了一组内存分配器。每个分配器都有一组独有的接口函数，这些函数由精心设计的算法所支持，这些算法对特定的分配模式进行了优化。

4.3.1 页帧分配器

页帧分配器也称为内存区域的页帧分配器，它用作物理上连续的以页大小倍数分配的接口，通过查找合适的区域中的空闲页来执行分配操作。每个 zone 中的物理页由伙伴系统（Buddy System）管理，它用作页帧分配器的后端算法。页帧分配器如图 4-4 所示。

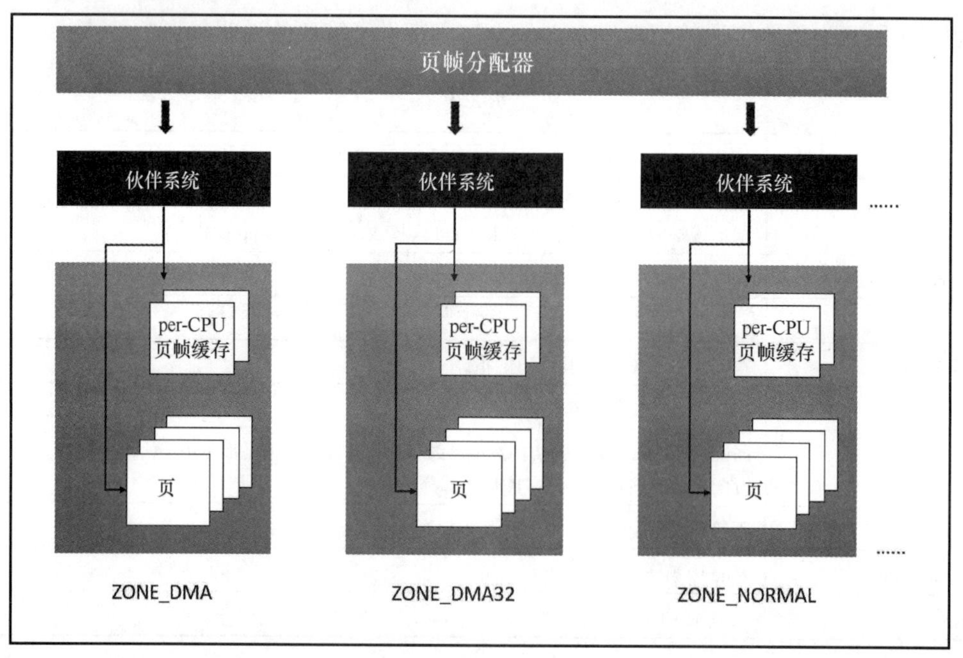

图 4-4

在该算法下，内核代码可以通过内核头文件 linux/include/gfp.h 中提供的内联函数和宏接口来执行内存分配/释放操作：

```
static inline struct page *alloc_pages(gfp_t gfp_mask, unsigned int order);
```

第一个参数 gfp_mask 作为一种指定属性的方法，用于指定要满足分配需求的属性。我们将在后文中研究属性标志的细节。第二个参数 order 用于指定分配的大小，分配的值被看作 2^{order}。成功时，它返回第一个页结构体的地址，失败时返回 NULL。对于单页分配，可以使用宏替代，它会最终调用 alloc_pages()：

```
#define alloc_page(gfp_mask) alloc_pages(gfp_mask, 0);
```

通过适当的页表项（用于访问操作期间的分页地址转换）将分配的页映射到连续的内核地址空间。在页表映射之后生成的地址（用于内核代码）被称为线性地址（linear address）。通过另一个函数接口 page_address()，调用者代码可以检索已分配的内存块的起始线性地址。

分配也可以通过一组封装的函数和调用 alloc_pages()的宏来发起，这会略微扩展分配功能，并返回已分配的内存块的起始线性地址，而不是指向页结构体的指针。以下代码片段展示了封装函数和宏：

```
/* allocates 2^order pages and returns start linear address */
unsigned long __get_free_pages(gfp_t gfp_mask, unsigned int order)
{
struct page *page;
/*
* __get_free_pages() returns a 32-bit address, which cannot represent
* a highmem page
*/
VM_BUG_ON((gfp_mask & __GFP_HIGHMEM) != 0);

page = alloc_pages(gfp_mask, order);
if (!page)
return 0;
return (unsigned long) page_address(page);
}

/* Returns start linear address to zero initialized page */
unsigned long get_zeroed_page(gfp_t gfp_mask)
{
return __get_free_pages(gfp_mask | __GFP_ZERO, 0);
}

/* Allocates a page */
#define __get_free_page(gfp_mask) \
__get_free_pages((gfp_mask), 0)

/* Allocate page/pages from DMA zone */
#define __get_dma_pages(gfp_mask, order) \
__get_free_pages((gfp_mask) | GFP_DMA, (order))
```

以下是用于将内存释放回系统的接口。我们需要调用一个合适并且匹配分配函数的接口，而传递错误的地址会导致内存崩溃：

```
void __free_pages(struct page *page, unsigned int order);
void free_pages(unsigned long addr, unsigned int order);
void free_page(addr);
```

伙伴系统

页帧分配器充当内存分配的接口（页大小的倍数），而伙伴系统在后端操作来实施物理页管理。该算法管理着每个 zone 的所有物理页。它通过最小化外部碎片，优化实现了大块物理上连续的内存（页）分配。让我们来探讨一下它的操作细节。

zone 描述符结构体包含了一个 struct free_area 的结构体数组，并且数组的大小是通过内核宏 MAX_ORDER 定义的，其默认值为 11：

```
struct zone {
          ...
          ...
          struct free_area[MAX_ORDER];
          ...
          ...
     };
```

该数组的每个偏移量都保存了一个 free_area 结构体的实例。所有空闲页都被拆分为 11 个（MAX_ORDER）链表，每个链表包含 2^{order} 个页块的链表，order 值的范围是 0～11（即 1 个 2^2 的链表会包含 16 KB 大小的内存块，而 2^3 是 32 KB 大小的内存块，以此类推）。该策略确保每个内存块自然对齐。每个链表中的内存块的大小正好是上一链表中的内存块的两倍，从而实现更快的分配和释放操作。它还为分配器提供了处理连续分配的能力，支持最大为 8 MB 的内存块大小（2^{11} 链表）。整个过程如图 4-5 所示。

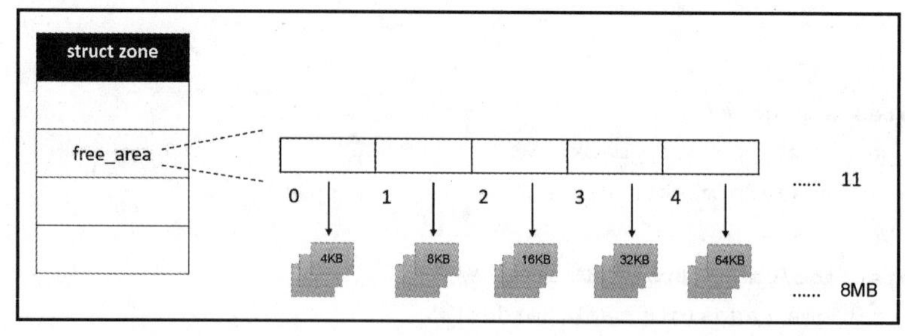

图 4-5

当针对特定大小进行内存分配请求时，伙伴系统会查找适当的链表以获取空闲内存块，并返回它的地址（如果可用）。但是，如果它找不到空闲内存块，就会转而去检查下一个高阶链表中是否有更大的内存块。如果可用，它会将高阶内存块拆分为相等的两块，称为伙伴，为分配器返回其中的一个，然后把另一个插入低阶链表中。当两个伙伴内存块在未来某个时间都变得空闲时，它们会被合并起来以创建一个更大的内存块。算法可以通过其对齐的地址来识别伙伴内存块，这样就可以合并它们。

让我们通过一个例子来更好地理解这一点，假设有一个请求分配 8KB 的内存块（通过页分配器函数）。伙伴系统在 free_pages 数组的 8KB 链表中查找空闲内存块（第一个偏移量包含 2^1 个页块），并返回内存块的起始线性地址（如果可用）；但是，如果 8KB 链表中没有空闲内存块，它将转到下一个更高阶的链表，即 16KB 内存块（free_pages 数组的第二个偏移量）以找到空闲块。让我们进一步假设此链表中也没有空闲内存块。然后它继续前移到下一个大小为 32KB 的高阶链表（free_pages 数组中的第三个偏移量）以找到一个空闲内存块；如果可用，它会将 32KB 内存块拆分成两个相等的部分，每个部分为 16KB（伙伴）。第一个 16KB 内存块进一步拆分为两个 8KB（伙伴）的部分，其中一个分配给调用者，另一个插入 8KB 链表。16KB 的第二个内存块被放入 16KB 空闲链表中，当较低阶（8KB）伙伴在未来某个时间变得空闲时，它们会被合并以形成更高阶的 16KB 内存块。当两个 16KB 伙伴都变得空闲时，它们会再次合并成一个 32KB 的内存块，然后重新被放回空闲链表。

当无法处理所期望的 zone 的分配请求时，伙伴系统会使用一种后备机制来查找其他内存区域和节点，如图 4-6 所示。

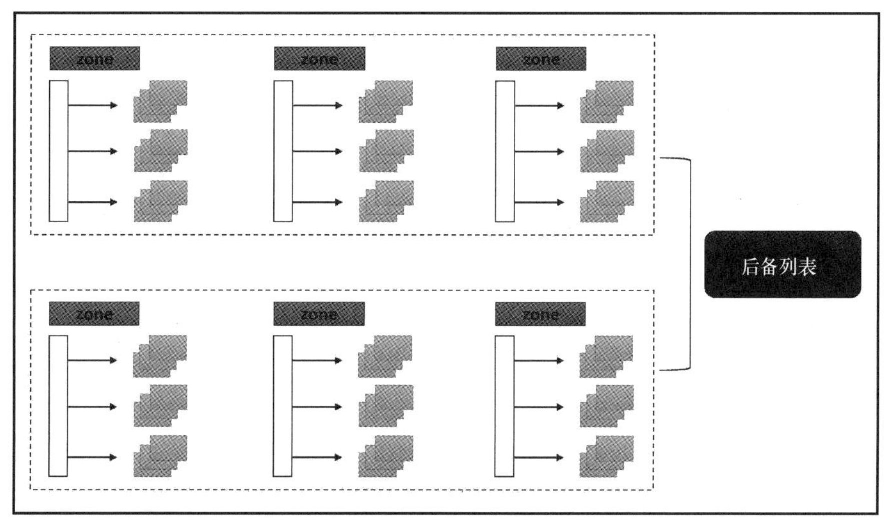

图 4-6

伙伴系统有着悠久的历史，在各种*nix 操作系统中有广泛的实现，并有适当的优化。正如前面所讨论的，它既有助于更快的内存分配和释放，又可以一定程度上最小化外部碎片。随着可以提供急需的性能优势的巨大页的出现，内核进一步努力实现反碎片化已经变得更加重要了。为了实现这一点，Linux 内核的伙伴系统实现通过页迁移来提供反碎片的能力。

页迁移（page migration）是将虚拟页的数据从一个物理内存区域移动到另一个物理内存区域的过程。此机制有助于创建具有连续页的更大内存块。为实现这一点，页分为以下类型。

- 不可移动的页（unmovable page）：固定和保留用于特定分配的物理页被认为是不可移动的。固定用于核心内核的页属于这一类。这些页是不可回收的。
- 可回收的页（reclaimable page）：映射到动态分配可以被驱赶到后备存储的物理页以及可以重新生成的物理页被认为是可回收的。用于文件缓存、匿名页映射以及内核的 slab 缓存所保存的页都属于这一类。回收操作有两种执行模式：周期性回收和直接回收，前者通过称为 kswapd 的 kthread 实现。当系统运行内存极度短缺时，内核会直接回收内存。
- 可移动的页（movable page）：可以通过页迁移机制移动到不同区域的物理页。映射到用户模式进程的虚拟地址空间的页被认为是可移动的，因为所有 VM 子系统需要做的是复制数据并更改相关的页表项。这是可行的，考虑到用户模式进程中的所有访问操作都是通过页表转换来实现的。

伙伴系统根据可移动性将页分组到独立链表中，并将它们用于适当的分配。这是通过将 struct free_area 中的每个 2^n 链表组织为基于页移动性的一组自主管理链表来实现的。每个 free_area 实例都包含一组大小为 MIGRATE_TYPES 的链表。每个偏移量保存各自页组的 list_head：

```
struct free_area {
        struct list_head free_list[MIGRATE_TYPES];
        unsigned long nr_free;
};
```

nr_free 是一个计数值，它保存了该 free_area 的所有空闲页的总数（所有迁移链表加在一起）。图 4-7 所示为每种迁移类型的空闲链表。

以下枚举定义了页迁移类型：

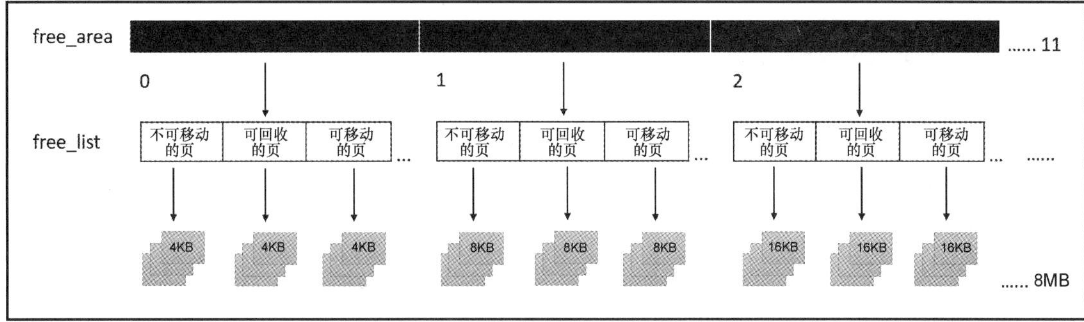

图 4-7

```
enum {
 MIGRATE_UNMOVABLE,
 MIGRATE_MOVABLE,
 MIGRATE_RECLAIMABLE,
 MIGRATE_PCPTYPES, /* the number of types on the pcp lists */
 MIGRATE_HIGHATOMIC = MIGRATE_PCPTYPES,
#ifdef CONFIG_CMA
 MIGRATE_CMA,
#endif
#ifdef CONFIG_MEMORY_ISOLATION
 MIGRATE_ISOLATE, /* can't allocate from here */
#endif
 MIGRATE_TYPES
};
```

我们已经讨论了重要的迁移类型 MIGRATE_MOVABLE、MIGRATE_UNMOVABLE 和 MIGRATE_RECLAIMABLE。MIGRATE_PCPTYPES 是一种特殊类型，它的引入是为了提高系统性能。每个 zone 在 per-CPU 页缓存中维护了一个 cache-hot 页链表。这些页用于提供本地 CPU 发起的分配请求。zone 描述符结构体的 pageset 元素指向 per-CPU 缓存中的页：

```
/* include/linux/mmzone.h */

struct per_cpu_pages {
 int count; /* number of pages in the list */
 int high; /* high watermark, emptying needed */
 int batch; /* chunk size for buddy add/remove */
 /* Lists of pages, one per migrate type stored on the pcp-lists */
 struct list_head lists[MIGRATE_PCPTYPES];
};
```

```
struct per_cpu_pageset {
 struct per_cpu_pages pcp;
#ifdef CONFIG_NUMA
 s8 expire;
#endif
#ifdef CONFIG_SMP
 s8 stat_threshold;
 s8 vm_stat_diff[NR_VM_ZONE_STAT_ITEMS];
#endif
};

struct zone {
 ...
 ...
 struct per_cpu_pageset __percpu *pageset;
 ...
 ...
};
```

struct per_cpu_pageset 是一个抽象，表示不可移动的页、可回收的页和可移动的页的页链表（见图 4-8）。MIGRATE_PCPTYPES 是按页面移动性排序的 per-CPU 页链表的计数。MIGRATE_ CMA 是连续内存分配器的页链表，我们将在后文中讨论。

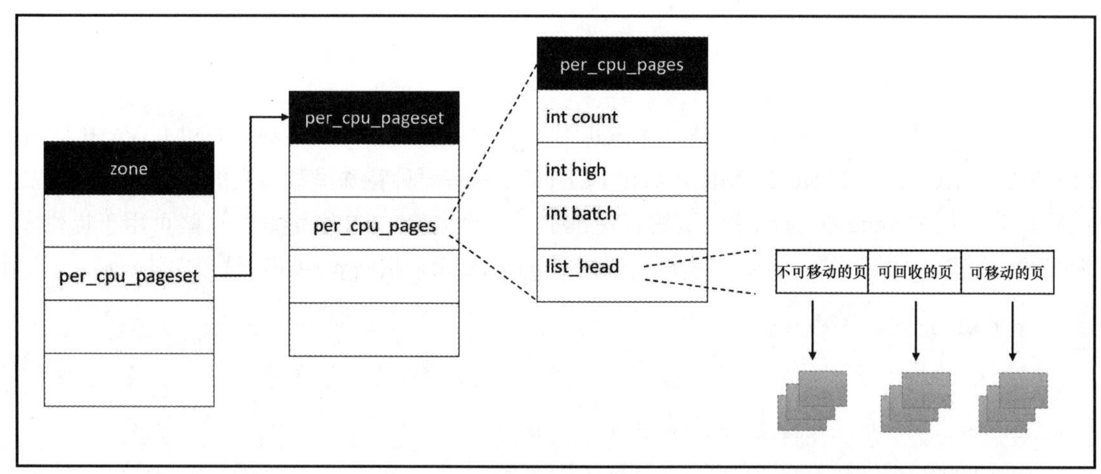

图 4-8

伙伴系统的实现依赖于备用链表，以便在所需的移动页不可用时处理分配请求。以下数组定义了各种迁移类型的备用顺序。我们不会进一步详细描述，因为它已经有注释了：

```
static int fallbacks[MIGRATE_TYPES][4] = {
 [MIGRATE_UNMOVABLE] = { MIGRATE_RECLAIMABLE, MIGRATE_MOVABLE, MIGRATE_TYPES },
 [MIGRATE_RECLAIMABLE] = { MIGRATE_UNMOVABLE, MIGRATE_MOVABLE, MIGRATE_TYPES },
 [MIGRATE_MOVABLE] = { MIGRATE_RECLAIMABLE, MIGRATE_UNMOVABLE, MIGRATE_TYPES },
#ifdef CONFIG_CMA
 [MIGRATE_CMA] = { MIGRATE_TYPES }, /* Never used */
#endif
#ifdef CONFIG_MEMORY_ISOLATION
 [MIGRATE_ISOLATE] = { MIGRATE_TYPES }, /* Never used */
#endif
};
```

4.3.2 GFP 掩码

页分配器和其他分配器函数（将在后文中讨论）需要 gfp_mask 标志作为参数，其类型为 gfp_t：

```
typedef unsigned __bitwise__ gfp_t;
```

gfp 标志用于为分配器函数提供两个重要属性：第一个是分配模式，它可以控制分配器函数的行为；第二个是分配源，它可以指示从哪个 zone 或 zone 链表中获取内存。内核头文件 gfp.h 定义了多种标志常量，这些标志常量被归入不同的组，称为区域修饰符（zone modifier）、移动性和放置标志（mobility and placement flag）、水印修饰符（watermark modifier）、页回收修饰符（reclaim modifier）、行为修饰符（action modifier）和类型标志（type flag）。

1. 区域修饰符

以下是用于指定从哪个 zone 获取内存的修饰符的汇总列表。回顾前面部分关于 zone 的讨论，对于它们中的每一个，定义了一个 gfp 标志：

```
#define __GFP_DMA ((__force gfp_t)___GFP_DMA)
#define __GFP_HIGHMEM ((__force gfp_t)___GFP_HIGHMEM)
#define __GFP_DMA32 ((__force gfp_t)___GFP_DMA32)
#define __GFP_MOVABLE ((__force gfp_t)___GFP_MOVABLE) /* ZONE_MOVABLE allowed */
```

2. 页面移动性和放置标志

以下代码片段定义了页移动性和放置标志：

```
#define __GFP_RECLAIMABLE ((__force gfp_t)___GFP_RECLAIMABLE)
#define __GFP_WRITE ((__force gfp_t)___GFP_WRITE)
```

```
#define __GFP_HARDWALL ((__force gfp_t)___GFP_HARDWALL)
#define __GFP_THISNODE ((__force gfp_t)___GFP_THISNODE)
#define __GFP_ACCOUNT ((__force gfp_t)___GFP_ACCOUNT)
```

以下是页移动性和放置标志。

- __GFP_RECLAIMABLE：大多数内核子系统旨在使用内存缓存（memory cache）来缓存常用的所需资源，如数据结构、内存块、持久的文件数据等。内存管理器维护这些缓存并允许它们按需动态扩展。然而，不能让这些缓存无限地扩展，否则它们最终会耗尽所有的内存。内存管理器通过 shrinker 接口处理此类问题，该接口是内存管理器可以缩减缓存的机制，并在需要时回收页。在分配页（用于缓存）时，启用此标志页向 shrinker 指示页是可回收的（reclaimable）。slab 分配器会使用此标志，稍后将对此进行讨论。
- __GFP_WRITE：使用此标志时，它向内核指示调用者打算写脏页。内存管理器根据区域公平分配策略分配适当的页，该策略轮询该节点的本地 zone 来分配此类页，以避免所有脏页都位于同一个 zone 中。
- __GFP_HARDWALL：该标志确保在相同节点或调用者绑定的节点上执行分配，换句话说，它强制执行 CPUSET 内存分配策略。
- __GFP_THISNODE：该标志强制从请求的节点完成分配，而不执行备用或放置策略。
- __GFP_ACCOUNT：该标志会导致所分配的内存被计算进 kmem 控制组。

3. 水印修饰符

以下代码片段定义了水印修饰符：

```
#define __GFP_ATOMIC ((__force gfp_t)___GFP_ATOMIC)
#define __GFP_HIGH ((__force gfp_t)___GFP_HIGH)
#define __GFP_MEMALLOC ((__force gfp_t)___GFP_MEMALLOC)
#define __GFP_NOMEMALLOC ((__force gfp_t)___GFP_NOMEMALLOC)
```

以下是水印修饰符，它提供了对紧急备用内存池的管理。

- __GFP_ATOMIC：该标志表示该分配是高优先级的，并且调用者上下文是不能等待的。
- __GFP_HIGH：该标志表示调用者具有高优先级，并且要求对于系统的分配请求一定要取得进展。设置此标志会使分配器访问紧急内存池。

- __GFP_MEMALLOC：该标志允许访问所有的内存。这应该仅在调用者在保障分配时允许很快释放更多内存时使用，例如，进程退出或交换。
- __GFP_NOMEMALLOC：该标志用于禁止访问所有保留的紧急内存池。

4. 页回收修饰符

随着系统负载的增加，zone 中的空闲内存量可能会低于低水位线，从而导致内存紧缺，严重影响系统的整体性能。为了应对这种情况，内存管理器配备了页回收算法（page reclaim algorithm），这些算法用于识别和回收页。内核内存分配器例程在使用适当的 GFP 常量（称为页回收修饰符）进行调用时，会使用回收算法。以下代码片段定义了页回收修饰符：

```
#define __GFP_IO ((__force gfp_t)___GFP_IO)
#define __GFP_FS ((__force gfp_t)___GFP_FS)
#define __GFP_DIRECT_RECLAIM ((__force gfp_t)___GFP_DIRECT_RECLAIM) /* Caller can reclaim */
#define __GFP_KSWAPD_RECLAIM ((__force gfp_t)___GFP_KSWAPD_RECLAIM) /* kswapd can wake */
#define __GFP_RECLAIM ((__force gfp_t)(___GFP_DIRECT_RECLAIM|___GFP_KSWAPD_RECLAIM))
#define __GFP_REPEAT ((__force gfp_t)___GFP_REPEAT)
#define __GFP_NOFAIL ((__force gfp_t)___GFP_NOFAIL)
#define __GFP_NORETRY ((__force gfp_t)___GFP_NORETRY)
```

以下是页回收修饰符，它们可以作为参数传递给分配函数。每个标志启用对特定内存区域的回收操作。

- __GFP_IO：该标志表示分配器可以启动物理 I/O（swap）来回收内存。
- __GFP_FS：该标志表示分配器可以调用底层的 FS 来回收内存。
- __GFP_DIRECT_RECLAIM：该标志表示调用函数愿意直接回收内存，而这可能会导致调用函数被阻塞。
- __GFP_KSWAPD_RECLAIM：该标志表示分配器可以唤醒 kswapd，当低水位触发时，内核线程启动回收。
- __GFP_RECLAIM：该标志用于启用直接回收和 kswapd 回收。
- __GFP_REPEAT：该标志表示尽力尝试分配内存，但是分配尝试可能会失败。
- __GFP_NOFAIL：该标志强制虚拟内存管理器重试，直到分配请求成功。这可能会导致 VM 触发 OOM killer 来回收内存。
- __GFP_NORETRY：该标志在无法处理内存请求时，会导致分配器返回适当的失败状态。

5. 行为修饰符

以下代码片段定义了行为修饰符：

```
#define __GFP_COLD ((__force gfp_t)___GFP_COLD)
#define __GFP_NOWARN ((__force gfp_t)___GFP_NOWARN)
#define __GFP_COMP ((__force gfp_t)___GFP_COMP)
#define __GFP_ZERO ((__force gfp_t)___GFP_ZERO)
#define __GFP_NOTRACK ((__force gfp_t)___GFP_NOTRACK)
#define __GFP_NOTRACK_FALSE_POSITIVE (__GFP_NOTRACK)
#define __GFP_OTHER_NODE ((__force gfp_t)___GFP_OTHER_NODE)
```

以下是行为修饰符标志，这些标志指定了分配器函数在处理内存请求时要考虑的附加属性。

- __GFP_COLD：为了实现快速访问，每个 zone 中的少数页被缓存到 per-CPU 的缓存中。缓存中保存的页称为热页，未缓存的页称为冷页。该标志表示分配器应使用缓存冷页来处理内存请求。
- __GFP_NOWARN：该标志使分配器以静默模式运行，这会导致警告和错误情况未被报告。
- __GFP_COMP：该标志用于分配具有适当元数据的复合页。一个复合页是一组包含两个或多个物理上连续的页，这些页被视为单个大页。元数据使复合页与其他物理上连续的页不同。复合页的第一个物理页称为首页（head page），其页描述符中设置了 PG_head 标志，其余页称为尾页（tail page）。
- __GFP_ZERO：该标志使分配器返回全部用 0 填充的页。
- __GFP_NOTRACK：kmemcheck 是内核中的调试器之一，用于检测和警告未初始化的内存访问。然而，这类检查会导致内存访问操作延迟。当性能是一个评价标准时，调用者可能希望分配 kmemcheck 未跟踪的内存。所以，该标志使分配器返回这样的内存。
- __GFP_NOTRACK_FALSE_POSITIVE：该标志是__GFP_NOTRACK 的别名。
- __GFP_OTHER_NODE：该标志用于分配透明的巨大页（THP）。

6. 类型标志

有了这么多类别的修饰符标志（每个类别都有不同的属性），程序员在为相应的分配选择标志时要特别小心。为了使这个过程更容易和更快捷，内核引入了类型标志（type flag），使程序员能够快速选择分配类型。类型标志源于多种修饰符常量（前面列出的）的组合，用于特定的分配用例。如果需要的话，可以进一步定制类型标志。

```
#define GFP_ATOMIC (__GFP_HIGH|__GFP_ATOMIC|__GFP_KSWAPD_RECLAIM)
#define GFP_KERNEL (__GFP_RECLAIM | __GFP_IO | __GFP_FS)
#define GFP_KERNEL_ACCOUNT (GFP_KERNEL | __GFP_ACCOUNT)
#define GFP_NOWAIT (__GFP_KSWAPD_RECLAIM)
#define GFP_NOIO (__GFP_RECLAIM)
#define GFP_NOFS (__GFP_RECLAIM | __GFP_IO)
#define GFP_TEMPORARY (__GFP_RECLAIM | __GFP_IO | __GFP_FS | __GFP_RECLAIMABLE)
#define GFP_USER (__GFP_RECLAIM | __GFP_IO | __GFP_FS | __GFP_HARDWALL)
#define GFP_DMA __GFP_DMA
#define GFP_DMA32 __GFP_DMA32
#define GFP_HIGHUSER (GFP_USER | __GFP_HIGHMEM)
#define GFP_HIGHUSER_MOVABLE (GFP_HIGHUSER | __GFP_MOVABLE)
#define GFP_TRANSHUGE_LIGHT ((GFP_HIGHUSER_MOVABLE | __GFP_COMP | __GFP_NOMEMALLOC |
\ __GFP_NOWARN) & ~__GFP_RECLAIM)
#define GFP_TRANSHUGE (GFP_TRANSHUGE_LIGHT | __GFP_DIRECT_RECLAIM)
```

以下是类型标志。

- GFP_ATOMIC：该标志是为不能失败的非阻塞分配指定的。它会导致从紧急储备内存中分配。而它通常在原子上下文中调用分配器时使用。
- GFP_KERNEL：该标志用于给内核分配内存时使用。这些请求是从常规 zone 处理的。而该标志可能导致分配器进行直接回收。
- GFP_KERNEL_ACCOUNT：除与 GFP_KERNEL 相同之外，kmem 控制组会跟踪该分配。
- GFP_NOWAIT：该标志用于非阻塞的内核分配。
- GFP_NOIO：该标志允许分配器在干净页上进行直接回收，而不需要物理 I/O 操作（swap）。
- GFP_NOFS：该标志允许分配器进行直接回收，但会阻止文件系统接口调用。
- GFP_TEMPORARY：该标志用于给内核缓存分配页，这些页可通过适当的 shrinker 接口进行回收。该标志会设置前面讨论过的__GFP_RECLAIMABLE 标志。
- GFP_USER：该标志用于用户空间分配。分配的内存映射到一个用户进程，也可以被内核服务或硬件访问，以便从设备到缓冲区的 DMA 传输，反之亦然。
- GFP_DMA：此标志会从最低端的 zone 分配，称为 ZONE_DMA。为了向后兼容，仍支持此标志。
- GFP_DMA32：该标志会从 ZONE_DMA32 处理分配，其中包含内存小于 4GB 中的页。

- GFP_HIGHUSER：该标志用于从 ZONE_HIGHMEM（仅适用于 32 位平台）的用户空间分配。
- GFP_HIGHUSER_MOVABLE：该标志类似于 GFP_HIGHUSER，另外还增加了从可移动页执行分配的功能，从而支持页迁移和回收。
- GFP_TRANSHUGE_LIGHT：该标志用于透明的巨大页（THP）的分配，这是复合分配。此类型标志会设置前面已经讨论过的__GFP_COMP。

4.3.3 slab 分配器

如 4.3.1 节所述，页分配器（与伙伴系统协调）可以有效地处理页大小倍数的内存分配请求。然而，内核代码为其内部使用而发起的大多数分配请求都是针对较小的内存块的（通常少于一个页的大小）。使用页分配器进行这类分配会导致内部碎片（internal fragmentation），从而浪费内存。slab 分配器正是为了解决这个问题而实现的。它建立在伙伴系统之上，用于分配小内存块和保存内核服务所使用的结构体对象或数据。

slab 分配器的设计基于对象缓存（object cache）的思想。对象缓存的概念非常简单：它保留了一组空闲页帧，将它们分割并组织成独立的空闲链表（每个链表中包含一些空闲页），称为 slab 缓存（slab cache），并使用每个链表分配一个固定大小的对象池或内存块，称为单元（unit）。这样，每个链表都被分配了一个唯一的单元大小，并包含一个对象池或该大小的内存块。当分配请求到达给定大小的内存块时，分配器算法选择适当的 slab 缓存，其单元大小最适合所请求分配的大小，并返回空闲内存块的地址。

但是，在底层，slab 缓存的初始化和管理涉及一定的复杂性。该算法需要考虑各种问题，如对象跟踪、动态扩展和通过 shrinker 接口安全回收。解决所有这些问题，并在增强性能和最佳内存占用之间实现恰到好处的平衡是一项相当大的挑战。我们将在后续章节中探讨更多的这些挑战，但是现在我们将继续讨论分配器函数接口。

1. kmalloc 缓存

slab 分配器维护了一组通用 slab 缓存，用来缓存单元大小为 8 的倍数的内存块。它为每个单元大小维护了两组 slab 缓存，一组用于维护从 ZONE_NORMAL 页分配的内存块池，另一组则维护从 ZONE_DMA 页分配的内存块池。这些缓存是全局的，并在所有内核代码中共享。用户可以通过特定文件/proc/slabinfo 来跟踪这些缓存的状态。内核服务可以通过 kmalloc 系列函数从这些缓存中分配和释放内存块，它们称为 kmalloc 缓存：

```
#cat /proc/slabinfo
slabinfo - version: 2.1
# name <active_objs> <num_objs> <objsize> <objperslab> <pagesperslab> :
tunables <limit> <batchcount> <sharedfactor> : slabdata <active_slabs>
<num_slabs> <sharedavail>
dma-kmalloc-8192 0 0 8192 4 8 : tunables 0 0 0 : slabdata 0 0 0
dma-kmalloc-4096 0 0 4096 8 8 : tunables 0 0 0 : slabdata 0 0 0
dma-kmalloc-2048 0 0 2048 16 8 : tunables 0 0 0 : slabdata 0 0 0
dma-kmalloc-1024 0 0 1024 16 4 : tunables 0 0 0 : slabdata 0 0 0
dma-kmalloc-512 0 0 512 16 2 : tunables 0 0 0 : slabdata 0 0 0
dma-kmalloc-256 0 0 256 16 1 : tunables 0 0 0 : slabdata 0 0 0
dma-kmalloc-128 0 0 128 32 1 : tunables 0 0 0 : slabdata 0 0 0
dma-kmalloc-64 0 0 64 64 1 : tunables 0 0 0 : slabdata 0 0 0
dma-kmalloc-32 0 0 32 128 1 : tunables 0 0 0 : slabdata 0 0 0
dma-kmalloc-16 0 0 16 256 1 : tunables 0 0 0 : slabdata 0 0 0
dma-kmalloc-8 0 0 8 512 1 : tunables 0 0 0 : slabdata 0 0 0
dma-kmalloc-192 0 0 192 21 1 : tunables 0 0 0 : slabdata 0 0 0
dma-kmalloc-96 0 0 96 42 1 : tunables 0 0 0 : slabdata 0 0 0
kmalloc-8192 156 156 8192 4 8 : tunables 0 0 0 : slabdata 39 39 0
kmalloc-4096 325 352 4096 8 8 : tunables 0 0 0 : slabdata 44 44 0
kmalloc-2048 1105 1184 2048 16 8 : tunables 0 0 0 : slabdata 74 74 0
kmalloc-1024 2374 2448 1024 16 4 : tunables 0 0 0 : slabdata 153 153 0
kmalloc-512 1445 1520 512 16 2 : tunables 0 0 0 : slabdata 95 95 0
kmalloc-256 9988 10400 256 16 1 : tunables 0 0 0 : slabdata 650 650 0
kmalloc-192 3561 4053 192 21 1 : tunables 0 0 0 : slabdata 193 193 0
kmalloc-128 3588 5728 128 32 1 : tunables 0 0 0 : slabdata 179 179 0
kmalloc-96 3402 3402 96 42 1 : tunables 0 0 0 : slabdata 81 81 0
kmalloc-64 42672 45184 64 64 1 : tunables 0 0 0 : slabdata 706 706 0
kmalloc-32 15095 16000 32 128 1 : tunables 0 0 0 : slabdata 125 125 0
kmalloc-16 6400 6400 16 256 1 : tunables 0 0 0 : slabdata 25 25 0
kmalloc-8 6144 6144 8 512 1 : tunables 0 0 0 : slabdata 12 12 0
```

kmalloc-96 和 kmalloc-192 是用于维护与 1 级硬件缓存对齐的内存块的缓存。对于大于 8KB（大内存块）的分配，slab 分配器会回到伙伴系统来处理。

以下是 kmalloc 分配器系列函数，所有这些函数都需要适当的 GFP 标志作为参数：

```
/**
 * kmalloc - allocate memory.
 * @size: bytes of memory required.
 * @flags: the type of memory to allocate.
 */
```

```
void *kmalloc(size_t size, gfp_t flags)

/**
 * kzalloc - allocate memory. The memory is set to zero.
 * @size: bytes of memory required.
 * @flags: the type of memory to allocate.
 */
inline void *kzalloc(size_t size, gfp_t flags)

/**
 * kmalloc_array - allocate memory for an array.
 * @n: number of elements.
 * @size: element size.
 * @flags: the type of memory to allocate (see kmalloc).
 */
inline void *kmalloc_array(size_t n, size_t size, gfp_t flags)

/**
 * kcalloc - allocate memory for an array. The memory is set to zero.
 * @n: number of elements.
 * @size: element size.
 * @flags: the type of memory to allocate (see kmalloc).
 */
inline void *kcalloc(size_t n, size_t size, gfp_t flags)

/**
 * krealloc - reallocate memory. The contents will remain unchanged.
 * @p: object to reallocate memory for.
 * @new_size: bytes of memory are required.
 * @flags: the type of memory to allocate.
 *
 * The contents of the object pointed to are preserved up to the
 * lesser of the new and old sizes. If @p is %NULL, krealloc()
 * behaves exactly like kmalloc(). If @new_size is 0 and @p is not a
 * %NULL pointer, the object pointed to is freed
 */
void *krealloc(const void *p, size_t new_size, gfp_t flags)

/**
 * kmalloc_node - allocate memory from a particular memory node.
 * @size: bytes of memory are required.
```

```
 * @flags: the type of memory to allocate.
 * @node: memory node from which to allocate
 */
void *kmalloc_node(size_t size, gfp_t flags, int node)

/**
 * kzalloc_node - allocate zeroed memory from a particular memory node.
 * @size: how many bytes of memory are required.
 * @flags: the type of memory to allocate (see kmalloc).
 * @node: memory node from which to allocate
 */
void *kzalloc_node(size_t size, gfp_t flags, int node)
```

以下函数将已分配的内存块返还到空闲池。调用者需要确保作为参数传递的地址是有效的已分配内存块：

```
/**
 * kfree - free previously allocated memory
 * @objp: pointer returned by kmalloc.
 *
 * If @objp is NULL, no operation is performed.
 *
 * Don't free memory not originally allocated by kmalloc()
 * or you will run into trouble.
 */
void kfree(const void *objp)

/**
 * kzfree - like kfree but zero memory
 * @p: object to free memory of
 *
 * The memory of the object @p points to is zeroed before freed.
 * If @p is %NULL, kzfree() does nothing.
 *
 * Note: this function zeroes the whole allocated buffer which can be a good
 * deal bigger than the requested buffer size passed to kmalloc(). So be
 * careful when using this function in performance sensitive code.
 */
void kzfree(const void *p)
```

2．对象缓存

slab 分配器提供了用于设置 slab 缓存的函数接口，slab 缓存可以由内核服务或子系统拥有。

这些缓存被认为是私有的，因为它们是内核服务（或内核子系统）的本地缓存，如设备驱动程序、文件系统、进程调度器等。而大多数内核子系统使用该特性来设置间歇性需要数据结构的对象缓存和池。到目前为止，我们遇到的大多数数据结构（见第 1 章），包括进程描述符、信号描述符、页描述符等都保存在这样的对象池中。伪文件/proc/slabinfo 可以显示对象缓存的状态：

```
# cat /proc/slabinfo
slabinfo - version: 2.1
# name <active_objs> <num_objs> <objsize> <objperslab> <pagesperslab> :
tunables <limit> <batchcount> <sharedfactor> : slabdata <active_slabs>
<num_slabs> <sharedavail>
sigqueue 100 100 160 25 1 : tunables 0 0 0 : slabdata 4 4 0
bdev_cache 76 76 832 19 4 : tunables 0 0 0 : slabdata 4 4 0
kernfs_node_cache 28594 28594 120 34 1 : tunables 0 0 0 : slabdata 841 841
0
mnt_cache 489 588 384 21 2 : tunables 0 0 0 : slabdata 28 28 0
inode_cache 15932 15932 568 28 4 : tunables 0 0 0 : slabdata 569 569 0
dentry 89541 89817 192 21 1 : tunables 0 0 0 : slabdata 4277 4277 0
iint_cache 0 0 72 56 1 : tunables 0 0 0 : slabdata 0 0 0
buffer_head 53079 53430 104 39 1 : tunables 0 0 0 : slabdata 1370 1370 0
vm_area_struct 41287 42400 200 20 1 : tunables 0 0 0 : slabdata 2120 2120 0
files_cache 207 207 704 23 4 : tunables 0 0 0 : slabdata 9 9 0
signal_cache 420 420 1088 30 8 : tunables 0 0 0 : slabdata 14 14 0
sighand_cache 289 315 2112 15 8 : tunables 0 0 0 : slabdata 21 21 0
task_struct 750 801 3584 9 8 : tunables 0 0 0 : slabdata 89 89 0
```

kmem_cache_create()函数根据所传递的参数来创建一个新缓存。创建成功时，它将返回 kmem_cache 类型的缓存描述符结构的地址：

```
/*
 * kmem_cache_create - Create a cache.
 * @name: A string which is used in /proc/slabinfo to identify this cache.
 * @size: The size of objects to be created in this cache.
 * @align: The required alignment for the objects.
 * @flags: SLAB flags
 * @ctor: A constructor for the objects.
 *
 * Returns a ptr to the cache on success, NULL on failure.
 * Cannot be called within a interrupt, but can be interrupted.
 * The @ctor is run when new pages are allocated by the cache.
 *
 */
```

```
struct kmem_cache * kmem_cache_create(const char *name, size_t size, size_t align,
                                       unsigned long flags, void (*ctor)(void *))
```

kmem_cache_create()函数通过分配空闲页帧（从伙伴系统）来创建缓存，并且填充指定大小（第二个参数）的数据对象。虽然每个缓存都是在创建期间通过托管固定数量的数据对象开始的，但是当需要容纳更多数据对象时，它们可以动态增长。数据结构可能很复杂（我们遇到过一些），并且可以包含各种元素，例如链表头、子对象、数组、原子计数器、位域等。设置每个对象可能需要将其所有字段初始化为默认状态，这可以通过分配给*ctor函数指针（最后一个参数）的初始化函数来实现。对于分配的每个新对象，无论是在缓存创建期间还是在增长以添加更多空闲对象时，都会调用该初始化函数。但是，对于简单的对象，一个缓存可以在没有初始化函数的情况下创建。

下面这个代码片段展示了 kmem_cache_create()的用法。

```
/* net/core/skbuff.c */

struct kmem_cache *skbuff_head_cache;
skbuff_head_cache = kmem_cache_create("skbuff_head_cache",sizeof(struct sk_buff), 0,
                                       SLAB_HWCACHE_ALIGN|SLAB_PANIC, NULL);
```

标志用于启用调试检查，并通过将对象与硬件缓存对齐来增强缓存上访问操作的性能。以下标志常量是被支持的：

```
SLAB_CONSISTENCY_CHECKS /* DEBUG: Perform (expensive) checks o alloc/free */
SLAB_RED_ZONE /* DEBUG: Red zone objs in a cache */
SLAB_POISON /* DEBUG: Poison objects */
SLAB_HWCACHE_ALIGN /* Align objs on cache lines */
SLAB_CACHE_DMA /* Use GFP_DMA memory */
SLAB_STORE_USER /* DEBUG: Store the last owner for bug hunting */
SLAB_PANIC /* Panic if kmem_cache_create() fails */
```

随后，可以通过相关函数来分配和释放对象。释放后，对象将被放回缓存的空闲链表中，使其可供重复使用，这可以使性能得到提升，特别是当对象是热缓存时：

```
/**
 * kmem_cache_alloc - Allocate an object
 * @cachep: The cache to allocate from.
 * @flags: GFP mask.
 *
 * Allocate an object from this cache. The flags are only relevant
 * if the cache has no available objects.
```

```
 */
void *kmem_cache_alloc(struct kmem_cache *cachep, gfp_t flags);

/**
 * kmem_cache_alloc_node - Allocate an object on the specified node
 * @cachep: The cache to allocate from.
 * @flags: GFP mask.
 * @nodeid: node number of the target node.
 *
 * Identical to kmem_cache_alloc but it will allocate memory on the given
 * node, which can improve the performance for cpu bound structures.
 *
 * Fallback to other node is possible if __GFP_THISNODE is not set.
 */
void *kmem_cache_alloc_node(struct kmem_cache *cachep, gfp_t flags, int nodeid);
/**
 * kmem_cache_free - Deallocate an object
 * @cachep: The cache the allocation was from.
 * @objp: The previously allocated object.
 *
 * Free an object which was previously allocated from this
 * cache.
 */
void kmem_cache_free(struct kmem_cache *cachep, void *objp);
```

通过调用 kmem_cache_destroy()，可以在所有托管数据对象都空闲（未使用）时销毁 kmem cache。

3. 缓存管理

所有 slab 缓存都由 slab core 内部管理，slab core 是一种底层算法，它定义了描述每个缓存链表（cache list）的物理布局的各种控制结构，并实现了由接口函数调用的核心缓存管理操作。slab 分配器基于 Bonwick 的一篇论文，最初是在 Solaris 2.4 内核中实现的，它被大多数其他*nix 内核所使用。

传统上，Linux 用于具有适中内存的单处理器桌面系统和服务器系统，其内核采用了经典的 Bonwick 模型，并有适当的性能改进。多年来，由于移植和使用 Linux 内核的平台具有不同的优先级，因此 slab 核心算法的经典实现效率低下，已经无法满足所有的需求。虽然内存有限的嵌入式平台无法承受更高的分配器内存占用（用于管理元数据和分配器操作密度的空间），但具有巨大内存的 SMP 系统需要一致的性能以及可伸缩性和更好的机制，以便在分配时生成跟踪和调试信息。

为了满足这些不同的需求，当前版本的内核提供了 slab 算法的 3 种不同实现。

- slob：一种经典的 K&R 类型链表分配器，专为有稀缺分配需求的低内存系统而设计，并且是 Linux 初始阶段（1991—1999 年）的默认对象分配器。
- slab：一个经典的 Solaris 风格的 slab 分配器，自 1999 年以来一直在 Linux 中使用。
- slub：它针对当代具有巨大内存的 SMP 硬件进行了优化，并通过更好的控制和调试机制提供了一致的性能。

大多数体系结构的默认内核配置使 slub 成为默认的 slab 分配器。这可以在内核构建期间通过内核配置选项进行更改。

> **注意** CONFIG_SLAB：在所有环境中都能很好地工作的常规 slab 分配器。它在 per-CPU 和每个 node 队列中管理缓存热对象。
> CONFIG_SLUB：SLUB 是一个 slab 分配器，它最大限度地减少了缓存行的使用，而不是管理缓存对象的队列（SLAB 方法）。per-CPU 缓存是使用 slab 对象而不是对象队列来实现的。SLUB 可以高效地使用内存并增强了诊断功能。SLUB 是 slab 分配器的默认选择。
> CONFIG_SLOB：SLOB 用一个非常简单的分配器，替换了常备的分配器。SLOB 通常更节省空间，但在大型系统上性能表现不佳。

无论选择哪种类型的分配器，编程接口都保持不变。事实上，这 3 个分配器在底层共享了一些公共的代码（见图 4-9）。

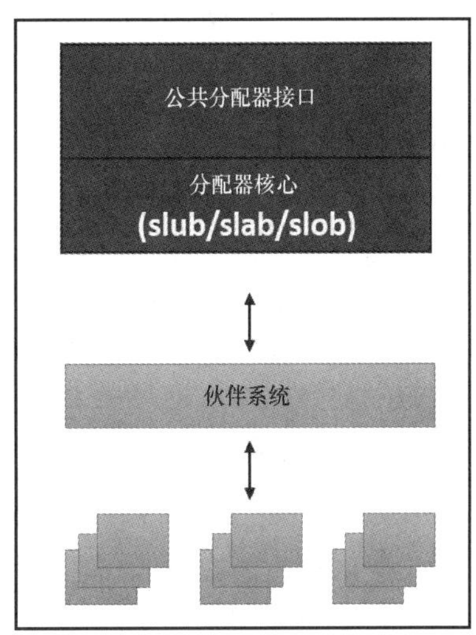

图 4-9

我们现在来研究一个缓存的物理布局和它的控制结构。

4. 通用缓存布局

每个缓存都由一个缓存描述符结构体 kmem_cache 表示，该结构体包含了缓存的所有关键元数据，如图 4-10 所示。它包含了一个 slab 描述符链表，每个 slab 描述符托管着一个页或一组页帧。slab 下的页包含对象或内存块，它们是缓存的分配单元。slab 描述符（slab descriptor）指向页中包含的一个对象链表，并跟踪它们的状态。slab 基于它所托管的对象的状态，可能处于 3 种状态之一——满（full）、部分（partial）或空（empty）。当所有对象都在使用而没有空闲对象可供分配时，slab 被认为处于 full 状态。具有至少一个空闲对象的 slab 被认为处于 partial 状态，而所有对象都处于空闲状态的 slab 被认为处于 empty 状态。

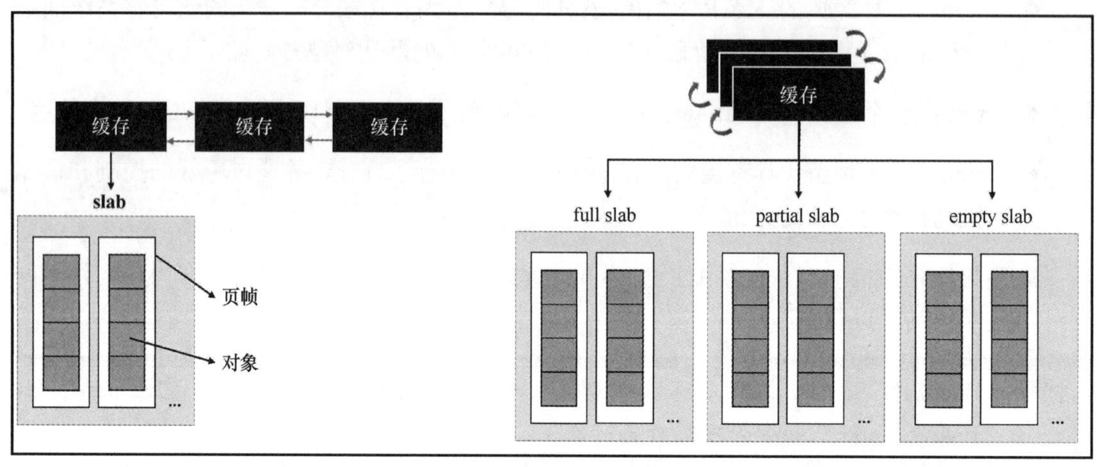

图 4-10

这种分类可以实现快速的对象分配，因为分配器函数可以在 partial slab 查找空闲对象，如果需要，可以转到 empty slab。它还有助于通过新的页帧更容易地扩展缓存，以容纳更多的对象（在需要时），并促进安全又快速的回收（可以回收 empty 状态的 slab）。

5．slub 数据结构

在查看了通用级别涉及缓存和描述符的布局之后，让我们进一步查看 slub 分配器使用的特定数据结构，并研究空闲链表的管理。slub 在内核头文件/include/linux/slub-def.h 中定义了缓存描述符 struct kmem_cache：

```
struct kmem_cache {
 struct kmem_cache_cpu __percpu *cpu_slab;
 /* Used for retriving partial slabs etc */
 unsigned long flags;
 unsigned long min_partial;
 int size; /* The size of an object including meta data */
 int object_size; /* The size of an object without meta data */
 int offset; /* Free pointer offset. */
 int cpu_partial; /* Number of per cpu partial objects to keep around */
 struct kmem_cache_order_objects oo;
```

```
 /* Allocation and freeing of slabs */
 struct kmem_cache_order_objects max;
 struct kmem_cache_order_objects min;
 gfp_t allocflags; /* gfp flags to use on each alloc */
 int refcount; /* Refcount for slab cache destroy */
 void (*ctor)(void *);
 int inuse; /* Offset to metadata */
 int align; /* Alignment */
 int reserved; /* Reserved bytes at the end of slabs */
 const char *name; /* Name (only for display!) */
 struct list_head list; /* List of slab caches */
 int red_left_pad; /* Left redzone padding size */
 ...
 ...
 ...
 struct kmem_cache_node *node[MAX_NUMNODES];
};
```

list 元素是指向 slab 缓存的链表。当分配一个新的 slab 时，它会存储在缓存描述符中的一个链表中，并且被认为处于 empty 状态，因为它的所有对象都是空闲的和可用的。一旦分配了一个对象，slab 就会变成 partial 状态。partial slab 是分配器需要跟踪的唯一类型的 slab，并且被链接在 kmem_cache 结构体内的链表中。SLUB 分配器没有兴趣跟踪对象都已分配的 full slab，也没有兴趣跟踪对象是空闲的 empty slab。SLUB 分配器通过 struct kmem_cache_node [MAX_NUMNODES]类型的指针数组来跟踪每个 node 的 partial slab，该数组封装了一个 partial slab 的链表：

```
struct kmem_cache_node {
 spinlock_t list_lock;
 ...
 ...
#ifdef CONFIG_SLUB
 unsigned long nr_partial;
 struct list_head partial;
#ifdef CONFIG_SLUB_DEBUG
 atomic_long_t nr_slabs;
 atomic_long_t total_objects;
 struct list_head full;
#endif
#endif
};
```

一个 slab 中的所有空闲对象组成一个链表。当分配请求到达时，第一个空闲对象将从链表中移除，并且其地址被返回给调用者。通过链表跟踪空闲对象需要大量元数据。传统的 SLAB 分配器在 slab 头部维护了 slab 的所有页的元数据（会导致数据对齐问题），而 SLUB 分配器则通过将更多字段填入页描述符结构体来维护 slab 的页的每页元数据，从而从 slab 头部中消除了元数据。页描述符中的 SLUB 元数据元素仅当相应页是 slab 的一部分时才有效。用于 slab 分配的页设置了 PG_slab 标志。

以下是与 SLUB 相关的页描述符的字段，如图 4-11 所示。

```
struct page {
      ...
      ...
     union {
      pgoff_t index; /* Our offset within mapping. */
      void *freelist; /* sl[aou]b first free object */
   };
     ...
     ...
   struct {
          union {
                  ...
                   struct { /* SLUB */
                          unsigned inuse:16;
                          unsigned objects:15;
                          unsigned frozen:1;
                     };
                   ...
               };
               ...
          };
     ...
     ...
       union {
            ...
            ...
            struct kmem_cache *slab_cache; /* SL[AU]B: Pointer to slab */
        };
    ...
    ...
};
```

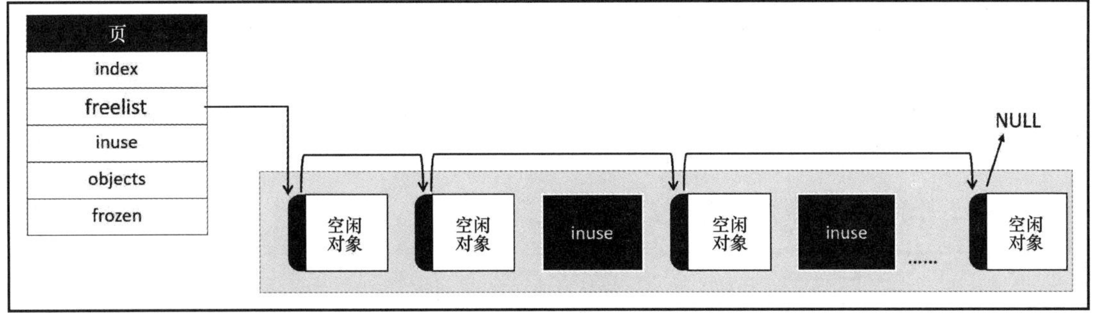

图 4-11

freelist 指针指向链表中的第一个空闲对象。每个空闲对象由一个元数据区域组成，该元数据区域包含指向链表中下一个空闲对象的指针。index 保存了第一个空闲对象的元数据区域（包含指向下一个空闲对象的指针）的偏移量。最后一个空闲对象的元数据区域将包含被设置为 NULL 的下一个空闲对象的指针。inuse 表示已分配对象的总数，objects 表示对象的总数。frozen 是一个标志，它用作页锁：如果页已经被 CPU 核冻结，则只有该 CPU 核可以从该页中取回空闲对象。slab_cache 是指向当前使用该页的 kmem 缓存的指针。

当分配请求到达给定大小的内存块时，通过 freelist 指针定位到第一个空闲对象，然后将其地址返回给调用者，从而把它从链表中移除。inuse 计数器也以递增表示已分配对象的数量加 1。然后 freelist 指针指向链表中下一个空闲对象的地址。

为了实现更高的分配效率，每个 CPU 被分配一个私有的 active-slab 链表，其中包括针对每种对象类型的 partial/free slab 链表。这些 slab 称为 CPU 本地 slab，由 struct kmem_cache_cpu 跟踪：

```
struct kmem_cache_cpu {
     void **freelist; /* Pointer to next available object */
     unsigned long tid; /* Globally unique transaction id */
     struct page *page; /* The slab from which we are allocating */
     struct page *partial; /* Partially allocated frozen slabs */
     #ifdef CONFIG_SLUB_STATS
        unsigned stat[NR_SLUB_STAT_ITEMS];
     #endif
};
```

当分配请求到达给定大小的内存块时，分配器采用快速路径并查看 per-CPU 缓存的 freelist 指针，然后返回空闲对象。这称为快速路径，因为分配是通过不需要锁竞争的中断安全原子指令来执行的。当执行快速路径失败时，分配器采用慢速路径并按顺序查看 CPU 缓存的 page 和 partial 链表。如果还没有找到空闲对象，则分配器转到 node 的 partial 链表中。此操作需要分配器竞争适当的排他锁。如果失败，则分配器会从伙伴系统获得一个新的 slab。从 node 链表或伙伴系统获得新的 slab 被认为是非常慢的执行路径，因为这两个操作都是不确定的。

图 4-12 所示为 slab 数据结构和空闲链表之间的关系。

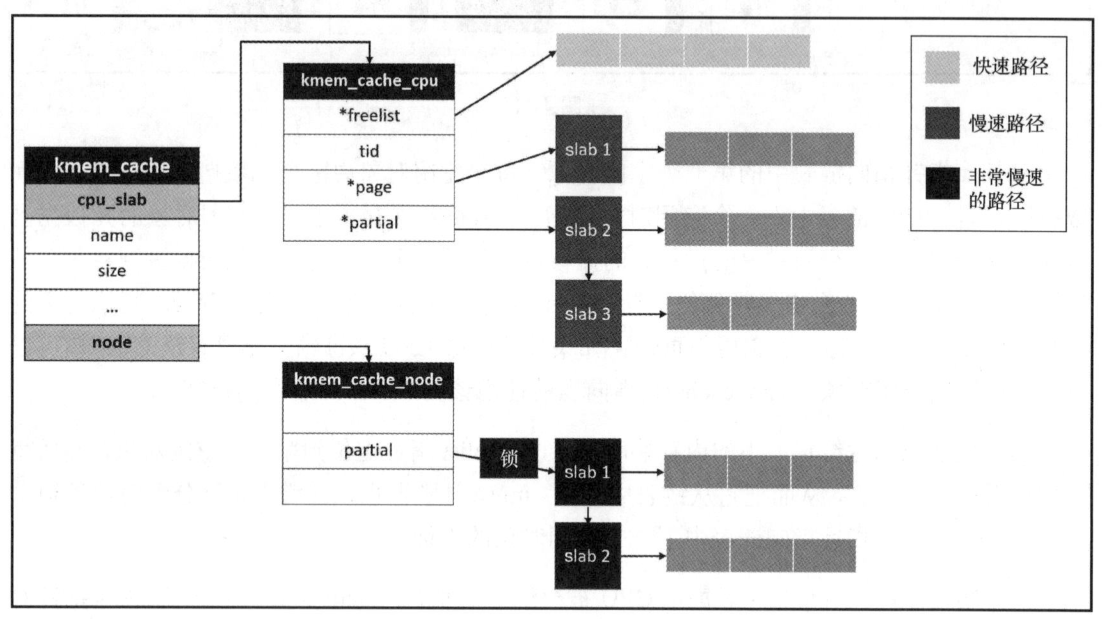

图 4-12

4.3.4 vmalloc

页和 slab 分配器都分配物理上连续的内存块，并映射到连续的内核地址空间。大多数情况下，内核服务和子系统更喜欢分配物理上连续的内存块，以利用缓存、地址转换和其他与性能相关的好处。虽然如此，由于物理内存碎片化，面对非常大块内存的分配请求时可能会失败，并且很少情况下需要分配大块内存，例如为了支持动态加载模块、交换管理操作、大文件缓存等。

作为一种解决方案，内核提供了 vmalloc，这是一种碎片化的内存分配器，它通过虚拟连续的地址空间连接物理上分散的内存区域来尝试分配内存。内核段中有一定范围的虚拟地址是为 vmalloc 映射保留的，称为 vmalloc 地址空间。可以通过 vmalloc 接口被映射的总内存数取决于 vmalloc 地址空间的大小，这段空间由体系结构特定的内核宏 VMALLOC_START

和 VMALLOC_END 定义。对于 x86-64 系统，vmalloc 地址空间的总范围达到惊人的 32 TB。但是，另一方面，对于大多数 32 位的系统来说，这个范围太小（仅为 120 MB）。当前的内核版本使用 vmalloc 范围来设置虚拟映射的内核栈（仅限于 x86-64 系统），这些内容已经在第 1 章中讨论过了。

以下是用于 vmalloc 分配和释放内存空间的接口例程：

```
/**
  * vmalloc - allocate virtually contiguous memory
  * @size: - allocation size
  * Allocate enough pages to cover @size from the page level
  * allocator and map them into contiguous kernel virtual space.
  *
  */
    void *vmalloc(unsigned long size)

/**
  * vzalloc - allocate virtually contiguous memory with zero fill
1 * @size: allocation size
  * Allocate enough pages to cover @size from the page level
  * allocator and map them into contiguous kernel virtual space.
  * The memory allocated is set to zero.
  *
  */
    void *vzalloc(unsigned long size)

/**
  * vmalloc_user - allocate zeroed virtually contiguous memory for
userspace
  * @size: allocation size
  * The resulting memory area is zeroed so it can be mapped to userspace
  * without leaking data.
  */
    void *vmalloc_user(unsigned long size)

/**
  * vmalloc_node  -  allocate memory on a specific node
  * @size:          allocation size
  * @node:          numa node
  * Allocate enough pages to cover @size from the page level
  * allocator and map them into contiguous kernel virtual space.
```

```
 *
 */
  void *vmalloc_node(unsigned long size, int node)

/**
 * vfree - release memory allocated by vmalloc()
 * @addr:        memory base address
 * Free the virtually continuous memory area starting at @addr, as
 * obtained from vmalloc(), vmalloc_32() or __vmalloc(). If @addr is
 * NULL, no operation is performed.
 */
  void vfree(const void *addr)


/**
 * vfree_atomic - release memory allocated by vmalloc()
 * @addr:        memory base address
 * This one is just like vfree() but can be called in any atomic context
except NMIs.
 */
  void vfree_atomic(const void *addr)
```

由于存在分配开销以及在访问操作期间会涉及性能损失，大多数内核开发者会避免使用 vmalloc 分配，分配开销的产生是由于这些分配不是恒等映射（identity mapping），需要进行特定的页表调整，从而导致 TLB 刷新。

4.3.5 连续内存分配器（CMA）

尽管有很大的分配开销，但虚拟映射分配可以更大程度地解决大内存分配的问题。然而，有一些场景要求分配物理上连续的缓冲区。DMA 传输就是这样的一个例子。设备驱动程序经常对物理上连续缓冲区的分配（用于设置 DMA 传输）有严格要求，这些分配是通过前面讨论的任一物理上连续分配器执行分配的。

然而，处理特殊类型设备（例如多媒体）的驱动程序经常发现自己正在寻找大量连续的内存块。为了满足这一需求，多年来，这些驱动程序一直在系统引导期间通过内核参数 mem 预留内存，这种方法允许在引导时留出足够的连续内存，可以在驱动程序运行时重新映射到线性地址空间。虽然这样的做法是可行的，但这种策略有其局限性：首先，当相应的设备没有初始化访问操作时，这些预留的内存暂时不可用；其次，根据要支持的设备数量，预留内存的大小可能会大幅增加，由于物理内存资源紧张，可能会严重影响系统的性能。

连续内存分配器（CMA）是为了有效管理预留的内存而引入的一种内核机制。CMA 的核心是在分配器算法下引入预留内存，这种内存被称为 CMA 区域。CMA 允许从 CMA 区域为设备和系统的使用分配内存。这是通过在预留内存中构建页描述符链表，并将其枚举到伙伴系统来实现的，它允许通过页分配器分配 CMA 页来满足常规需求（内核子系统），也可以通过 DMA 分配函数为设备驱动程序分配 CMA 页。

但是，必须确保DMA 分配不会由于将 CMA 页用于其他目的而失败，而这是通过我们之前讨论过的 migratetype 属性来处理的。由 CMA 枚举到伙伴系统中的页被赋予了 MIGRATE_CMA 属性，该属性指示页是可移动的。在为非 DMA 操作分配内存时，页分配器只能将 CMA 页用于可移动分配（可以通过__GFP_MOVABLE 标志进行该类分配）。当一个 DMA 分配请求到达时，内核分配所保留的 CMA 页将被移出预留区域（通过页迁移机制），从而为设备驱动程序提供可用的内存。此外，当为 DMA 分配页时，它们的 migratetype 属性将从 MIGRATE_CMA 更改为 MIGRATE_ISOLATE，使其对于伙伴系统是不可见的。

在内核构建过程中，可以通过配置接口选择 CMA 区域的大小，还可以通过内核参数 cma=来配置。

4.4 小结

我们已经探讨了 Linux 内核最重要的一个方面，理解了内存表示和分配的各种细微差异。通过理解这个子系统，我们还简洁地了解了内核的设计智慧和实现效率，更重要的是我们还理解了内核在适应更精细和更新的启发式和机制，以实现持续增长方面的动态性。除了内存管理的细节之外，我们还评估了内核在以最小开销最大化资源利用率的效率，引入了所有经典的代码复用机制和模块化代码结构。

虽然内存管理的细节可能与底层体系结构相对应而有所不同，但设计和实现方式的共性大致保持相同，以实现代码的稳定性和对更改的敏感性。

下一章将进一步研究内核的另一个基本抽象：文件。我们将查看文件 I/O 并探索其体系结构和实现细节。

5

第 5 章　文件系统和文件 I/O

到目前为止，我们探讨了内核的基本资源，例如地址空间、处理器时间和物理内存。我们已经建立了对进程管理、CPU 调度和内存管理以及它们提供的关键抽象的经验性理解。我们将继续通过查看内核提供的另一个关键抽象（文件 I/O 体系结构）来构建我们的理解和认知。本章将介绍如下内容：

- 文件系统的实现；
- 文件 I/O；
- VFS；
- VFS 数据结构；
- 特殊文件系统。

计算系统存在的唯一目的就是处理数据。大多数算法都是为了从获取的数据中提取所需的信息而设计和编程的。支持这个过程的数据必须持久地存储，以便可以连续访问，并且要求存储系统设计成可以在长时间内安全地保存信息。然而，对于用户而言，是操作系统从这些存储设备中获取数据并使其可供使用和处理。内核的文件系统就是用于此目的的组件。

5.1　文件系统——高层视图

文件系统从用户抽象出存储设备的物理视图，并通过称为文件和目录的抽象容器为系统的每个有效用户虚拟化磁盘上的存储区域。文件充当用户数据的容器，而目录则充当一组用户文件的容器。简而言之，操作系统将每个用户的存储设备视图虚拟化为一组目录和文件。文件系统服务实现用于创建、组织、存储和检索文件的函数，这些操作由用户应用程序通过适当的系统调用接口来调用。

我们将通过查看一个简单文件系统的布局来展开讨论，设计该文件系统的目的是用来管理一个标准的存储磁盘。这些讨论可以帮助我们理解与磁盘管理相关的关键术语和概念。然而，一个典型的文件系统的实现涉及适当的数据结构，其描述磁盘上的文件数据的组织形式，以及使应用程序能够执行文件 I/O 的操作。

5.1.1 元数据

一个存储磁盘通常由相同大小的物理块组成，这些物理块称为扇区（sector）。一个扇区的大小通常为 512 字节或其倍数，这取决于存储的类型和容量。一个扇区是磁盘上的最小 I/O 单位。当磁盘呈现给文件系统来进行管理时，它将存储区域视为固定大小的块（block）数组，其中每个块的大小是一个或者几个扇区大小。典型的默认块大小为 1024 字节，可根据磁盘容量和文件系统类型而变化。块的大小被视为文件系统的最小 I/O 单位（见图 5-1）。

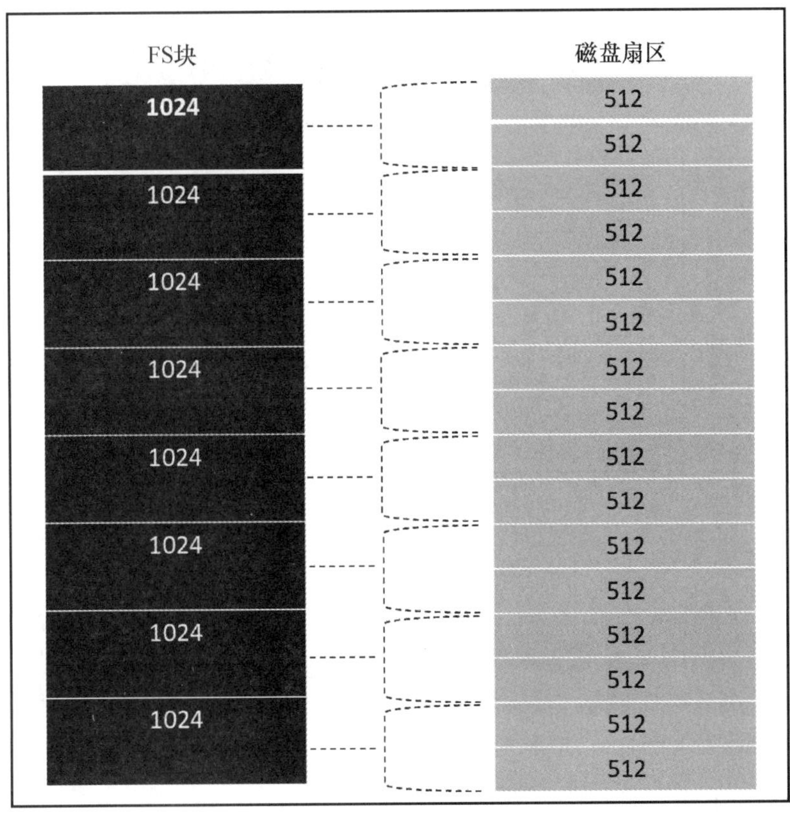

图 5-1

1. inode（索引节点）

文件系统需要维护元数据，以识别和跟踪用户所创建的每个文件和目录的各种属性。元数据有几个元素用来描述文件，例如文件名、文件类型、上次访问时间戳、所有者、访问权限、上次修改时间戳、创建时间、文件数据大小以及对包含文件数据的磁盘块的引用。通常，文件系统定义一个称为 inode 的结构体来保存一个文件的所有元数据，如图 5-2 所示。inode 中包含的信息的大小和类型是与文件系统相关的，并且可能在很大程度上因其支持的功能不同而大不相同。每个 inode 都由一个称为索引（index）的唯一编号标识，该索引被视为文件的一个底层名称。

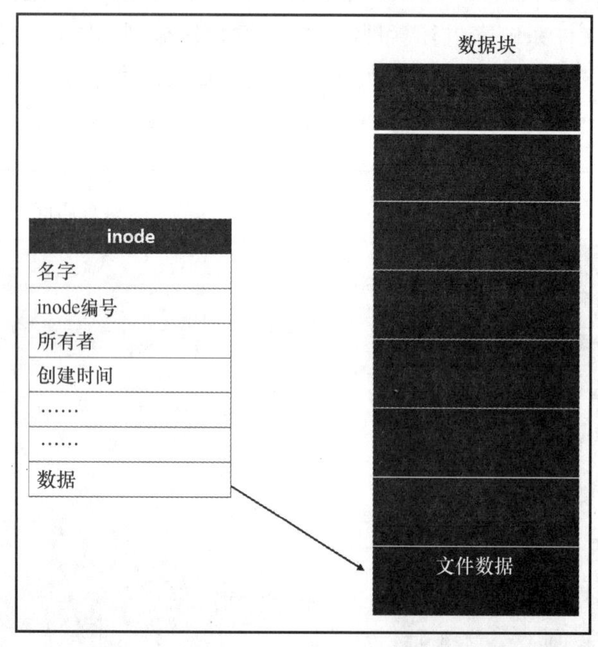

图 5-2

文件系统保留了一些磁盘块用于存储 inode 实例，其余的则用于存储相应的文件数据。为存储 inode 而保留的块数量取决于磁盘的存储容量。inode 块中保存的磁盘上的节点列表称为 inode 表（inode table）。文件系统需要跟踪 inode 和数据块的状态以识别空闲块。这通常通过位图（bitmap）来实现，一个位图用于跟踪空闲 inode，另一个位图用于跟踪空闲数据块。图 5-3 所示为位图、inode 和数据块的典型布局。

2. 数据块映射

如前所述，每个 inode 应记录存储相应文件数据的数据块位置。根据文件数据的长度，

每个文件可能占用 *n* 个数据块。有多种方法用于跟踪一个 inode 中的数据块细节，最简单的是直接引用（direct reference），它涉及包含指向文件数据块的直接指针（direct pointer）的 inode（见图 5-4）。这种直接指针的数量取决于文件系统设计，而大多数实现都选择给这种指针使用更少的字节。这种方法对于跨越几个数据块（通常小于 16KB）的小文件是有效的，但是对于跨越多个数据块的大型文件缺乏支持。

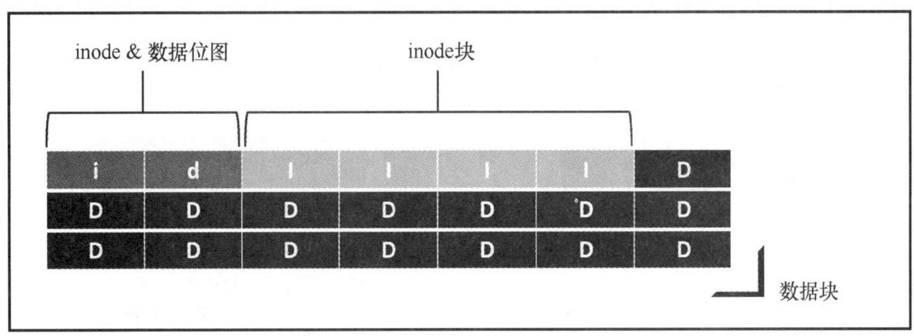

图 5-3

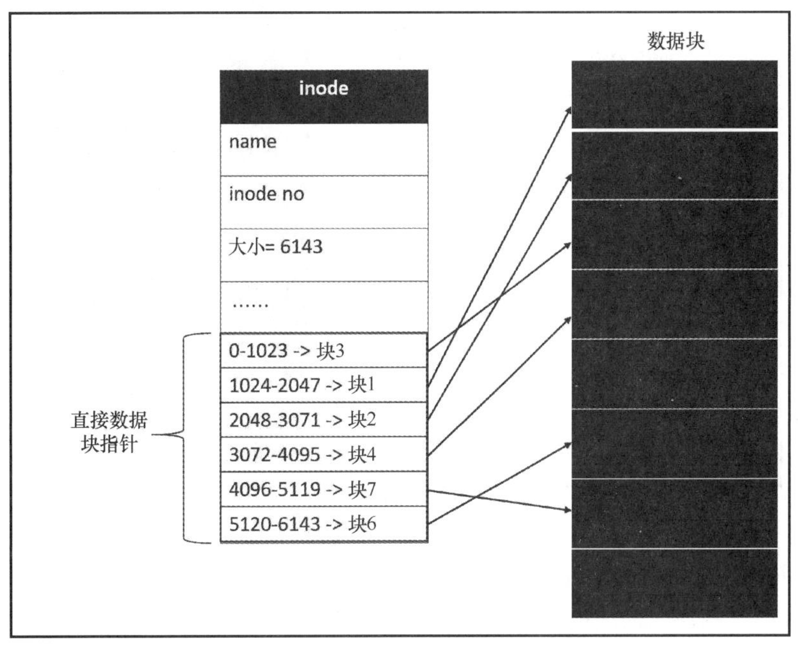

图 5-4

为了支持大型文件，文件系统采用了一种称为多级索引（multi-level indexing）的替代方法，该方法涉及间接指针（indirect pointer）。最简单的实现应该是一个间接指针和 inode 结构体中的几个直接指针。一个间接指针指向包含直接指针的块，该直接指针指向文件的数据块

（见图 5-5）。当文件变得太大而无法通过 inode 的直接指针引用时，一个空闲数据块将与直接指针连接，并被 inode 的间接指针引用。间接指针所引用的数据块称为间接块（indirect block）。间接块中的直接指针的数量可以由块大小除以块地址的大小来确定。例如，在一个有 4 字节（32 位）宽的块地址和 1024 块大小的 32 位文件系统中，每个间接块最多可以包含 256 个条目，而在一个 8 字节（64 位）宽的块地址的 64 位文件系统中，每个间接块最多可以包含 128 个直接指针。

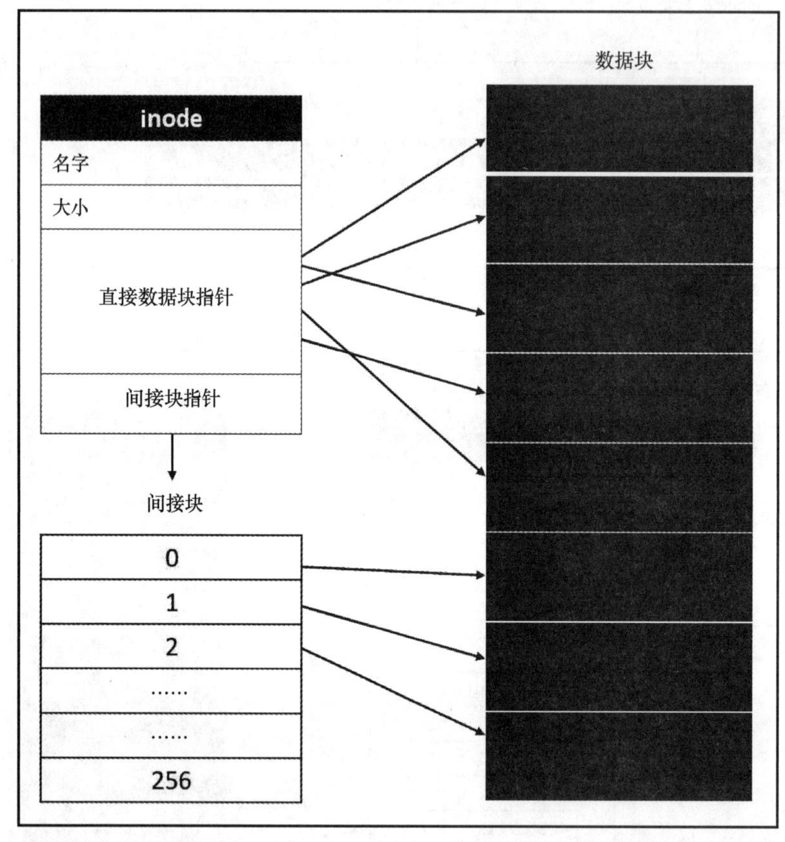

图 5-5

双间接指针（double-indirect pointer）这种技术可以进一步支持更大的文件。双间接指针指向包含间接指针的块，而块的每个条目又指向包含直接指针的块。假设有一个 64 位的文件系统，大小为 1024 块，每个块容纳 128 个条目，那么每个块将有 128 个间接指针，每个指针指向一个包含 128 个直接指针的块。因此，使用这种技术，文件系统可以支持最多跨越 16384（128×128）个数据块的文件，即 16 MB。

这种技术可以进一步扩展为三间接指针（triple-indirection pointer），从而使文件系统可以管理更多的元数据。尽管有多级索引，增加文件系统块大小和减少块地址大小仍然是支持更大文件的最值得推荐和最有效的解决方案。在用文件系统初始化磁盘时，用户需要选择适当的块大小，以确保相应地支持更大的文件。

某些文件系统使用称为 extent 的方法将数据块信息存储在 inode 中。extent 是指向起始数据块的指针（类似于直接指针），它增加了位长度数，用来表示所存储文件数据的连续块的数量。根据文件大小和磁盘碎片级别，单个 extent 可能不足以指向文件的所有数据块，也不足以处理此类事件，因此文件系统构建了 extent 链表，其中每个 extent 都指向磁盘上一个连续数据块区域的起始地址和长度。

extent 方法减少了文件系统需要管理的元数据，这些元数据可以存储大量的数据块映射，但这是以牺牲文件系统的操作灵活性为代价实现的。例如，考虑在一个大文件的特定文件位置执行一个读操作：为了定位一个指定文件偏移量位置的数据块，文件系统必须从第一个 extent 开始扫描整个链表，直到找到覆盖所需文件偏移量的 extent。

3．目录

文件系统将目录视为一个特殊文件。它们表示在磁盘上一个有 inode 的目录或文件夹。它们通过 type 字段被标记为 directory（见图 5-6），与普通文件 inode 区分开来。每个目录都被分配了数据块，其中保存了有关其包含的文件和子目录的信息。一个目录维护着文件的记录，每个记录包括文件名，该文件名是不超过以文件系统命名策略定义的特定长度的名称字符串以及与文件关联的 inode 编号。为了有效管理，文件系统的实现通过适当的数据结构（如二叉树、链表、基数树和哈希表）来定义一个目录所包含的文件记录的布局。

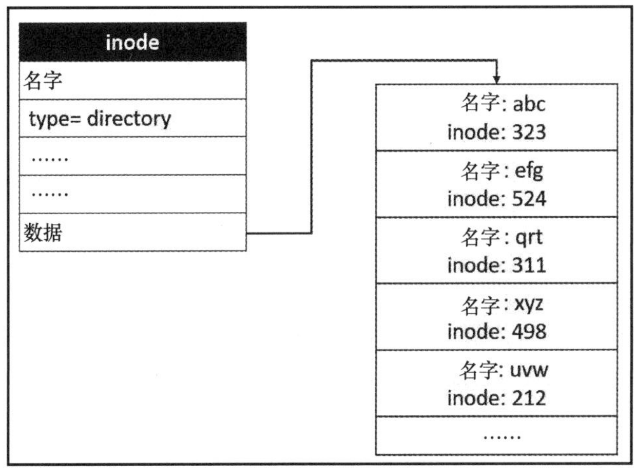

图 5-6

4. 超级块

除了存储保存了单个文件元数据的 inode 之外，文件系统还需要维护与磁盘卷整体相关的元数据，例如卷的大小、总块数、文件系统的当前状态、inode 块的数量、inode 的数量、数据块的数量、起始 inode 块编号和用于标识的文件系统签名（幻数）。这些细节都在一个称为超级块（superblock）的数据结构中保存。在磁盘卷上的文件系统初始化期间，超级块在磁盘存储开始时被组织管理。图 5-7 所示为带有超级块的磁盘存储的完整布局。

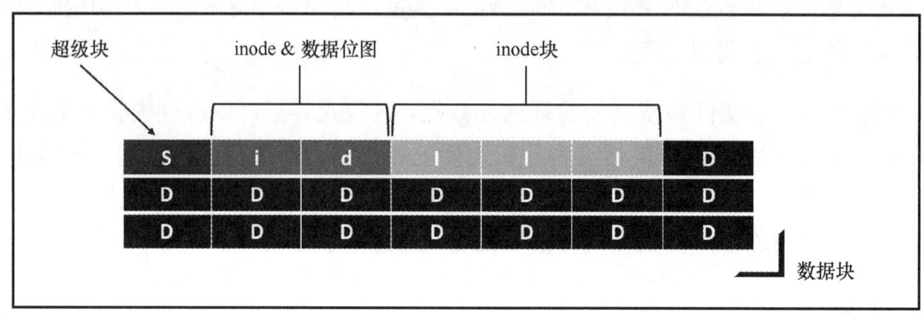

图 5-7

5.1.2 操作

虽然数据结构（data structure）构成了一个文件系统设计的基本组成部分，但是在这些数据结构上进行文件访问和控制操作才是核心特性集。所支持的操作数量和功能类型是和文件系统实现相关的。以下是大多数文件系统提供的几个常用操作的通用描述。

1. 挂载和卸载操作

挂载（mount）是一种将磁盘上的超级块和元数据枚举到内存中以供文件系统使用的操作。此过程创建了内存中的数据结构，该数据结构描述了文件元数据，并向主机操作系统展示磁盘卷中目录和文件布局的视图。挂载操作的实现是为了检查磁盘卷的一致性。如前所述，超级块包含了文件系统的状态，它表示磁盘卷是一致的还是脏的。如果磁盘卷是干净的或一致的，则挂载操作成功；如果磁盘卷标记为脏的或不一致，则返回相应的失败状态。

一个突然的关机操作会导致文件系统状态变为脏的，并且需要进行一致性检查后才能进行标记，以供再次使用。用于一致性检查的机制既复杂又耗时，这类操作是与文件系统实现相关的，大多数简单的实现提供了一致性检查的专用工具，而其他先进实现则使用日志功能。

卸载（unmount）是将文件系统数据结构的内存状态刷新并写回磁盘的操作。此操作会使所有元数据和文件缓存与磁盘块同步。卸载操作会将超级块中的文件系统状态标记为一致的，表示正常关机。换句话说，磁盘上的超级块状态会保持脏的，直到执行卸载操作。

2. 文件创建和删除操作

文件的创建是这样一种操作，即使用适当的属性来实例化一个新的 inode。用户程序使用所选的属性来调用文件创建函数，这些属性包括文件名、待创建的文件所在的目录、各种用户的访问权限以及文件模式。该函数还初始化 inode 的其他详细的字段，例如创建时间戳和文件所有权信息。该操作还会将新文件记录写入目录块，描述文件名和 inode 编号。

当用户应用程序在有效文件上发起一个删除（delete）操作时，文件系统会从目录中删除相应的文件记录，并检查文件的引用数来确定当前正在使用该文件的进程数。从目录中删除一个文件记录可防止其他进程打开标记为已删除的文件。当关闭对文件的所有当前引用后，通过将其数据块返回到空闲数据块链表以及将 inode 返回到空闲 inode 链表，来释放分配给该文件的所有资源。

3. 文件打开和关闭操作

当一个用户进程尝试打开文件时，它会使用适当的参数调用文件系统的 open 操作，这些参数包括文件的路径和名称。文件系统遍历路径中指定的目录，直到它找到包含所请求文件记录的直接父目录。查找文件记录会生成指定文件的 inode 编号。然而，查找操作的具体逻辑和效率取决于特定文件系统实现所选择的数据结构，以便在目录块中组织文件记录。

一旦文件系统检索到文件的相关 inode 编号，它就会启动适当的完整性检查，对调用上下文强制执行访问控制权限验证。如果调用者进程可进行文件访问，则文件系统会实例化一个称为文件描述符（file descriptor）的内存结构体以维护文件访问状态和属性。成功完成访问后，open 操作将文件描述符结构体的引用返回给调用者进程。调用者进程将其作为文件句柄以发起其他的文件操作，如 read、write 和 close。

发起 close 操作后，文件描述符结构体会被销毁，文件的引用数会递减。调用者进程将无法再发起任何其他文件操作，直到它又重新打开该文件。

4. 文件读和写操作

当用户应用程序使用适当的参数发起对文件的读取时，会调用底层文件系统的 read 函数。操作首先查找文件的数据块映射，以找到要读取的相应数据磁盘扇区。然后，它从页缓存中分配一个页并调度磁盘 I/O。完成 I/O 传输后，文件系统将所请求的数据移到应用程序的缓冲区中，并更新调用者的文件描述符结构体中的文件偏移量位置。

类似地，文件系统的 write 操作检索从用户缓冲区传递来的数据，并将其写入页缓存中文件缓冲区的适当偏移量，并使用 PG_dirty 标志标记页。但是，当调用 write 操作在文件末尾追加数据时，可能需要新的数据块来应对该文件的增长。此时，文件系统会在磁盘上查找空闲数据块，并在继续写入之前为该文件分配数据块。分配新的数据块需要修改 inode 结构的数据块映射，并从页缓存分配到的新页映射到刚分配的新数据块。

5.1.3 附加功能

虽然文件系统的基本组件都很相似，但数据的组织方式和访问数据的启发式方法依赖于其实现。设计人员会考虑诸如可靠性、安全性、存储卷的类型和容量以及 I/O 效率等因素，以识别和支持增强文件系统功能的特性。以下是现代文件系统支持的一些扩展功能。

1. 扩展的文件属性

由文件系统所跟踪的常规文件属性在 inode 中维护并由适当的操作来解释。扩展的文件属性是一种特性，它使用户能够为一个文件定义自定义的元数据，文件系统不会对其进行解释。这些属性通常用于存储各种类型的信息，这些信息的类型取决于文件所包含的数据的类型。例如，文档文件可以定义作者姓名和联系人详细信息，Web 文件可以指定文件的 URL 以及其他与安全相关的属性，如数字证书和加密哈希密钥。与普通属性类似，每个扩展属性都由名称（name）和值（value）标识。理想情况下，大多数文件系统不会对此类扩展属性的数量施加限制。

某些文件系统还提供一个索引（indexing）属性的功能，这有助于快速查找所需类型的数据，而无须浏览文件层次结构。例如，假设文件被分配了一个名为 Keywords 的扩展属性，该属性记录了描述文件数据的关键字值。通过索引，用户可以通过适当的脚本发出查询，以查找与特定关键字匹配的文件列表，而不管文件的位置如何。因此，索引为文件系统提供了一个强大的可选接口。

2. 文件系统一致性和崩溃恢复

磁盘映像的一致性（consistency）对于文件系统的可靠运行至关重要。当文件系统正在更新其磁盘上的结构时，完全有可能发生灾难性的错误（断电、操作系统崩溃等），从而导致一部分已提交的关键更新被中断。这会导致磁盘上的结构损坏并使文件系统处于不一致的状态。通过采用有效的崩溃恢复策略来处理这类突发事件，是大多数文件系统设计人员所面临的主要挑战之一。

一些文件系统通过专门设计的文件系统一致性检查工具，如 fsck（一种广泛使用的 UNIX

工具）来处理崩溃恢复。在挂载文件系统之前，该工具在系统引导时运行，通过扫描磁盘上的文件系统结构来寻找不一致之处，并在找到时修复它们。一旦完成，磁盘上的文件系统状态将恢复为一致的状态，系统才继续执行 mount 操作，从而使磁盘可供用户访问。该工具在多阶段执行其操作，仔细检查每个磁盘上的结构的一致性，这些结构包括超级块、inode 块和空闲块，检查各个 inode 的有效状态、目录检查以及每个阶段的坏块。虽然它提供了急需的崩溃恢复，但它也有缺点：这种分阶段操作可能会耗费大量时间在大磁盘卷上，这会直接影响系统的引导时间。

日志记录（journaling）是大多数现代文件系统实现所采用的另一种快速可靠的崩溃恢复技术。此方法是通过为崩溃恢复编写适当的文件系统操作来实现的。这样做的想法是准备一个日志（记录），列出要提交到文件系统磁盘上的映像的更改，并在开始实际的更新操作之前将日志写入一个称为日志块（journal block）的特殊磁盘块。这样可以确保在实际更新期间遇到崩溃时，文件系统可以通过查看记录在日志中的信息轻松地检测不一致之处和修复它们。因此，一个日志文件系统的实现通过稍微扩展更新期间完成的工作，消除了磁盘扫描这一烦琐而代价高昂的任务的需求。

3. 访问控制列表（ACL）

为指定所有者、所有者所属的组以及其他用户的访问权限的默认文件和目录访问权限，在某些情况下是不提供所需的细粒度控制的。ACL 是一种使扩展机制能够为各种进程和用户指定文件访问权限的功能。此功能将所有文件和目录视为对象，并允许系统管理员为每个文件和目录定义一个访问权限列表。ACL 包含对具有访问权限的对象设置有效的操作，以及对指定对象的每个用户和系统进程的限制。

5.2 Linux 内核中的文件系统

现在我们熟悉了与文件系统实现相关的基本概念，下面我们将探索 Linux 系统所支持的文件系统服务。内核的文件系统分支有许多文件系统服务的实现，这些服务支持不同的文件类型。基于它们管理的文件类型，内核的文件系统可以大致分为：

- 存储文件系统；
- 特殊文件系统；
- 分布式文件系统或网络文件系统。

我们将在本章后文讨论特殊文件系统。

- 存储文件系统：内核支持各种持久存储文件系统，可根据其管理的存储设备类型大致分为不同的组。
- 磁盘文件系统：此类别包括内核所支持的各种标准存储磁盘文件系统，包括 Linux 原生的 Ext 系列磁盘文件系统，如 Ext2、Ext3、Ext4、ReiserFS 和 Btrfs；UNIX 变体，如 SysV 文件系统、UFS 和 MINIX 文件系统；Microsoft 文件系统，如 MS-DOS、VFAT 和 NTFS；其他专有文件系统，如 IBM 的 OS/2（HPFS），基于 Qnx 的文件系统，如 qnx4 和 qnx6，Apple 的 Macintosh HFS 和 HFS2，Amiga 快速文件系统（AFFS）和 Acorn 磁盘归档系统（ADFS）；日志文件系统，如 IBM 的 JFS 和 SGI 的 XFS。
- 可移动媒体文件系统：此类别包括为 CD、DVD 和其他可移动存储媒体设备设计的文件系统，例如 ISO9660 CD-ROM 文件系统和通用磁盘格式（UDF）DVD 文件系统，以及用于 Linux 发行版的 live CD 映像中使用的 squashfs。
- 半导体存储文件系统：此类别包括为裸闪存和其他需要支持磨损均衡和擦除操作的半导体存储设备设计和实现的文件系统。当前所支持的文件系统集包括 UBIFS、JFFS2、CRAMFS 等。

下面简要讨论内核中的一些原生磁盘文件系统，它们默认用于各种 Linux 发行版本。

Ext 系列文件系统

Linux 内核的初始版本使用 MINIX 作为默认的原生文件系统，该系统的设计指在用于 Minix 内核以实现其教育目的，因此具有许多使用限制。随着内核的日渐成熟，内核开发人员为磁盘管理构建了一个新的原生文件系统，称为扩展文件系统（extended filesystem）。Ext 的设计受标准 Unix 文件系统 UFS 的影响很大。由于各种实现限制和低效率，最初的 Ext 只存在了短暂的时间，就很快被一个称为第二代扩展文件系统（Ext2）的改进、稳定和高效的版本所取代。Ext2 文件系统在相当长的一段时间内一直是默认的原生文件系统（直到 2001 年出现 Linux 内核 2.4.15 版本）。

后来，磁盘存储技术的快速发展导致存储容量和存储硬件效率的大幅提升。为了利用存储硬件所提供的特性，内核社区开发了基于 Ext2 的分支，对其进行了适当的设计改进，并添加了最适合特定存储类型的特性。当前版本的 Linux 内核包含 3 个版本的扩展文件系统，分别称为 Ext2、Ext3 和 Ext4。

1. Ext2

Ext2 文件系统最初是在内核版本 0.99.7（1993 年）中引入的。它保留了经典 UFS（UNIX 文件系统）的核心设计，具有回写式缓存，可缩短周转时间并提高性能。虽然它的实现是为了支持 2TB 到 32TB 范围内的磁盘卷以及 16GB 到 2TB 范围内的文件大小，但是由于块设备和应用程序在 2.4 内核中被限制，它的使用被限制为最多 4TB 磁盘卷和最大 2GB 的文件大小。它还包括对 ACL、文件内存映射和通过一致性检查工具 fsck 进行崩溃恢复的支持。Ext2 将物理磁盘扇区划分为固定大小的块组。一个文件系统布局由每个块组组成，每个块组都有一个完整的超级块、空闲块位图、inode 位图、inode 和数据块。因此，每个块组都作为一个微型文件系统呈现。这种设计有助于 fsck 在一个巨大磁盘上进行更快的一致性检查。

2. Ext3

Ext3 也称为第三代扩展文件系统，它通过日志记录扩展了 Ext2 的功能。它使用块组保留 Ext2 的整个结构，从而可以将 Ext2 分区无缝转换为 Ext3 类型。如前所述，日志记录会使文件系统将一个更新操作的详细信息记录到称为日志块的磁盘的特定区域中，而这些日志有助于加快崩溃恢复并确保文件系统的一致性和可靠性。但是，在日志文件系统上，由于较慢或可变时间的写操作（用于记录日志）而导致磁盘更新操作变得代价高昂，这会直接影响常规文件 I/O 的性能。作为解决方案，Ext3 提供日志配置选项，系统管理员或用户可以通过这些选项选择将特定类型的信息记录到一个日志里。这些配置选项称为日志模式（journaling mode）。

- 日志模式：此模式使文件系统将文件数据和元数据的变更记录到日志中。这会使文件系统的一致性最大化，磁盘访问增加，使更新速度变慢。此模式会导致日志占用额外的磁盘块，是最慢的 Ext3 日志模式。
- 有序模式：此模式仅将文件系统元数据记录到日志中，但它保证在将关联的元数据提交到日志块之前将相关的文件数据写入磁盘。这可确保文件数据有效。如果在执行对文件的写入时发生崩溃，则日志将指示追加的数据尚未提交，从而导致清理进程对此类数据进行清除操作。这是 Ext3 的默认日志模式。
- 回写模式：这类似于仅具有元数据日志功能的有序模式，但有一个例外，即在将元数据提交到日志之前或之后，相关文件内容可能会写入磁盘。这可能导致文件数据的损坏。例如，假设一个追加的文件可能在实际文件写入之前在日志中标记为已提交：如果在文件追加操作期间发生崩溃，则日志会显示文件大于实际文件。此模式最快，但降低了文件数据的可靠性。许多其他日志文件系统（如 JFS）使用此日志记录模式，但要确保在重新启动时将未写入的数据产生的垃圾清零。

所有这些模式在元数据的一致性方面具有类似的效果，但文件和目录数据的一致性不同，日志模式确保最高的安全性，文件数据损坏的可能性最小，而回写模式提供最低的安全性，数据破坏的风险高。管理员或用户可以在 Ext3 卷的挂载操作期间调整适当的模式。

3. Ext4

Ext4 是作为 Ext3 的替代品出现的，具有增强的特性，它首次出现在内核 2.6.28（2008 年）中。它完全后向兼容 Ext2 和 Ext3，任何类型的磁盘卷都可以作为 Ext4 挂载。这是大多数当前 Linux 发行版上默认的 Ext 文件系统。它通过日志校验和来扩展 Ext3 的日志功能，从而提高了它的可靠性。它还为文件系统元数据添加了校验和，并支持透明加密，从而增强了文件系统的完整性和安全性。其他功能包括支持 extent（这有助于减少碎片化），磁盘块的持久预分配（可以为媒体文件分配连续的块），并支持存储容量高达 1 exbibyte（EiB）的磁盘卷和大小可达 16 tebibyte（TiB）的文件。

5.3 通用文件系统接口

不同文件系统和存储分区的存在导致每个文件系统都要维护其文件和数据结构树，这些文件和数据结构与其他文件系统又不一样。在挂载时，每个文件系统都需要与其他文件系统隔离以管理其内存中的文件树，从而导致系统用户和应用程序的文件树视图不一致。这使得内核对各种文件操作（如打开、读取、写入、复制和移动）的支持变得复杂。作为一种解决方案，Linux 内核（与许多其他 UNIX 系统一样）使用一个称为虚拟文件系统（VFS）的抽象层，该抽象层使用通用接口隐藏了所有文件系统的实现。

VFS 层构建了一个称为 rootfs 的公共文件树，在该文件树下，所有文件系统都可以枚举其目录和文件。这使得所有具有不同磁盘表示形式的文件系统特定的子树都可以统一起来，并作为一个单独的文件系统来呈现。系统用户和应用程序对文件树具有一致的、相同的视图，从而使内核能够灵活地定义应用程序可以使用的文件 I/O 的简化公共系统调用集，而不管底层文件系统及其表示形式如何。由于有限且灵活的 API，该模型确保了应用程序设计的简单性，并且无论底层的差异如何，都可以将文件从一个磁盘分区或文件系统树无缝地复制或移动到另一个磁盘分区或文件系统树。

图 5-8 所示为虚拟文件系统。

VFS 定义了两组函数：一组是与通用文件系统无关的函数，用作所有文件访问和操作的公共入口函数；另一组是特定于文件系统的抽象操作接口。每个文件系统定义其操作（根据其文件和目录的概念）并将它们映射到所提供的抽象接口。通过虚拟文件系统，VFS 能够动态切换到底层特定文件系统的函数以处理文件 I/O 请求。

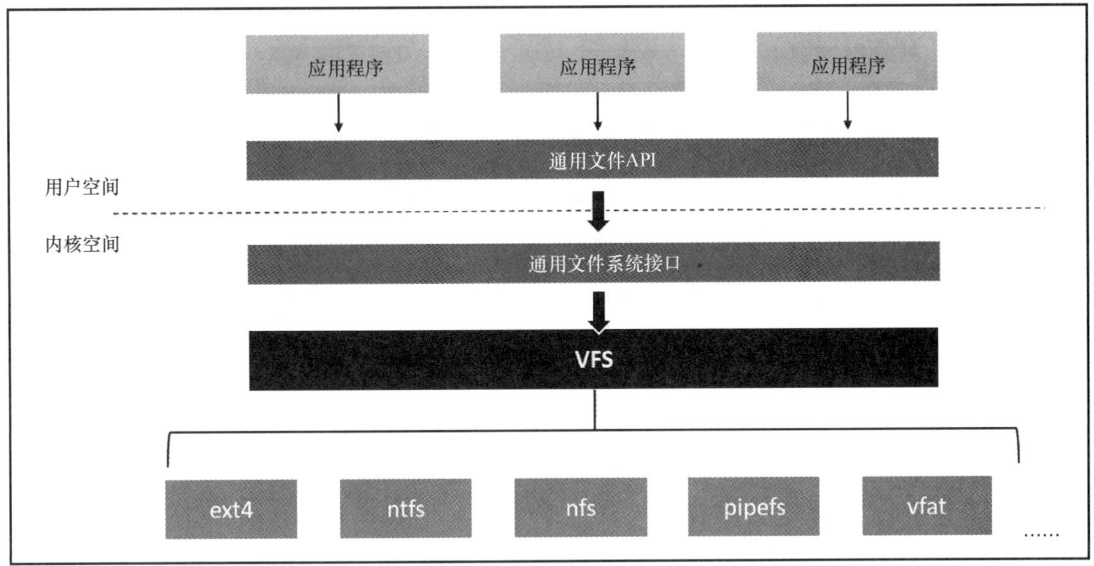

图 5-8

VFS 结构和操作

解密 VFS 的关键对象和数据结构可以让我们清楚地了解 VFS 内部如何与文件系统协同工作，并实现最重要的抽象。以下是 4 个基本数据结构，围绕这些数据结构编织出整个抽象网络。

- struct super_block：包含已挂载的特定文件系统的信息。
- struct inode：表示一个特定文件。
- struct dentry：表示一个目录条目。
- struc file：表示已打开并链接到进程的文件。

所有这些数据结构都绑定到由文件系统定义的适当的抽象操作接口。

1. struct super_block

VFS 通过此结构体定义了一个超级块的通用布局。每个文件系统都需要实例化这个结构体的一个对象，以在挂载期间填充其超级块的详细信息。换句话说，此结构是从内核的其余部分抽象出特定于文件系统的超级块，并帮助 VFS 通过一个 struct super_block 链表来跟踪所有已挂载的文件系统。伪文件系统没有持久的超级块结构体，将会动态生成超级块。超级块结构体（struct super_block）在<linux/fs.h>中定义：

```
struct super_block {
        struct list_head        s_list;    /* Keep this first */
        dev_t                   s_dev;     /* search index; _not_ kdev_t */
        unsigned char           s_blocksize_bits;
        unsigned long           s_blocksize;
        loff_t                  s_maxbytes;  /* Max file size */
        struct file_system_type *s_type;
        const struct super_operations   *s_op;
        const struct dquot_operations   *dq_op;
        const struct quotactl_ops       *s_qcop;
        const struct export_operations *s_export_op;
        unsigned long           s_flags;
        unsigned long           s_iflags; /* internal SB_I_* flags */
        unsigned long           s_magic;
        struct dentry           *s_root;
        struct rw_semaphore     s_umount;
        int                     s_count;
        atomic_t                s_active;
#ifdef CONFIG_SECURITY
        void                    *s_security;
#endif
        const struct xattr_handler **s_xattr;
        const struct fscrypt_operations *s_cop;
        struct hlist_bl_head    s_anon;
        struct list_head        s_mounts;/*list of mounts;_not_for fs use*/
        struct block_device     *s_bdev;
        struct backing_dev_info *s_bdi;
        struct mtd_info         *s_mtd;
        struct hlist_node       s_instances;
        unsigned int   s_quota_types; /*Bitmask of supported quota types */
        struct quota_info  s_dquot;   /* Diskquota specific options */
        struct sb_writers       s_writers;
        char s_id[32];                          /* Informational name */
        u8 s_uuid[16];                          /* UUID */
        void                    *s_fs_info;   /* Filesystem private info */
        unsigned int            s_max_links;
        fmode_t                 s_mode;
        /* Granularity of c/m/atime in ns.
```

```
   Cannot be worse than a second */
u32                s_time_gran;

struct mutex s_vfs_rename_mutex;       /* Kludge */

/*
 * Filesystem subtype. If non-empty the filesystem type field
 * in /proc/mounts will be "type.subtype"
 */
char *s_subtype;

/*
 * Saved mount options for lazy filesystems using
 * generic_show_options()
 */
char __rcu *s_options;
const struct dentry_operations *s_d_op; /*default op for dentries*/
/*
 * Saved pool identifier for cleancache (-1 means none)
 */
int cleancache_poolid;
struct shrinker s_shrink; /* per-sb shrinker handle */

/* Number of inodes with nlink == 0 but still referenced */
atomic_long_t s_remove_count;

/* Being remounted read-only */
int s_readonly_remount;

/* AIO completions deferred from interrupt context */
struct workqueue_struct *s_dio_done_wq;
struct hlist_head s_pins;

/*
 * Owning user namespace and default context in which to
 * interpret filesystem uids, gids, quotas, device nodes,
 * xattrs and security labels.
 */
struct user_namespace *s_user_ns;

struct list_lru          s_dentry_lru ____cacheline_aligned_in_smp;
```

```
        struct list_lru         s_inode_lru ____cacheline_aligned_in_smp;
        struct rcu_head         rcu;
        struct work_struct      destroy_work;

        struct mutex            s_sync_lock; /* sync serialisation lock */
        /*
         * Indicates how deep in a filesystem stack this SB is
         */
        int s_stack_depth;

        /* s_inode_list_lock protects s_inodes */
        spinlock_t              s_inode_list_lock ____cacheline_aligned_in_smp;
        struct list_head        s_inodes; /* all inodes */

        spinlock_t              s_inode_wblist_lock;
        struct list_head        s_inodes_wb; /* writeback inodes */
};
```

超级块结构体包含了定义和扩展超级块信息和功能的其他结构体。以下是 super_block 的一些元素：

- s_list 是 struct list_head 类型，包含指向已挂载超级块的链表的指针；
- s_dev 是设备标识符；
- s_maxbytes 包含最大文件的大小；
- s_type 是 struct file_system_type 类型的指针，它描述了该文件系统的类型；
- s_op 是 struct super_operations 类型的指针，包含对超级块的操作；
- s_export_op 的类型为 struct export_operations，它帮助远程系统通过网络文件系统来访问该文件系统；
- s_root 是 struct dentry 类型的指针，指向文件系统根目录的 dentry 对象。

每个枚举的超级块实例都包含一个指针，它指向函数指针的抽象结构，其定义了用于超级块操作的接口。文件系统需要实现它们的超级块操作，并将它们赋值给适当的函数指针。这有助于每个文件系统按照其磁盘上超级块的布局实现超级块操作，并将该逻辑隐藏在通用接口下。struct super_operations 在<linux/fs.h>中定义：

```
struct super_operations {
        struct inode *(*alloc_inode)(struct super_block *sb);
```

```
        void (*destroy_inode)(struct inode *);

        void (*dirty_inode) (struct inode *, int flags);
        int (*write_inode) (struct inode *, struct writeback_control *wbc);

        int (*drop_inode) (struct inode *);
        void (*evict_inode) (struct inode *);
        void (*put_super) (struct super_block *);
        int (*sync_fs)(struct super_block *sb, int wait);
        int (*freeze_super) (struct super_block *);
        int (*freeze_fs) (struct super_block *);
        int (*thaw_super) (struct super_block *);
        int (*unfreeze_fs) (struct super_block *);
        int (*statfs) (struct dentry *, struct kstatfs *);
        int (*remount_fs) (struct super_block *, int *, char *);
        void (*umount_begin) (struct super_block *);

        int (*show_options)(struct seq_file *, struct dentry *);
        int (*show_devname)(struct seq_file *, struct dentry *);
        int (*show_path)(struct seq_file *, struct dentry *);
        int (*show_stats)(struct seq_file *, struct dentry *);
#ifdef CONFIG_QUOTA
        ssize_t (*quota_read)(struct super_block *, int, char *, size_t, loff_t);
        ssize_t (*quota_write)(struct super_block *, int, const char *, size_t, loff_t);
        struct dquot **(*get_dquots)(struct inode *);
#endif
        int (*bdev_try_to_free_page)(struct super_block*, struct page*, gfp_t);
        long (*nr_cached_objects)(struct super_block *,
                                  struct shrink_control *);
        long (*free_cached_objects)(struct super_block *,
                                    struct shrink_control *);
};
```

该结构体中的所有元素都指向了对超级块对象进行操作的函数。所有这些操作都只能从进程上下文调用，除非指定，否则不会持有任何锁。我们来看几个重要的元素。

- alloc_inode：此方法用于为新的 inode 对象创建和分配空间，并在超级块下对其初始化。
- destroy_inode：销毁给定的 inode 对象并释放为 inode 分配的资源。仅在定义了 alloc_inode 时使用。
- dirty_inode：VFS 调用它来标记一个脏 inode（inode 被修改时）。

- write_inode：VFS 在需要将 inode 写入磁盘时调用此方法。第二个参数指向 struct writeback_control，此结构体告诉回写代码要做什么。
- put_super：当 VFS 需要释放超级块时调用此方法。
- sync_fs：这个调用是为了同步文件系统数据和底层块设备的数据。
- statfs：这个调用为 VFS 获取文件系统统计信息。
- remount_fs：需要重新挂载文件系统时调用。
- umount_begin：VFS 卸载文件系统时调用。
- show_options：由 VFS 调用来显示挂载选项。
- quota_read：由 VFS 调用以读取文件系统配额文件。

2．struct inode

struct inode 的每个实例表示 rootfs 中的一个文件。VFS 将此结构体定义为文件系统特定的 inode 的一个抽象。不管 inode 结构的类型及其在磁盘上如何表示，每个文件系统都需要将其文件作为 struct inode 枚举到 rootfs 中，以作为一个通用文件视图。此结构体在<linux/fs.h>中定义：

```
struct inode {
      umode_t                  i_mode;
   unsigned short          i_opflags;
        kuid_t                   i_uid;
    kgid_t                  i_gid;
    unsigned int            i_flags;
#ifdef CONFIG_FS_POSIX_ACL
  struct posix_acl        *i_acl;
   struct posix_acl        *i_default_acl;
#endif
       const struct inode_operations   *i_op;
    struct super_block      *i_sb;
    struct address_space    *i_mapping;
#ifdef CONFIG_SECURITY
   void                     *i_security;
#endif
  /* Stat data, not accessed from path walking */
   unsigned long            i_ino;
    /*
```

```
	 * Filesystems may only read i_nlink directly. They shall use the
	 * following functions for modification:
	 *
	 *    (set|clear|inc|drop)_nlink
	 *    inode_(inc|dec)_link_count
	 */
	union {
		const unsigned int i_nlink;
		unsigned int __i_nlink;
	};
	dev_t			i_rdev;
	loff_t			i_size;
	struct timespec		i_atime;
	struct timespec		i_mtime;
	struct timespec		i_ctime;
	spinlock_t		i_lock;	/*i_blocks, i_bytes, maybe i_size*/
	unsigned short          i_bytes;
	unsigned int		i_blkbits;
	blkcnt_t		i_blocks;
#ifdef __NEED_I_SIZE_ORDERED
	seqcount_t		i_size_seqcount;
#endif
	/* Misc */
	unsigned long		i_state;
	struct rw_semaphore	i_rwsem;

	unsigned long		dirtied_when;/*jiffies of first dirtying */
	unsigned long		dirtied_time_when;

	struct hlist_node	i_hash;
	struct list_head	i_io_list;/* backing dev IO list */
#ifdef CONFIG_CGROUP_WRITEBACK
	struct bdi_writeback	*i_wb;	/* the associated cgroup wb */

	/* foreign inode detection, see wbc_detach_inode() */
	int			i_wb_frn_winner;
	u16			i_wb_frn_avg_time;
	u16			i_wb_frn_history;
#endif
	struct list_head	i_lru;	/* inode LRU list */
	struct list_head	i_sb_list;
```

```
        struct list_head        i_wb_list;/* backing dev writeback list */
        union {
            struct hlist_head       i_dentry;
         struct rcu_head        i_rcu;
    };
        u64                     i_version;
        atomic_t                i_count;
  atomic_t                i_dio_count;
      atomic_t                i_writecount;
#ifdef CONFIG_IMA
      atomic_t                i_readcount; /* struct files open RO */
#endif
/* former->i_op >default_file_ops */
       const struct file_operations *i_fop;
       struct file_lock_context *i_flctx;
       struct address_space i_data;
       struct list_head i_devices;
       union {
          struct pipe_inode_info *i_pipe;
          struct block_device *i_bdev;
          struct cdev *i_cdev;
          char *i_link;
          unsigned i_dir_seq;
       };
      __u32 i_generation;
 #ifdef CONFIG_FSNOTIFY __u32 i_fsnotify_mask; /* all events this inode cares about */
     struct hlist_head i_fsnotify_marks;
#endif
#if IS_ENABLED(CONFIG_FS_ENCRYPTION)
    struct fscrypt_info *i_crypt_info;
#endif
    void *i_private; /* fs or device private pointer */
};
```

注意，所有字段都不是必需的，并且适用于所有文件系统。它们可以根据各自对 inode 的定义自由地初始化相关的对应字段。每个 inode 都绑定到由底层文件系统定义的两组重要操作。第一组是管理 inode 数据的一组操作。这些操作是通过一个 struct inode_operations 类型的实例表示的，该实例被 inode 的 i_op 指针所引用。第二组是用于访问和操作 inode 所表示的底层文件数据的一组操作。这些操作封装在一个 struct file_operations 类型的实例中，并绑定到 inode 实例的 i_fop 指针。

换句话说，每个 inode 都绑定到由 struct inode_operations 类型的实例所表示的元数据操作，以及由 struct file_operations 类型的实例所表示的文件数据操作。但是，用户模式应用程序通过创建一个有效的 file 对象来访问文件数据操作，这个 file 对象表示调用者进程的一个打开的文件（我们将在下一节中讨论有关文件对象的更多信息）。

```
struct inode_operations {
 struct dentry * (*lookup) (struct inode *,struct dentry *, unsigned int);
 const char * (*get_link) (struct dentry *, struct inode *, struct delayed_call *);
 int (*permission) (struct inode *, int);
 struct posix_acl * (*get_acl)(struct inode *, int);
 int (*readlink) (struct dentry *, char __user *,int);
 int (*create) (struct inode *,struct dentry *, umode_t, bool);
 int (*link) (struct dentry *,struct inode *,struct dentry *);
 int (*unlink) (struct inode *,struct dentry *);
 int (*symlink) (struct inode *,struct dentry *,const char *);
 int (*mkdir) (struct inode *,struct dentry *,umode_t);
 int (*rmdir) (struct inode *,struct dentry *);
 int (*mknod) (struct inode *,struct dentry *,umode_t,dev_t);
 int (*rename) (struct inode *, struct dentry *,
 struct inode *, struct dentry *, unsigned int);
 int (*setattr) (struct dentry *, struct iattr *);
 int (*getattr) (struct vfsmount *mnt, struct dentry *, struct kstat *);
 ssize_t (*listxattr) (struct dentry *, char *, size_t);
 int (*fiemap)(struct inode *, struct fiemap_extent_info *, u64 start,
 u64 len);
 int (*update_time)(struct inode *, struct timespec *, int);
 int (*atomic_open)(struct inode *, struct dentry *,
 struct file *, unsigned open_flag,
 umode_t create_mode, int *opened);
 int (*tmpfile) (struct inode *, struct dentry *, umode_t);
 int (*set_acl)(struct inode *, struct posix_acl *, int);
} ____cacheline_aligned
```

以下是几个重要操作的简要说明。

- lookup：用于定位指定文件的 inode 实例，此操作返回一个 dentry 实例。
- create：VFS 调用此函数来构造一个指定 dentry 作为参数的 inode 对象。
- link：用于支持硬链接。由 link(2)系统调用进行调用。

- unlink：用于支持删除 inode 操作。由 unlink(2)系统调用进行调用。
- mkdir：用于支持子目录的创建。由 mkdir(2)系统调用进行调用。
- mknod：由 mknod(2)系统调用进行调用，用来创建名为 pipe、inode 或 socket 的设备。
- listxattr：由 VFS 调用，以列出一个文件的所有扩展属性。
- update_time：由 VFS 调用，以更新特定时间或 inode 的 i_version。

以下是 VFS 定义的 struct file_operations，它将文件系统定义的操作封装在底层文件数据上。由于它被声明为所有文件系统的通用接口，因此它包含了函数指针接口，以适用于支持对文件数据具有不同定义的各种类型文件系统的操作。根据文件和文件数据的概念，底层的文件系统可以自由选择适当的接口并保留其余接口：

```
struct file_operations {
 struct module *owner;
 loff_t (*llseek) (struct file *, loff_t, int);
 ssize_t (*read) (struct file *, char __user *, size_t, loff_t *);
 ssize_t (*write) (struct file *, const char __user *, size_t, loff_t *);
 ssize_t (*read_iter) (struct kiocb *, struct iov_iter *);
 ssize_t (*write_iter) (struct kiocb *, struct iov_iter *);
 int (*iterate) (struct file *, struct dir_context *);
 int (*iterate_shared) (struct file *, struct dir_context *);
 unsigned int (*poll) (struct file *, struct poll_table_struct *);
 long (*unlocked_ioctl) (struct file *, unsigned int, unsigned long);
 long (*compat_ioctl) (struct file *, unsigned int, unsigned long);
 int (*mmap) (struct file *, struct vm_area_struct *);
 int (*open) (struct inode *, struct file *);
 int (*flush) (struct file *, fl_owner_t id);
 int (*release) (struct inode *, struct file *);
 int (*fsync) (struct file *, loff_t, loff_t, int datasync);
 int (*fasync) (int, struct file *, int);
 int (*lock) (struct file *, int, struct file_lock *);
 ssize_t (*sendpage) (struct file *, struct page *, int, size_t, loff_t *, int);
 unsigned long (*get_unmapped_area)(struct file *, unsigned long, unsigned long,
 unsigned long, unsigned long);
 int (*check_flags)(int);
 int (*flock) (struct file *, int, struct file_lock *);
 ssize_t (*splice_write)(struct pipe_inode_info *, struct file *, loff_t *, size_t,
 unsigned int);
 ssize_t (*splice_read)(struct file *, loff_t *, struct pipe_inode_info *, size_t,
```

```
    unsigned int);
    int (*setlease)(struct file *, long, struct file_lock **, void **);
    long (*fallocate)(struct file *file, int mode, loff_t offset,
    loff_t len);
    void (*show_fdinfo)(struct seq_file *m, struct file *f);
#ifndef CONFIG_MMU
    unsigned (*mmap_capabilities)(struct file *);
#endif
    ssize_t (*copy_file_range)(struct file *, loff_t, struct file *,
    loff_t, size_t, unsigned int);
    int (*clone_file_range)(struct file *, loff_t, struct file *, loff_t,
    u64);
    ssize_t (*dedupe_file_range)(struct file *, u64, u64, struct file *,
    u64);
};
```

以下是一些重要操作的简要说明。

- llseek：当 VFS 需要移动文件位置索引时调用。
- read：由 read(2)和其他相关的系统调用进行调用。
- write：由 write(2)和其他相关的系统调用进行调用。
- iterate：当 VFS 需要读取目录内容时调用。
- poll：当一个进程需要检查文件上的活动时，VFS 会调用此函数。由 select(2)和 poll(2)系统调用进行调用。
- unlocked_ioctl：当用户模式进程调用文件描述符上的 ioctl(2)系统调用时，将调用赋值给该指针的操作。此函数用于支持特殊操作。设备驱动程序使用此接口来支持目标设备上的配置操作。
- compat_ioctl：与 ioctl 类似，但有一个例外，即用于转换从 32 位进程传递的参数，以便与 64 位内核一起使用。
- mmap：当用户模式进程调用 mmap(2)系统调用时，将调用赋值给该指针的函数。此函数所支持的功能依赖于底层文件系统。对于常规的持久性文件，此函数用于将调用者指定的文件数据区域映射到调用者进程的虚拟地址空间。对于支持 mmap 的设备文件，此函数将底层设备地址空间映射到调用者进程的虚拟地址空间。
- open：当用户模式进程发起 open(2)系统调用以创建文件描述符时，VFS 将调用赋值给此接口的函数。

- flush：由 close(2)系统调用进行调用以刷新一个文件。
- release：当用户模式进程执行 close(2)系统调用以销毁文件描述符时，VFS 将调用赋值给此接口的函数。
- fasync：当为一个文件启用异步模式时，由 fcntl(2)系统调用进行调用。
- splice_write：由 VFS 调用，用于将数据从管道拼接到文件。
- setlease：由 VFS 调用，以设置或释放一个文件锁占用。
- fallocate：由 VFS 调用，以预分配一个块。

3. struct dentry

在之前的讨论中，我们了解了一个典型的磁盘文件系统如何通过 inode 结构来表示每个目录，以及磁盘上的一个目录块如何表示该目录下的文件信息。当用户模式应用程序使用完整路径（如/root/test/abc）发起文件访问操作（如 open()）时，VFS 将需要执行目录查找操作，来解码和验证指定路径的每个组成部分。

为了有效地查找和转换一个文件路径中的各个组成部分，VFS 枚举了一种称为 dentry 的特殊数据结构。dentry 对象包含了文件或目录的字符串名称，指向其 inode 的指针以及指向父 dentry 的指针，为文件查找路径中的每个组成部分生成一个 dentry 实例。例如，在/root/test/abc 的例子中，枚举一个 dentry 作为 root，另一个 dentry 作为 test，最后一个 dentry 作为文件 abc。

struct dentry 在内核头文件</linux/dcache.h>中定义：

```
struct dentry {
 /* RCU lookup touched fields */
   unsigned int d_flags;          /* protected by d_lock */
 seqcount_t d_seq;               /* per dentry seqlock */
  struct hlist_bl_node d_hash;   /* lookup hash list */
    struct dentry *d_parent;     /* parent directory */
    struct qstr d_name;
       struct inode *d_inode; /* Where the name -NULL is negative */
     unsigned char d_iname[DNAME_INLINE_LEN];        /* small names */

   /* Ref lookup also touches following */
   struct lockref d_lockref;        /* per-dentry lock and refcount */
        const struct dentry_operations *d_op;
```

```
    struct super_block *d_sb;       /* The root of the dentry tree */
unsigned long d_time;              /* used by d_revalidate */
       void *d_fsdata;                  /* fs-specific data */

     union {
          struct list_head d_lru;        /* LRU list */
           wait_queue_head_t *d_wait;     /* in-lookup ones only */
};
       struct list_head d_child;       /* child of parent list */
       struct list_head d_subdirs;     /* our children */
       /*
        * d_alias and d_rcu can share memory
      */
       union {
           struct hlist_node d_alias;   /* inode alias list */
            struct hlist_bl_node d_in_lookup_hash;
          struct rcu_head d_rcu;
   } d_u;
};
```

- d_parent 是指向父 dentry 实例的指针；
- d_name 保存该文件的名称；
- d_inode 是指向文件的 inode 实例的指针；
- d_flags 包含<include/linux/dcache.h>中定义的几个标志；
- d_op 指向包含对 dentry 对象的各种操作的函数指针的结构体。

现在看一下 struct dentry_operations，它描述了一个文件系统如何加载标准的 dentry 操作：

```
struct dentry_operations {
 int (*d_revalidate)(struct dentry *, unsigned int);
       int (*d_weak_revalidate)(struct dentry *, unsigned int);
  int (*d_hash)(const struct dentry *, struct qstr *);
      int (*d_compare)(const struct dentry *,
                   unsigned int, const char *, const struct qstr *);
 int (*d_delete)(const struct dentry *);
   int (*d_init)(struct dentry *);
   void (*d_release)(struct dentry *);
       void (*d_prune)(struct dentry *);
```

```
 void (*d_iput)(struct dentry *, struct inode *);
  char *(*d_dname)(struct dentry *, char *, int);
   struct vfsmount *(*d_automount)(struct path *);
   int (*d_manage)(const struct path *, bool);
       struct dentry *(*d_real)(struct dentry *, const struct inode *,
                           unsigned int);
} ____ca
```

以下是一些重要的 dentry 操作的简要说明。

- d_revalidate：当 VFS 需要重新验证一个 dentry 时调用。当调用时，如果要查找所需的名称，就会返回 dcache 中的 dentry。
- d_weak_revalidate：当 VFS 需要重新验证一个跳转的 dentry 时调用。如果路径遍历结束于一个在父目录中查找不到的 dentry，则调用此函数。
- d_hash：当 VFS 向哈希表添加一个 dentry 时调用。
- d_compare：调用以比较两个 dentry 实例的文件名。它将 dentry 名称与给定名称进行比较。
- d_delete：当删除对 dentry 的最后一次引用时调用。
- d_init：分配一个 dentry 时调用。
- d_release：释放一个分配的 dentry 时调用。
- d_iput：当从 dentry 中释放一个 inode 时调用。
- d_dname：在必须生成 dentry 的路径名时调用。对于特殊的文件系统来说，延迟路径名生成（只要需要路径）非常方便。

4．struct file

一个 struct file 的实例表示一个打开的文件。当一个用户进程成功打开文件时，会创建此结构体，并包含调用者应用程序的文件访问属性，例如文件数据的偏移量、访问模式和特殊标志等。此对象映射到调用者的文件描述符表，并作为调用者应用程序对文件的句柄。此结构体对于进程是本地的，并由进程保留，直到相关的文件关闭为止。对文件描述符的 close 操作会销毁 file 实例。

```
struct file {
       union {
           struct llist_node        fu_llist;
           struct rcu_head          fu_rcuhead;
```

```
	} f_u;
	struct path		f_path;
	struct inode		*f_inode;	/* cached value */
	const struct file_operations	*f_op;

	/*
	 * Protects f_ep_links, f_flags.
	 * Must not be taken from IRQ context.
	 */
	spinlock_t		f_lock;
	atomic_long_t		f_count;
	unsigned int		f_flags;
	fmode_t			f_mode;
	struct mutex		f_pos_lock;
	loff_t			f_pos;
	struct fown_struct	f_owner;
	const struct cred	*f_cred;
	struct file_ra_state	f_ra;

	u64			f_version;
#ifdef CONFIG_SECURITY
	void			*f_security;
#endif
	/* needed for tty driver, and maybe others */
	void			*private_data;

#ifdef CONFIG_EPOLL
	/* Used by fs/eventpoll.c to link all the hooks to this file */
	struct list_head	f_ep_links;
	struct list_head	f_tfile_llink;
#endif /* #ifdef CONFIG_EPOLL */
	struct address_space	*f_mapping;
} __attribute__((aligned(4))); /* lest something weird decides that 2 is OK */
```

f_inode 指针引用该文件的 inode 实例。当一个文件对象由 VFS 构造时，f_op 指针初始化时使用与该文件的 inode 关联的 struct file_operations 的地址，这些前面已经讨论过。

5.4 特殊文件系统

与常规文件系统（用于管理备份到存储设备的持久性文件数据）不同，内核实现了各种特殊文件系统，用于管理一类内核中的数据结构。由于这些文件系统不处理持久性数据，因此它们不占用磁盘块，并且整个文件系统结构是在内核中维护的。这样的文件系统可以简化应用程序开发、调试并更容易地检测错误。此类别中有许多文件系统，每个文件系统都是为了特定目的而精心设计和实现的。以下是一些重要特殊文件系统的简要描述。

5.4.1 procfs

procfs 是一个特殊文件系统，它将内核数据结构枚举为文件。该文件系统充当内核程序员的调试资源，因为它允许用户通过虚拟文件接口查看数据结构的状态。procfs 挂载在 rootfs 的/proc 目录（挂载点）上。

procfs 文件中的数据不是持久性的，并且始终在运行时才构造。每个文件都是一个接口，用户可以通过该接口触发相关操作。例如，proc 文件上的读操作调用绑定到该文件入口的关联的读回调函数，该函数的实现是用适当的数据填充用户缓冲区。

枚举的文件数取决于构建内核的配置和体系结构。表 5-1 所示为一些重要文件的列表，包含/proc 下枚举的有用数据。

表 5-1

文件名称	描述
/proc/cpuinfo	提供底层 CPU 详细信息，例如供应商、型号、时钟速度、缓存大小、兄弟进程数、核数、CPU 标志和 bogomips
/proc/meminfo	提供物理内存状态的概要视图
/proc/ioports	提供有关 x86 类计算机所支持的端口 I/O 地址空间的当前使用情况的详细信息。此文件在其他体系结构中不存在
/proc/iomem	显示描述当前内存地址空间使用情况的详细布局
/proc/interrupts	显示 IRQ 描述符表的视图，包含了绑定到每个 IRQ 线和中断处理程序的详细信息
/proc/slabinfo	显示 slab 缓存及其当前状态的详细列表
/proc/buddyinfo	显示伙伴系统管理的伙伴链表的当前状态
/proc/vmstat	显示虚拟内存管理的统计信息
/proc/zoneinfo	显示每个节点的内存 zone 的统计信息
/proc/cmdline	显示传递给内核的引导参数
/proc/timer_list	显示活跃的挂起定时器列表，其中包含时钟源的详细信息
/proc/timer_stats	提供关于活跃的定时器的详细统计信息，用于跟踪定时器使用情况和调试
/proc/filesystems	显示当前活跃的文件系统服务列表

续表

文件名称	描述
/proc/mounts	显示当前已挂载的设备及其挂载点
/proc/partitions	显示使用关联的/dev 文件枚举检测到的当前存储分区的详细信息
/proc/swaps	列出活跃的交换分区的状态和详细信息
/proc/modules	列出当前使用的内核模块的名称和状态
/proc/uptime	显示内核自引导以来运行的时间和在空闲模式下所花费的时间
/proc/kmsg	显示内核消息日志缓冲区的内容
/proc/kallsyms	显示内核符号表
/proc/devices	显示已注册的块和字符设备及其主要编号的列表
/proc/misc	显示通过 misc 接口注册的设备及其 misc 标识符的列表
/proc/stat	显示系统的统计信息
/proc/net	包含各种与网络栈相关的伪文件的目录
/proc/sysvipc	包含伪文件的子目录，这些文件显示 System V IPC 对象、消息队列、信号量和共享内存的状态

/proc 还列出了许多子目录，这些子目录提供了进程 PCB 或任务结构体中各元素的详细视图。这些文件夹由它们所代表的进程的 PID 命名。表 5-2 所示为一些重要的文件，它们提供了与进程相关的信息。

表 5-2

文件名称	描述
/proc/pid/cmdline	进程的命令行名称
/proc/pid/exe	指向可执行文件的符号链接
/proc/pid/environ	列出进程可访问的环境变量
/proc/pid/cwd	指向进程当前工作目录的符号链接
/proc/pid/mem	显示进程虚拟内存的二进制映像
/proc/pid/maps	列出进程的虚拟内存映射
/proc/pid/fdinfo	一个目录，它列出打开文件描述符的当前状态和标志
/proc/pid/fd	一个目录，它包含指向打开的文件描述符的符号链接
/proc/pid/status	列出进程的当前状态，包括其内存使用情况
/proc/pid/sched	列出调度的统计信息
/proc/pid/cpuset	列出进程的 CPU 亲和性掩码

续表

文件名称	描述
/proc/pid/cgroup	显示进程的 cgroup 详细信息
/proc/pid/stack	显示进程自身的内核栈回溯
/proc/pid/smaps	显示每个映射到其地址空间的内存占用
/proc/pid/pagemap	显示进程的每个虚拟页的物理映射状态
/proc/pid/syscall	显示进程当前执行的系统调用的系统调用编号和参数
/proc/pid/task	包含子进程/线程详细信息的目录

注意 这些清单是为了让你熟悉 proc 文件及其使用而编写的。建议访问 procfs 手册页，了解每个文件的详细说明。

到目前为止，我们列出的所有文件都是只读的。procfs 还包含一个分支/proc/sys，它保存了读写文件，这些文件称为内核参数。在/proc/sys 下的文件会按照它们所适用的子系统进一步分类。然而，列出所有这些文件超出了本书的范围。

5.4.2 sysfs

sysfs 是另一种伪文件系统，用于将统一硬件和驱动程序信息导出到用户模式。它从内核的设备模型角度通过虚拟文件，枚举了有关设备和相关设备驱动程序的信息到用户空间。sysfs 挂载在 rootfs 的/sys 目录（挂载点）上。与 procfs 类似，底层驱动程序和内核子系统可以通过 sysfs 的虚拟文件接口配置电源管理和其他功能。sysfs 还通过适当的守护程序（如 udev）支持 Linux 发行版的热插拔事件管理，udev 被配置为侦听和响应热插拔事件。

以下是 sysfs 重要子目录的简要说明。

- devices：引入 sysfs 背后的目的之一是提供一个统一的当前设备列表，这些设置由各个驱动子系统枚举和管理。devices 目录包含全局设备层次结构，其中包含驱动程序子系统已发现并在内核中已注册的每个物理设备和虚拟设备的信息。
- BUS：该目录包含一个子目录列表，每个子目录表示在内核中注册的所支持的物理总线类型。每个总线类型目录包含两个子目录：devices 和 drivers。devices 目录包含一个当前发现或绑定到该总线类型的设备列表。列表中的每个文件都是一个符号链接，它指向全局设备树中设备目录中的设备文件。drivers 目录包含描述向总线管理器注册的每个设备驱动程序的目录。每个驱动程序目录都列出了显示当前配置的驱动程序参数（可以修改）的属性，以及指向驱动程序绑定到的物理设备目录的符号链接。

- class：class 目录包含当前在内核中注册的设备类的表示。一个设备类描述了一个功能类型的设备。每个设备类目录都包含表示当前在此类下已分配和注册的设备的子目录。对于大多数类设备对象，其目录包含指向全局设备层次结构中的设备和驱动程序目录的符号链接，以及与该类对象关联的总线层次结构。
- firmware：firmware 目录包含用于查看和操作平台相关的固件的接口，这些固件在电源接通/复位期间运行，例如 x86 上的 BIOS 或 UEFI 和 PPC 平台的 OpenFirmware。
- modules：该目录包含表示当前使用的每个内核模块的子目录。每个目录都使用它所表示的模块的名称进行枚举。每个模块目录都包含一个模块的信息，例如 refcount、modparams 及其大小。

5.4.3 debugfs

procfs 和 sysfs 是通过虚拟文件接口表示特定信息的，而 debugfs 则不同，它是一个通用内存文件系统，允许内核开发者导出任何被认为对调试有用的任意信息。debugfs 提供用于枚举虚拟文件的函数接口，并且通常被挂载到/sys/debug 目录中。debugfs 通过跟踪机制（如 ftrace）来显示函数和中断跟踪。

还有许多其他特殊的文件系统，如 pipefs、mqueue 和 sockfs，我们将在后面的章节中讨论其中的几个。

5.5 小结

通过本章，我们对于一个典型的文件系统的结构和设计以及使其成为操作系统的基本组成部分的因素有了一个大致的了解。本章还强调了抽象的重要性和优雅特质，使用了内核全面接受的通用分层体系结构设计。我们还扩展了对 VFS 及其通用文件接口的理解，这有助于学习通用文件 API 及其内部结构。在下一章中，我们将探讨内存管理的另一个方面——虚拟内存管理器，它负责处理进程虚拟地址空间和页表。

第 6 章　进程间通信

一个复杂的应用程序编程模型可能包含许多进程，每个进程都是为处理特定任务而实现的，这些进程有助于实现整个应用程序的最终功能。根据承载此类应用程序的目标、设计和环境，涉及的进程可能相关（父子进程，兄弟进程）或不相关。通常，这些进程需要各种资源来进行通信、共享数据以及同步其执行以实现所期望的结果。这些由操作系统的内核提供的服务，称为进程间通信（IPC）。我们已经讨论过信号作为 IPC 机制的用法，在本章中，我们将开始讨论可用于进程通信和数据共享的各种其他资源。

在本章中，我们将介绍以下主题：

- 管道和 FIFO 作为消息传递资源；
- SysV IPC 资源；
- POSIX IPC 机制。

6.1　管道和 FIFO

管道形成了一种基本的单向、自同步的进程间通信方式。顾名思义，它们有两个端点：一端用于进程写入数据，而对端用于另一个进程读取数据。也就是说，在这种类型的模型中，先写入的内容会先被读出。因为管道的容量有限，它们必然会导致通信同步：如果写入进程写入的速度比读出进程读出的速度快得多，则管道的容量将无法容纳多余的数据并且总是阻塞写入进程，直到读出者读取并释放数据为止。类似地，如果读出者比写入者更快地读取数据，则读出者将没有数据可读，因此会被阻塞，直到数据可用为止。

管道可以用作两种通信情况的消息传递资源：相关进程之间和不相关进程之间。在相关进程之间应用时，管道称为未命名管道（unnamed pipe），因为它们在 rootfs 树下没有被枚举为文件。可以通过 pipe() API 分配未命管道。

```
int pipe2(int pipefd[2], int flags);
```

API 调用相应的系统调用，该系统调用分配适当的数据结构并设置管道缓冲区。它映射了一对文件描述符，一个用于在管道缓冲区上读取，另一个用于在管道缓冲区上写入。这些描述符将返回给调用者。调用者进程通常会创建子进程，该子进程继承可用于消息传递的管道文件描述符。

以下代码片段展示了管道系统调用的实现：

```
SYSCALL_DEFINE2(pipe2, int __user *, fildes, int, flags)
{
        struct file *files[2];
        int fd[2];
        int error;

        error = __do_pipe_flags(fd, files, flags);
        if (!error) {
                if (unlikely(copy_to_user(fildes, fd, sizeof(fd)))) {
                        fput(files[0]);
                        fput(files[1]);
                        put_unused_fd(fd[0]);
                        put_unused_fd(fd[1]);
                        error = -EFAULT;
                } else {
                        fd_install(fd[0], files[0]);
                        fd_install(fd[1], files[1]);
                }
        }
        return error;
}
```

不相关进程之间的通信需要将管道文件枚举到 rootfs 中。此类管道通常称为命名管道（named pipe），可以从命令行（mkfifo）或一个进程使用 mkfifo API 来创建。

```
int mkfifo(const char *pathname, mode_t mode);
```

在创建一个命名管道时，需要指定它的名字，并使用 mode 参数来指定适当的权限。调用 mknod 系统调用来创建一个 FIFO，其在内部调用 VFS 函数来设置命名管道。具有访问权限的进程可以通过通用 VFS 文件 API open、read、write 和 close 来发起对 FIFO 的操作。

pipefs

管道和 FIFO 由称为 pipefs 的特殊文件系统创建和管理。它在 VFS 注册为特殊文件系统。以下是 fs/pipe.c 的代码片段：

```
static struct file_system_type pipe_fs_type = {
            .name = "pipefs",
            .mount = pipefs_mount,
            .kill_sb = kill_anon_super,
};

static int __init init_pipe_fs(void)
{
        int err = register_filesystem(&pipe_fs_type);

        if (!err) {
                pipe_mnt = kern_mount(&pipe_fs_type);
                if (IS_ERR(pipe_mnt)) {
                        err = PTR_ERR(pipe_mnt);
                        unregister_filesystem(&pipe_fs_type);
                }
        }
        return err;
}

fs_initcall(init_pipe_fs);
```

它通过枚举表示每个管道的 inode 实例将管道文件集成到 VFS 中，这允许应用程序使用通用文件 API 读和写。inode 结构体包含指针的 union，这些指针与特殊文件（如管道文件和设备文件）相关。对于管道文件 inode，其中一个指针 i_pipe 被初始化为指向 pipefs，pipefs 定义为 pipe_inode_info 类型的实例：

```
struct inode {
        umode_t         i_mode;
        unsigned short i_opflags;
        kuid_t          i_uid;
        kgid_t          i_gid;
        unsigned int    i_flags;
        ...
        ...
        ...
         union {
```

```
                struct pipe_inode_info *i_pipe;
                struct block_device *i_bdev;
                struct cdev *i_cdev;
                char *i_link;
                unsigned i_dir_seq;
            };
        ...
        ...
        ...
};
```

struct pipe_inode_info 包含 pipefs 所定义的所有与管道相关的元数据，其中包括管道缓冲区的信息和其他重要管理数据。此结构体在<linux/pipe_fs_i.h>中定义：

```
struct pipe_inode_info {
        struct mutex mutex;
        wait_queue_head_t wait;
        unsigned int nrbufs, curbuf, buffers;
        unsigned int readers;
        unsigned int writers;
        unsigned int files;
        unsigned int waiting_writers;
        unsigned int r_counter;
        unsigned int w_counter;
        struct page *tmp_page;
        struct fasync_struct *fasync_readers;
        struct fasync_struct *fasync_writers;
        struct pipe_buffer *bufs;
        struct user_struct *user;
};
```

bufs 指针指向的是管道缓冲区。默认情况下，每个管道被分配一个 65535 字节（64KB）的总缓冲区，排列为 16 页的环形数组。用户进程可以通过管道描述符上的 fcntl()操作来更改管道缓冲区的总大小。管道缓冲区大小的默认最大限制是 1048576 字节，可以由特权进程通过/proc/sys/fs/pipe-max-size 文件接口进行更改。表 6-1 描述了其余重要元素。

表 6-1

名称	描述
mutex	保护管道的互斥锁
wait	读出者和写入者的等待队列

续表

名称	描述
nrbufs	该管道的非空管道缓冲区数
curbuf	当前管道缓冲区
buffers	缓冲区总数
readers	当前读出者数
writers	当前写入者数
files	当前引用此管道的 struct file 实例数
waiting_writers	当前在管道阻塞的写入者数
r_counter	读出者计数器（与 FIFO 相关）
w_counter	写入者计数器（与 FIFO 相关）
*fasync_readers	读出者端 fasync
*fasync_writers	写入者端 fasync
*bufs	指向管道缓冲区环形数组的指针
*user	指向 user_struct 实例的指针，该实例表示创建此管道的用户

对管道缓冲区的每个页的引用，都被封装到 struct pipe_buffer 类型的环形数组实例中，如图 6-1 所示。该结构体在<linux/pipe_fs_i.h>中定义：

```
struct pipe_buffer {
        struct page *page;
        unsigned int offset, len;
        const struct pipe_buf_operations *ops;
        unsigned int flags;
        unsigned long private;
};
```

*page 是指向页缓冲区的页描述符的指针，offset 和 len 字段分别是页缓冲区中包含的数据的偏移量及其长度。*ops 是指向 pipe_buf_operations 类型结构体的指针，它封装了 pipefs 实现的管道缓冲区操作。它还实现了绑定到管道和 FIFO inode 的文件操作：

```
const struct file_operations pipefifo_fops = {
         .open = fifo_open,
         .llseek = no_llseek,
         .read_iter = pipe_read,
         .write_iter = pipe_write,
         .poll = pipe_poll,
         .unlocked_ioctl = pipe_ioctl,
```

```
        .release = pipe_release,
        .fasync = pipe_fasync,
};
```

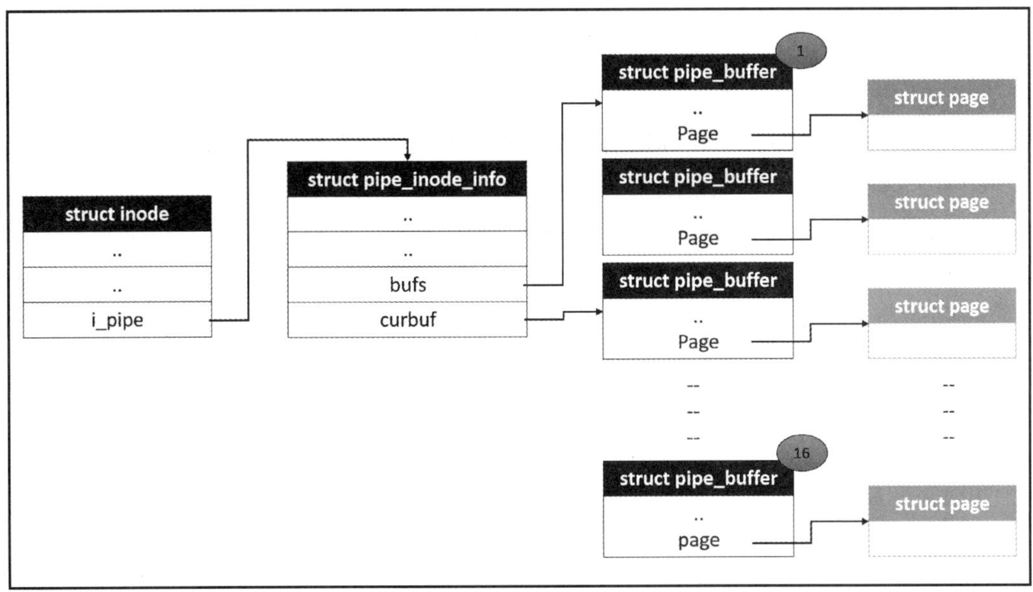

图 6-1

6.2 消息队列

消息队列是消息缓冲区的列表，任意数量的进程都可以通过它们进行通信。与管道不同，写入者不必等待读出者打开管道并监听数据。与邮箱类似，写入者可以将一条封装在缓冲区中的固定长度的消息放到队列中，读出者可以在准备好时将其选中并读取。消息队列在读出者选择后就不再保留消息包，这意味着每个消息包都确保是被进程所读取的。Linux 系统支持两种不同的消息队列实现：经典的 UNIX SysV 消息队列和现代的 POSIX 消息队列。

6.2.1 System V 消息队列

这是经典的 AT&T 消息队列实现，适用于任意数量的不相关进程之间的消息传递。发送进程将每条消息封装到一个包含消息数据和消息号的包。消息队列的实现没有定义消息号的含义，而是留给应用程序设计者为消息号定义合适的含义，并使读出者和写入者对其有一致的解释。这种机制为程序员提供了使用消息号作为消息 ID 或接收者 ID 的灵活性。它使读出者进程能够有选择地读取与特定 ID 匹配的消息。但是，具有相同 ID 的消息始终按 FIFO 顺序读取（先进先出）。

进程可以使用以下方法创建和打开 SysV 消息队列：

```
int msgget(key_t key, int msgflg);
```

key 参数是唯一常量，用作标识消息队列的幻数。所有需要访问此消息队列的进程，都需要使用相同的幻数，这些数字通常在编译时硬编码到相关的进程中。但是，应用程序需要确保每个消息队列的键值都是唯一的，并且有可用的备用库函数，通过它们可以动态生成唯一的键值。

对于唯一的键值和 msgflag 参数，如果设置为 IPC_CREATE，将设置一个新的消息队列。能访问队列的有效进程可以使用 msgsnd 和 msgrcv 函数将消息读取或写入队列（这里不再详细讨论它们，有兴趣的读者可以参阅 Linux 系统编程手册）：

```
int msgsnd(int msqid, const void *msgp, size_t msgsz, int msgflg);

ssize_t msgrcv(int msqid, void *msgp, size_t msgsz, long msgtyp,
               int msgflg);
```

数据结构

每个消息队列都是通过底层 SysV IPC 子系统枚举一组数据结构来创建的。struct msg_queue 是核心数据结构（见图 6-2），并为每个消息队列枚举一个实例。

```
struct msg_queue {
        struct kern_ipc_perm q_perm;
        time_t q_stime; /* last msgsnd time */
        time_t q_rtime; /* last msgrcv time */
        time_t q_ctime; /* last change time */
        unsigned long q_cbytes; /* current number of bytes on queue */
        unsigned long q_qnum; /* number of messages in queue */
        unsigned long q_qbytes; /* max number of bytes on queue */
        pid_t q_lspid; /* pid of last msgsnd */
        pid_t q_lrpid; /* last receive pid */

       struct list_head q_messages; /* message list */
       struct list_head q_receivers;/* reader process list */
       struct list_head q_senders;  /*writer process list */
};
```

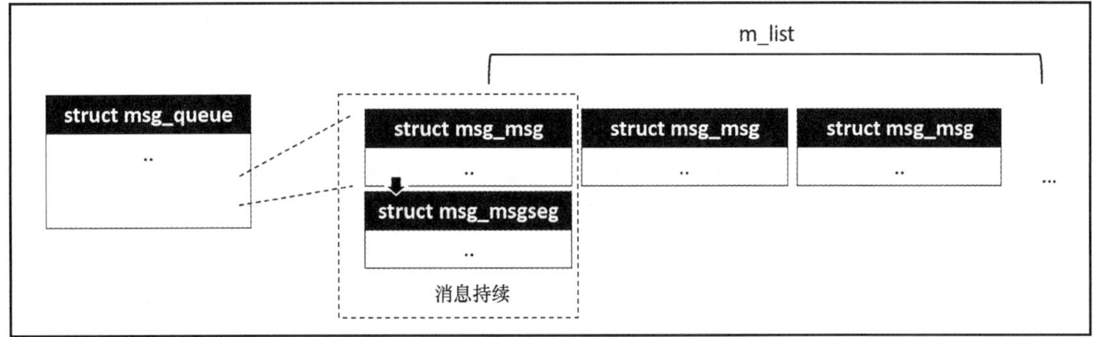

图 6-2

q_messages 字段表示一个双链接环形链表的头节点，该链表包含当前在队列中的所有消息。每条消息的开头都是一个头部，后面跟着消息数据。每条消息可以根据消息数据的长度使用一个或多个页。消息头始终位于第一个页的开头，并由 struct msg_msg 的实例表示：

```
/* one msg_msg structure for each message */
struct msg_msg {
        struct list_head m_list;
        long m_type;
        size_t m_ts; /* message text size */
        struct msg_msgseg *next;
        void *security;
        /* the actual message follows immediately */
};
```

m_list 字段包含指向队列中上一条和下一条消息的指针。*next 指针指向 struct msg_msgseg 类型的实例，它包含下一页消息数据的地址。仅当消息数据超出第一页时，此指针才有用。第二页帧以一个描述符 msg_msgseg 开头，该描述符还包含指向后续页的指针，此顺序将一直持续，直到到达消息数据的最后一页：

```
struct msg_msgseg {
        struct msg_msgseg *next;
        /* the next part of the message follows immediately */
};
```

6.2.2 POSIX 消息队列

POSIX 消息队列实现了优先级排序的消息。发送方进程写入的每条消息都与一个整数相关联，该整数可以理解为消息优先级，具有较大编号的消息被认为具有较高的优先级。消息队列按优先级对当前消息进行排序，并按降序（优先级最高的先处理）将其传递给读出者进程。该实现还支持更广泛的 API，提供限制等待的发送和接收操作，以及通过信号或线程为接收者提供异步消息到达通知。

该实现提供了一套独立的 API，用于 create、open、read、write 和 destroy 消息队列。表 6-2 所示为 API 的描述（我们不会在这里讨论使用语义，要获得更多详细信息，可参阅系统编程手册）。

表 6-2

API	描述
mq_open()	创建或打开一个 POSIX 消息队列
mq_send()	写入一条消息到队列
mq_timedsend()	和 mq_send 类似，但提供超时参数用于限制操作
mq_receive()	从队列中获取一条消息，这个操作可能导致无限的阻塞调用
mq_timedreceive()	与 mq_receive()类似，但提供超时参数，会在有限的时间内限制可能的阻塞
mq_close()	关闭一个消息队列
mq_unlink()	销毁一个消息队列
mq_notify()	自定义和设置消息到达通知
mq_getattr()	获取与消息队列关联的属性
mq_setattr()	设置消息队列中指定的属性

POSIX 消息队列由称为 mqueue 的特殊文件系统管理。每个消息队列由一个文件名标识。每个队列的元数据由 struct mqueue_inode_info 的实例描述，该实例表示与 mqueue 文件系统中的消息队列文件关联的 inode 对象：

```
struct mqueue_inode_info {
        spinlock_t lock;
        struct inode vfs_inode;
        wait_queue_head_t wait_q;

        struct rb_root msg_tree;
        struct posix_msg_tree_node *node_cache;
        struct mq_attr attr;

        struct sigevent notify;
        struct pid *notify_owner;
        struct user_namespace *notify_user_ns;
        struct user_struct *user; /* user who created, for accounting */
        struct sock *notify_sock;
```

```
        struct sk_buff *notify_cookie;

        /* for tasks waiting for free space and messages, respectively */
        struct ext_wait_queue e_wait_q[2];

        unsigned long qsize; /* size of queue in memory (sum of all msgs) */
};
```

*node_cache 指针引用 posix_msg_tree_node 描述符，该描述符包含一个消息节点链表的头，其中每条消息由类型为 msg_msg 的描述符表示：

```
struct posix_msg_tree_node {
        struct rb_node rb_node;
        struct list_head msg_list;
        int priority;
};
```

6.3 共享内存

与提供进程固定的消息传递基础架构的消息队列不同，IPC 的共享内存服务提供内核固定的内存，可由任意数量的进程链接，用来共享通用数据。共享内存基础架构提供了操作接口用来分配、链接、分离和销毁共享内存区域。需要访问共享数据的进程将共享内存区域链接或映射到其地址空间。然后，它可以通过映射函数返回的地址访问共享内存中的数据。这使得共享内存成为最快的 IPC 方式之一，因为从进程的角度来看，它类似于访问本地内存，而不涉及切换到内核模式。

6.3.1 System V 共享内存

Linux 系统支持 IPC 子系统下的传统 SysV 共享内存实现。与 SysV 消息队列类似，每个共享内存区域由唯一的 IPC 标识符标识。

1. 操作接口

内核提供了不同的系统调用接口，用于发起共享内存操作。

分配共享内存

进程调用 shmget()系统调用来获取一个共享内存区域的 IPC 标识符。如果该区域不存在，则会创建一个：

```
int shmget(key_t key, size_t size, int shmflg);
```

该函数返回共享内存段的标识符，它对应的值包含在 key 参数中。如果其他进程打算使用已存在的段，则可以在查找其标识符时使用段的 key 值。但是，如果 key 参数是唯一的或有 IPC_PRIVATE 值，则会创建一个新的段。

size 表示需要分配的字节数，因为段被分配为各内存页。要分配的页数是通过将大小值四舍五入到最接近的页大小的倍数来获得的。

shmflg 标志指定了如何创建段。它可以包含两个值。

- IPC_CREATE：表示创建一个新的段。如果未使用该标志，则已找到与 key 值关联的段。如果用户具有访问权限，则返回段的标识符。
- IPC_EXCL：该标志总是和 IPC_CREATE 一起使用，以确保在 key 值存在时调用失败。

链接共享内存

共享内存区域必须链接到其地址空间，以便进程访问它。调用 shmat()将共享内存链接到调用进程的地址空间：

```
void *shmat(int shmid, const void *shmaddr, int shmflg);
```

由 shmid 指示的段通过此函数链接。shmaddr 指定一个指针，指向进程的地址空间中要映射的段的位置。第三个参数 shmflg 是一个标志，可以设置为下面的值之一。

- SHM_RND：当 shmaddr 不是 NULL 值时指定，表示函数要在某地址处链接内存段，该地址通过将 shmaddr 值四舍五入到最接近的页大小倍数得出。否则，用户必须注意 shmaddr 是页对齐的，以便段能正确链接。
- SHM_RDONLY：如果用户有必要的读权限，这个值指定该段是只读的。否则，将给出段的读写访问权限（该进程必须具有相应的权限）。
- SHM_REMAP：这是一个 Linux 相关的标志，表示将 shmaddr 指定地址处的映射替换为新的映射。

解除共享内存

同样，要从进程地址空间中解除共享内存，需要调用 shmdt()。由于 IPC 共享内存区域在内核中是持久的，因此即使在进程分离后它们仍然存在：

```
int shmdt(const void *shmaddr);
```

shmaddr 指定的地址段与调用进程的地址空间分离。

每个接口操作都会调用<ipc/shm.c>源文件中实现的相关系统调用。

2. 数据结构

每个共享内存段由 struct shmid_kernel 描述符表示，如图 6-3 所示。此结构体包含与 SysV 共享内存管理相关的所有元数据：

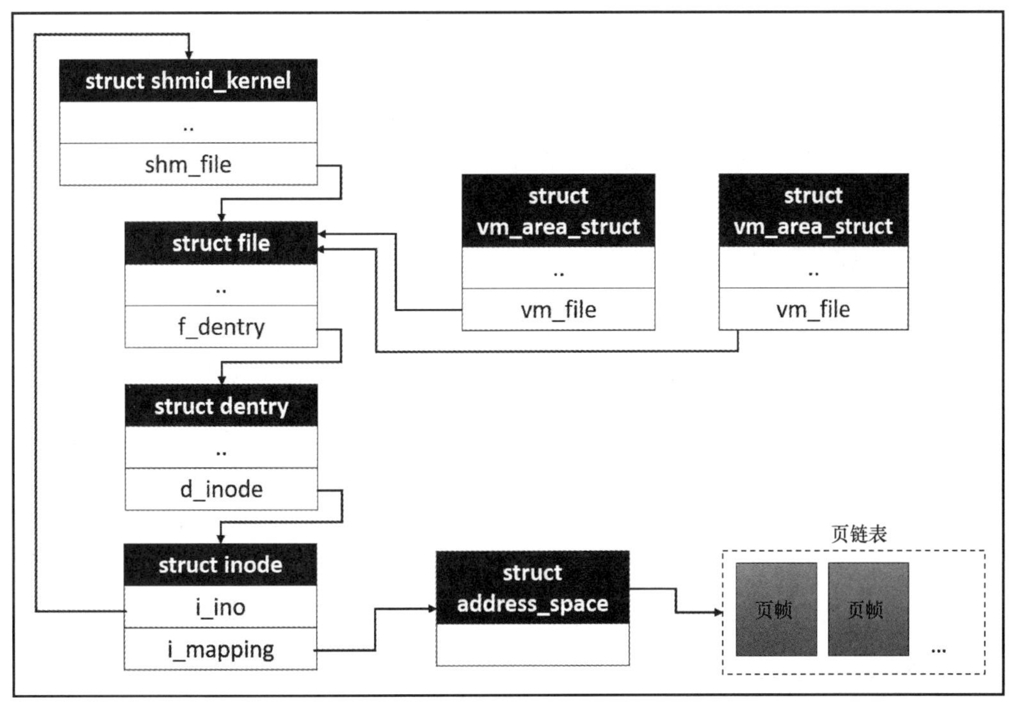

图 6-3

```
struct shmid_kernel /* private to the kernel */
{
        struct kern_ipc_perm shm_perm;
        struct file *shm_file; /* pointer to shared memory file */
        unsigned long shm_nattch; /* no of attached process */
        unsigned long shm_segsz; /* index into the segment */
        time_t shm_atim; /* last access time */
        time_t shm_dtim; /* last detach time */
        time_t shm_ctim; /* last change time */
```

```
        pid_t shm_cprid; /* pid of creating process */
        pid_t shm_lprid; /* pid of last access */
        struct user_struct *mlock_user;

        /* The task created the shm object. NULL if the task is dead. */
        struct task_struct *shm_creator;
        struct list_head shm_clist; /* list by creator */
};
```

为了获得可靠性和易于管理，内核的 IPC 子系统通过一个名为 shmfs 的特殊文件系统来管理共享内存段。该文件系统不挂载在 rootfs 树上，它的操作只能通过 SysV 共享内存系统调用来访问。*shm_file 指针指向表示一个共享内存块的 shmfs 的 struct file 对象。当进程发起链接操作时，底层系统调用会调用 do_mmap()来创建相关映射到调用者的地址空间（通过 struct vm_area_struct），并进入 shmfs 定义的 shm_mmap()操作以映射相应的共享内存。

6.3.2 POSIX 共享内存

Linux 内核通过一个名为 tmpfs 的特殊文件系统来支持 POSIX 共享内存，该文件系统挂载在 rootfs 的/dev/shm 上。该实现提供了与 UNIX 文件模型一致的独立 API，从而使每个共享内存分配用唯一的文件名和 inode 表示。应用程序开发人员认为该接口更加灵活，因为它允许标准 POSIX 文件映射例程 mmap()和 unmap()将内存段链接和解除到调用者进程地址空间。

表 6-3 所示为接口例程的总结性描述。

表 6-3

API	描述
shm_open()	创建并打开一个由文件名标识的共享内存段
mmap()	POSIX 标准文件映射接口，用于将共享内存链接到调用者的地址空间
sh_unlink()	销毁指定的共享内存块
unmap()	将指定的共享内存映射从调用者地址空间解除

底层实现类似于 SysV 共享内存，不同之处在于映射实现由 tmpfs 文件系统处理。

虽然共享内存是共享通用数据或资源的最简单的方法，但它卸下了在进程上实现同步的责任，因为共享内存基础架构不会为共享内存区域中的数据或资源提供任何同步或保护机制。应用程序设计人员必须考虑在竞争的进程之间共享内存访问的同步，以确保共享数据的可靠性和有效性，例如，防止两个进程在同一区域上同时写入，限制一个读取进程等待，直至另一个进程完成写入，等等。通常，为了同步这样的竞争情况，可以使用另一个称为信号量的 IPC 资源。

6.4 信号量

信号量（semaphore）是 IPC 子系统提供的同步原语。它们为共享数据结构或资源提供了保护机制，以防止在多线程环境中的进程进行并发访问。每个信号量的核心是一个整数计数器，它可以被调用进程原子访问。信号量的实现提供两个操作，一个用于等待信号量变量，另一个用于标记信号量变量。换句话说，等待信号量会使计数器减 1，而标记信号量会使计数器加 1。通常，当进程想要访问共享资源时，它会尝试递减少信号量计数器。然而，这种尝试由内核处理，而它阻塞了尝试进程，直到计数器产生正值。类似地，当进程让出资源时，它会递增信号量计数器，从而唤醒正在等待资源的任何进程。

信号量版本

传统上，所有*nix 系统都实现了 System V 信号量机制。但是，POSIX 有自己的信号量实现机制，旨在实现可移植性，并解决 System V 版本所带有的一些笨拙问题。让我们开始看看 System V 信号量。

6.4.1 System V 信号量

System V 中的信号量不仅仅是你可能想到的单个计数器，而是一组计数器。这意味着信号量集可以包含具有相同信号量 ID 的单个或多个计数器（0～*n*）。集合中的每个计数器都可以保护一个共享资源，而单个信号量集可以保护多个资源。创建此类信号量的系统调用如下：

```
int semget(key_t key, int nsems, int semflg)
```

- key 用于识别信号量。如果 key 值为 IPC_PRIVATE，则会创建一个新的信号量集。
- nsems 表示信号量设置了集合中所需的计数器数量。
- semflg 指示应如何创建信号量。它可以包含下面两个值。
    - IPC_CREATE：如果 key 不存在，则会创建新的信号量。
    - IPC_EXCL：如果 key 存在，则抛出错误并失败。

成功时，调用返回信号量集标识符（正值）。

这样创建的信号量包含未初始化的值，并且需要使用 semctl()函数执行初始化。初始化后，进程就可以使用信号量集：

```
int semop(int semid, struct sembuf *sops, unsigned nsops);
```

semop()函数允许进程发起对信号量集上的操作。此函数通过一个名为 SEM_UNDO 的特殊标志，为 SysV 信号量实现提供了一种独特的功能，称为可撤销操作（undoable operation）。设置此标志后，如果进程在完成相关的共享数据访问操作之前异常中止，则内核允许将信号量还原到一致状态。例如，考虑一个进程锁定信号量并开始对共享数据进行访问操作的情况；在此期间，如果进程在共享数据访问完成之前异常中止，则信号量将保持不一致状态，使其无法用于其他竞争进程。但是，如果进程通过设置 SEM_UNDO 标志使用 semop()来获取对信号量的锁，则其终止将允许内核将信号量恢复到一致状态（解锁状态），使其可用于等待中的其他竞争进程。

数据结构

每个 SysV 信号量集在内核中由 struct sem_array 类型的描述符表示：

```
/* One sem_array data structure for each set of semaphores in the system. */
struct sem_array {
        struct kern_ipc_perm ___cacheline_aligned_in_smp sem_perm;
        time_t sem_ctime;               /* last change time */
        struct sem *sem_base;           /*ptr to first semaphore in array */
        struct list_head pending_alter; /* pending operations */
                                        /* that alter the array */
        struct list_head pending_const; /* pending complex operations */
                                        /* that do not alter semvals */
        struct list_head list_id;       /* undo requests on this array */
        int sem_nsems;                  /* no. of semaphores in array */
        int complex_count;              /* pending complex operations */
        bool complex_mode;              /* no parallel simple ops */
};
```

数组中的每个信号量都被枚举为<ipc/sem.c>中定义的 struct sem 的一个实例。*sem_base 指针指向集合中的第一个信号量对象。每个信号量集包含一个每个进程等待的挂起队列链表。pending_alter 是此 struct sem_queue 类型的挂起队列的头节点。每个信号量集还包含每个信号量的可撤销操作。list_id 是 struct sem_undo 实例链表的头节点。链表中的每个信号量都有一个实例。图 6-4 总结了信号量集数据结构及其链表。

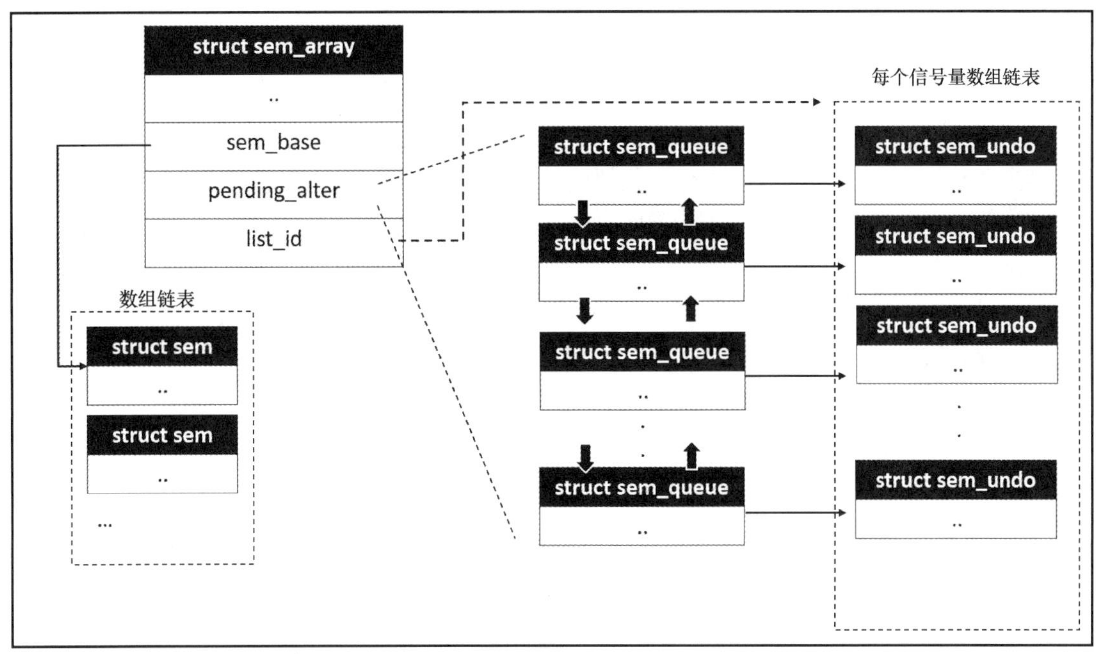

图 6-4

6.4.2 POSIX 信号量

与 System V 相比，POSIX 信号量语义相当简单。每个信号量都是一个永远不会小于零的简单计数器。该实现提供了用于初始化、递增和递减操作的函数接口。它们可以通过在所有线程都可以访问的内存中分配信号量实例，用于同步线程。它们还可以通过将信号量放在共享内存中用于同步进程。Linux 实现的 POSIX 信号量经过了优化，为非竞争的同步场景提供了更好的性能。

POSIX 信号量有两种变体：命名信号量和未命名信号量。命名信号量由文件名标识，适合在不相关进程之间使用。未命名信号量只是 sem_t 类型的全局实例，这种方式通常适合在线程之间使用。POSIX 信号量接口操作（见表 6-4）是 POSIX 线程库实现的一部分。

表 6-4

函数接口	描述
sem_open()	打开一个已存在的命名信号量文件，或创建一个新的命名信号量并返回其描述符
sem_init()	未命名信号量的初始化函数
sem_post()	递增信号量值的操作
sem_wait()	递减信号量值的操作，如果信号量值为 0，则调用被阻塞

续表

函数接口	描述
sem_timedwait()	用超时参数扩展 sem_wait()，用于有限等待
sem_getvalue()	返回信号量计数器的当前值
sem_unlink()	移除用文件标识的命名信号量

6.5 小结

本章讨论了内核提供的各种 IPC 机制，以及每种机制的各种数据结构之间的布局和关系，同时还介绍了 SysV 和 POSIX IPC 机制。

下一章我们将进一步讨论锁和内核同步机制。

第 7 章　虚拟内存管理

第 1 章主要讨论了进程（process）这个重要的抽象概念。我们讨论了进程的虚拟地址空间，以及进程隔离，并讲解了内存管理子系统，对物理内存管理的各种数据结构和算法有了深入的了解。在本章中，让我们以虚拟内存管理和页表的细节来展开对内存管理的讨论。我们将研究虚拟内存子系统的以下几个方面：

- 进程虚拟地址空间和地址段；
- 内存描述符结构体；
- 内存映射和 VMA 对象；
- 文件支持（file-backed）的内存映射；
- 页缓存；
- 页表地址转换。

7.1 进程地址空间

图 7-1 所示为 Linux 系统下经典的进程地址空间的布局，它由一系列虚拟内存段组成。

每一段都从物理上被映射到一个或者多个线性内存块（该内存块由一个或者多个页组成），且对应的地址转换记录放置在一个进程页表中。在我们完全深入到内核怎样管理内存映射和构造页表的细节内容之前，让我们简要了解一下地址空间的每个段。

- 栈（stack）是顶部的段，向下扩展。它包含保存本地变量和函数参数的栈帧（stack frame）。一个新的帧在进入一个被调用函数时在栈顶创建，然后在当前函数返回时销毁。根据函数调用的嵌套级别，栈总是需要动态扩展来保存（accommodate）新帧。这种扩展由虚拟内存管理器通过缺页异常（page fault）来处理：当进程尝试访问一个栈顶的未映射地址时，系统会触发一个缺页异常，该异常由内核来检查是否需要扩展栈。如果当前栈的利用率在 RLIMIT_STACK 之内，则内核认为这是正常的，然后扩展当前栈。但是，如果当前栈的利用率是最大的而没有空间进行扩展，则内核会给对应进程发送段错误信号。

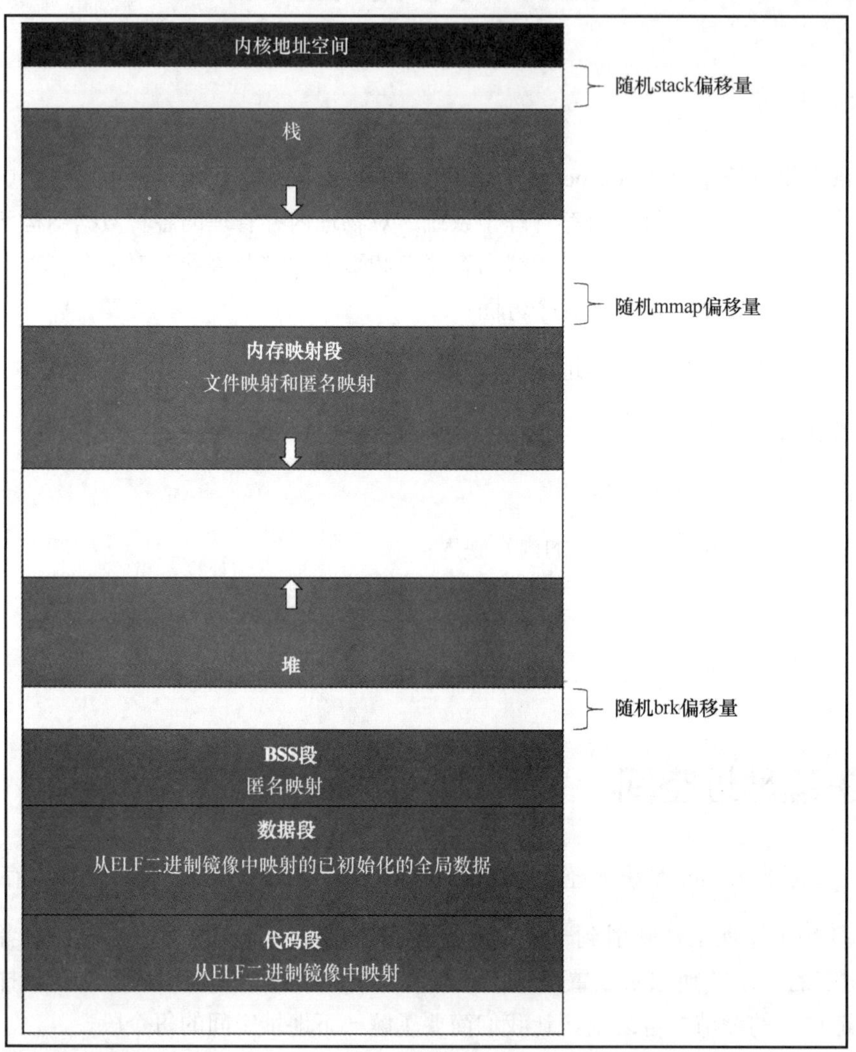

图 7-1

- mmap 是栈的下一个段，这个段主要用于把文件数据从页缓存映射到进程地址空间。这个段同时也用于映射共享对象或者动态库。用户模式进程能够通过 mmap() API

发起新的映射。Linux 内核也支持通过该段映射匿名内存，把它当作一个动态内存分配来保存进程数据的替代机制。

- 堆（heap）给动态内存分配提供地址空间，这允许进程存储运行时数据。内核提供 brk()系列 API，用户模式进程可以通过这些 API 在运行时扩展或者缩减堆。然而，大多数编程语言特定的标准库都实现了堆管理算法以有效利用堆内存。例如，GNU glibc 实现了一个这样的堆管理器，提供 malloc()系列函数来分配堆内存。

地址空间底部的段（BSS 段、数据段和代码段）和进程的二进制镜像有关。

- BSS 段保存未初始化的静态变量，这些变量没有在程序代码中初始化。BSS 段通过匿名内存映射来设置。
- 数据段（data segment）包含程序源码中已初始化的全局变量和静态变量。这个段是通过映射包含初始化数据的部分程序二进制镜像来建立的，这个映射是以私有内存映射（private memory mapping）类型来创建的，这保证了数据变量的内存的改变不会反映到磁盘文件上。
- 代码段（text segment）也是通过从内存映射程序的二进制文件来建立的，这个映射是 RDONLY 类型，这会导致尝试写入该段时触发一个段错误。

内核支持地址空间随机化功能，该功能如果在构建时启用，就允许 VM 子系统为每个新进程随机化栈、mmap 和堆的起始位置。这给进程提供了很高的安全性来抵御能够注入异常的恶意程序。黑客程序通常是硬编码的，有效进程的内存段具有固定起始地址。有了地址空间随机化功能，这种恶意攻击会失败。但是，从应用程序的二进制文件建立的代码段被映射到一个固定的地址，这个地址由底层体系结构来定义，这个定义是在链接器脚本里配置的，在构造程序的二进制文件时生效。

7.1.1 进程内存描述符

内核维护进程内存段的所有信息，并在一个内存描述符结构体中维护对应的转换表，这个结构体的类型是 struct mm_struct。进程描述符结构体 task_struct 包含一个*mm 指针指向该进程的内存描述符。我们将讨论该内存描述符结构体（见图 7-2）的一些重要元素。

```
struct mm_struct {
            struct vm_area_struct *mmap; /* list of VMAs */
            struct rb_root mm_rb;
            u32 vmacache_seqnum; /* per-thread vmacache */
```

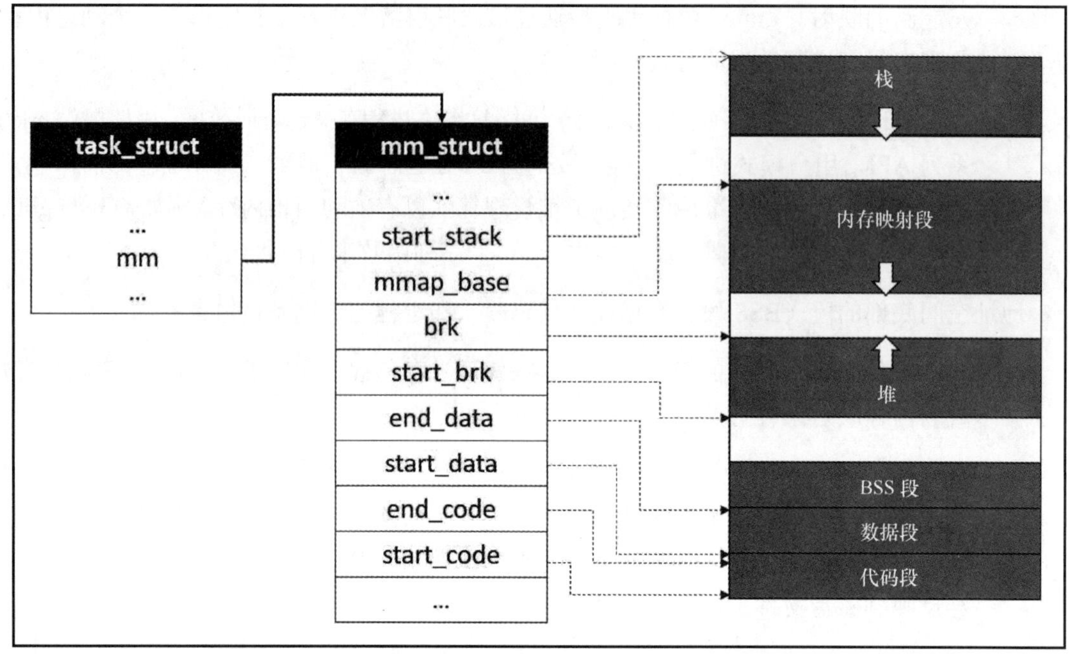

图 7-2

```
#ifdef CONFIG_MMU
            unsigned long (*get_unmapped_area) (struct file *filp,
unsigned long addr, unsigned long len,
unsigned long pgoff, unsigned long flags);
 #endif
            unsigned long mmap_base;          /* base of mmap area */
            unsigned long mmap_legacy_base;   /* base of mmap area in
bottom-up allocations */
            unsigned long task_size;                   /* size of task vm
space */
            unsigned long highest_vm_end;      /* highest vma end address
*/
            pgd_t * pgd;
            atomic_t mm_users;          /* How many users with user space?
*/
            atomic_t mm_count;          /* How many references to "struct
mm_struct" (users count as 1) */
            atomic_long_t nr_ptes;     /* PTE page table pages */
 #if CONFIG_PGTABLE_LEVELS > 2
           atomic_long_t nr_pmds;     /* PMD page table pages */
```

```
 #endif
          int map_count;                          /* number of VMAs */
        spinlock_t page_table_lock;     /* Protects page tables and some
counters */
        struct rw_semaphore mmap_sem;

      struct list_head mmlist;      /* List of maybe swapped mm's. These
are globally strung
                                                       * together off
init_mm.mmlist, and are protected
                                                       * by mmlist_lock
                                                       */
        unsigned long hiwater_rss;     /* High-watermark of RSS usage */
         unsigned long hiwater_vm;     /* High-water virtual memory usage
*/
        unsigned long total_vm;          /* Total pages mapped */
         unsigned long locked_vm;       /* Pages that have PG_mlocked set
*/
         unsigned long pinned_vm;      /* Refcount permanently increased */
         unsigned long data_vm;          /* VM_WRITE & ~VM_SHARED &
~VM_STACK */
        unsigned long exec_vm;          /* VM_EXEC & ~VM_WRITE & ~VM_STACK
*/
         unsigned long stack_vm;         /* VM_STACK */
         unsigned long def_flags;
         unsigned long start_code, end_code, start_data, end_data;
         unsigned long start_brk, brk, start_stack;
         unsigned long arg_start, arg_end, env_start, env_end;
        unsigned long saved_auxv[AT_VECTOR_SIZE];               /* for
/proc/PID/auxv */
/*
 * Special counters, in some configurations protected by the
 * page_table_lock, in other configurations by being atomic.
 */
      struct mm_rss_stat rss_stat;
    struct linux_binfmt *binfmt;
    cpumask_var_t cpu_vm_mask_var;
/* Architecture-specific MM context */
        mm_context_t context;
     unsigned long flags;                 /* Must use atomic bitops to
access the bits */
```

```
    struct core_state *core_state; /* core dumping support */
     ...
    ...
    ...
};
```

mmap_base 指向 mmap 段在虚拟地址空间的起始位置，task_size 包含该进程在虚拟地址空间的总大小。mm_users 是一个原子计数器，它保存了共享这个内存描述符的 LWP 计数，mm_count 保存了目前正在使用该描述符的进程数量，并且 VM 子系统保证一个内存描述符结构体只会在 mm_count 为零时被释放。start_code 和 end_code 字段包含从程序的二进制文件映射而来的代码块的起始虚拟地址和结束虚拟地址。同样地，start_data 和 end_data 记录从程序的二进制文件映射而来的初始化数据区的起始位置和结束位置。

start_brk 和 brk 字段分别表示堆的起始地址和当前结束地址。虽然 start_brk 在进程整个生命周期内保持不变，但 brk 在分配和释放堆内存时会重新定位。因此，在给定时刻的活跃堆总大小是 start_brk 和 brk 之间的内存大小。arg_start 和 arg_end 包含命令行参数链表的位置，env_start 和 env_end 包含环境变量的起始位置和结束位置。

每个映射到虚拟地址空间的段的线性内存区域都通过一个类型为 struct vm_area_struct 的描述符来表示。每个 VM 区域都被映射成一个包含起始虚拟地址和结束虚拟地址以及其他属性的虚拟地址段（interval）。VM 子系统维护一个 vm_area_struct（VMA）节点链表，其表示当前区域。这个链表按升序排序，第一个节点代表起始虚拟地址段，第二个节点包含下一个地址段，以此类推。内存描述符结构体包含一个*mmap 指针，该指针指向当前映射的 VM 区域链表。

VM 子系统需要在 VM 区域上执行各种操作时扫描 vm_area 链表，这些操作包括在已映射的地址段之内查找特定的地址，或者追加一个代表新映射的 VMA 实例。这种操作可能耗时且效率低下，特别是在一个链表里映射了大量区域的情况下。作为一个变通的解决方案，VM 子系统为了高效访问 vm_area 对象而维护了一棵红黑树。内存描述符结构体包含该红黑树 mm_rb 的根节点。借助于这种解决方案，通过在红黑树中搜索新区域地址间隔之前的区域，快速追加新的 VM 区域，这消除了显式地扫描链表的需求。

struct vm_area_struct 是在内核头文件<linux/mm_types.h>中定义的：

```
/*
 * This struct defines a memory VMM memory area. There is one of these
 * per VM-area/task. A VM area is any part of the process virtual memory
 * space that has a special rule for the page-fault handlers (ie a shared
```

```
 * library, the executable area etc).
 */
struct vm_area_struct {
        /* The first cache line has the info for VMA tree walking.
*/
        unsigned long vm_start; /* Our start address within vm_mm. */
        unsigned long vm_end; /* The first byte after our end
address within vm_mm. */
        /* linked list of VM areas per task, sorted by address */
        struct vm_area_struct *vm_next, *vm_prev;
        struct rb_node vm_rb;
        /*
         * Largest free memory gap in bytes to the left of this
VMA.
         * Either between this VMA and vma->vm_prev, or between one
of the
         * VMAs below us in the VMA rbtree and its ->vm_prev. This
helps
         * get_unmapped_area find a free area of the right size.
         */
         unsigned long rb_subtree_gap;
        /* Second cache line starts here. */
        struct mm_struct  *vm_mm; /* The address space we belong
to. */
        pgprot_t vm_page_prot;      /* Access permissions of this
VMA. */
        unsigned long vm_flags;      /* Flags, see mm.h. */
        /*
         * For areas with an address space and backing store,
         * linkage into the address_space->i_mmap interval tree.
         */
        struct {
                struct rb_node rb;
                unsigned long rb_subtree_last;
            } shared;
/*
         * A file's MAP_PRIVATE vma can be in both i_mmap tree and
anon_vma
         * list, after a COW of one of the file pages. A MAP_SHARED
vma
         * can only be in the i_mmap tree. An anonymous
```

```
MAP_PRIVATE, stack
                 * or brk vma (with NULL file) can only be in an anon_vma
list.
         */
          struct list_head anon_vma_chain; /* Serialized by mmap_sem &
page_table_lock */
          struct anon_vma *anon_vma;       /* Serialized by
page_table_lock */
          /* Function pointers to deal with this struct. */
          const struct vm_operations_struct *vm_ops;
          /* Information about our backing store: */
          unsigned long vm_pgoff; /* Offset (within vm_file) in PAGE_SIZE
units */
          struct file * vm_file; /* File we map to (can be NULL). */
          void * vm_private_data; /* was vm_pte (shared mem) */
#ifndef CONFIG_MMU
        struct vm_region *vm_region; /* NOMMU mapping region */
#endif
#ifdef CONFIG_NUMA
       struct mempolicy *vm_policy; /* NUMA policy for the VMA */
#endif
      struct vm_userfaultfd_ctx vm_userfaultfd_ctx;
};
```

vm_start 包含区域的起始虚拟地址（低端地址），也是该映射的第一个有效字节的地址。vm_end 包含超出该映射区域第一个字节的虚拟地址（高端地址）。因此，映射的内存区域长度可以通过 vm_end 减去 vm_start 计算出来。*vm_next 和*vm_prev 指针分别指向后一个和前一个 VMA 链表，而 vm_rb 代表该红黑树下当前 VMA。*vm_mm 指针指向进程内存描述符结构体。

vm_page_prot 包含该区域里的页访问权限。vm_flags 是一个位字段，包含该映射区域里的内存属性。标志位定义在内核头文件<linux/mm.h>中，如表 7-1 所示。

表 7-1

标志位	描述
VM_NONE	表示非活跃映射
VM_READ	若置位，则映射区域中的页都可读
VM_WRITE	若置位，则映射区域中的页都可写
VM_EXEC	置位来标记一个内存区域为可执行。包含可执行指令的内存块都会设置该标志位和 VM_READ 标志位

续表

标志位	描述
VM_SHARED	若置位，则共享映射区域中的页
VM_MAYREAD	该标志位表示在当前映射区域上可以设置 VM_READ 标志位。这个标志位用于 mprotect()系统调用
VM_MAYWRITE	该标志位表示在当前映射区域上可以设置 VM_WRITE 标志位。这个标志位用于 mprotect()系统调用
VM_MAYEXEC	该标志位表示在当前映射区域上可以设置 VM_EXEC 标志位。这个标志位用于 mprotect()系统调用
VM_GROWSDOWN	映射可以下扩展，栈会被分配这个标志位
VM_UFFD_MISSING	该标志位被置位是向 VM 子系统表示该映射开启了 userfaultfd，并且被设置为跟踪页缺失错误
VM_PFNMAP	这个标志位被置位表示该内存区域是通过 PFN 跟踪页来映射的，与通常通过页描述符映射的页帧不一样
VM_DENYWRITE	置位表示当前文件映射是不可写的
VM_UFFD_WP	该标志位被置位是向 VM 子系统表示该映射开启了 userfaultfd，并且被设置为跟踪写保护错误
VM_LOCKED	当映射内存区域内的相应页都被锁住时置位
VM_IO	当设备 I/O 区域被映射时置位
VM_SEQ_READ	当一个进程声明它在映射区域内倾向按顺序访问内存区域时置位
VM_RAND_READ	当一个进程声明它在映射区域内倾向随机访问内存区域时置位
VM_DONTCOPY	置位表示通知 VM 在 fork()时不复制该 VMA
VM_DONTEXPAND	置位表示当前映射不能在 mremap()上扩展
VM_LOCKONFAULT	当内存映射中的页发生故障时，锁定内存映射中的页。当一个进程使用 mlock2()系统调用启用 MLOCK_ONFAULT 时，该标志位会被置位
VM_ACCOUNT	VM 子系统执行额外的检查来确保在操作带有该标志位的 VMA 时，内存是足够的
VM_NORESERVE	VM 是否需要取消该映射的内存使用统计
VM_HUGETLB	表示当前映射包含大 TLB 页
VM_DONTDUMP	若置位，则当前 VMA 不会包含在核心转储中
VM_MIXEDMAP	当 VMA 映射同时包含传统页帧（通过页描述符管理）和 PFN 管理的页时置位
VM_HUGEPAGE	当 VMA 被 MADV_HUGEPAGE 标记时置位，以指示 VM 此映射下的页必须是 THP（Transparent Huge Page）类型，此标志位仅适用于私有匿名映射
VM_NOHUGEPAGE	当 VMA 被标记为 MADV_NOHUGEPAGE 时置位
VM_MERGEABLE	当 VMA 被标记为 MADV_MERGEABLE 时置位，这会开启内核 KSM（kernel same-page merging）功能
VM_ARCH_1	体系结构相关的扩展
VM_ARCH_2	体系结构相关的扩展

图 7-3 所示为进程的内存描述符结构体所指向的 vm_area 链表的典型布局。

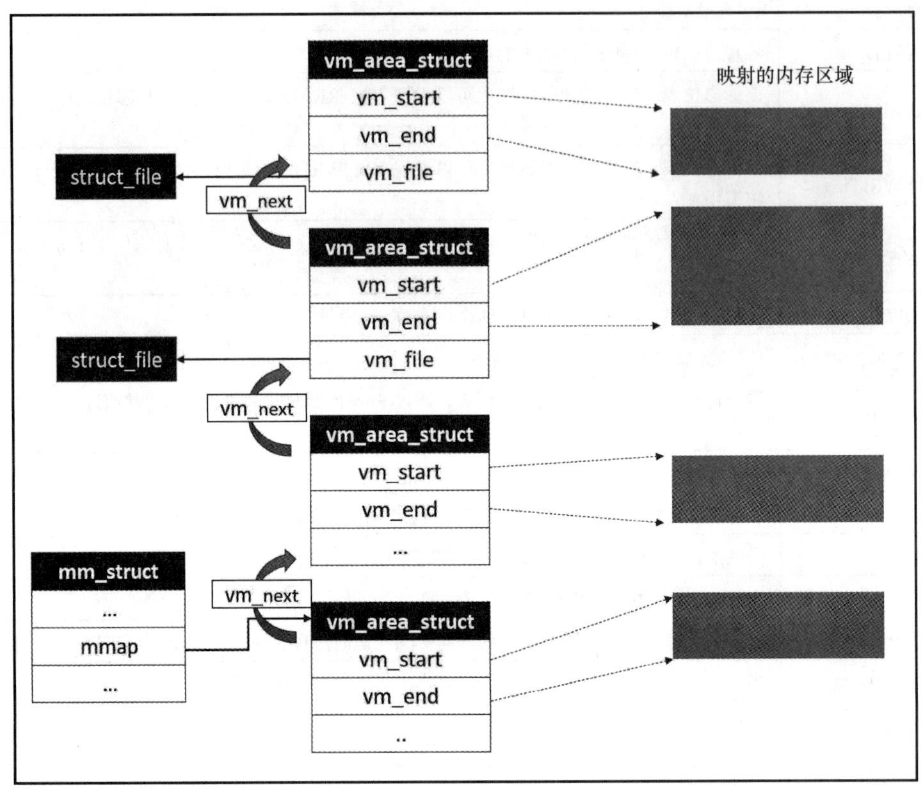

图 7-3

如图 7-3 所示，一些映射到地址空间的内存区域是文件支持的（file-backed）（代码区域形成应用程序的二进制文件、共享库、共享内存映射等）。文件缓冲区是由内核的页缓存框架所管理的，该框架实现了它自己的数据结构以表示和管理文件缓存。页缓存由各种用户模式进程通过一个 address_space 数据结构体来跟踪映射的文件区域。vm_area_struct 对象的 shared 元素把该 VMA 枚举到一个和地址空间关联的红黑树中。下一节将讨论更多关于页缓存和 address_space 对象的内容。

虚拟地址空间区域（如堆、栈和 mmap）都是通过匿名内存映射分配的。VM 子系统把进程的所有表示匿名内存区域的 VMA 实例放到一个链表里，并通过一个 struct anon_vma 类型的描述符来表示它们。这个结构体能够快速访问进程所有映射匿名页的 VMA。每个匿名 VMA 结构体中的*anon_vma 指针都指向 anon_vma 对象。

但是，当一个进程分出一个子进程，调用者地址空间的所有匿名页都会以写时复制

（COW）方式和子进程共享。这会导致要创建的新 VMA（给子进程）都会表示和父进程相同的匿名内存区域。为此，内存管理器需要定位并跟踪指向相同区域的所有 VMA，这样它才能支持取消映射和换出操作。作为一个解决方案，VM 子系统使用另一个称为 struct anon_vma_chain 的描述符来链接一个进程组的所有 anon_vma 结构体。VMA 结构体中的 anon_vma_chain 是匿名 VMA 链的一个链表元素。

每个 VMA 实例都会和一个 vm_operations_struct 类型的描述符绑定，该描述符包含对当前 VMA 执行的操作。VMA 实例的*vm_ops 指针指向该操作对象：

```
/*
  * These are the virtual MM functions - opening of an area, closing and
  * unmapping it (needed to keep files on disk up-to-date etc), pointer
  * to the functions called when a no-page or a wp-page exception occurs.
  */
 struct vm_operations_struct {
         void (*open)(struct vm_area_struct * area);
         void (*close)(struct vm_area_struct * area);
         int (*mremap)(struct vm_area_struct * area);
         int (*fault)(struct vm_area_struct *vma, struct vm_fault *vmf);
         int (*pmd_fault)(struct vm_area_struct *, unsigned long address,
                                                 pmd_t *, unsigned int
flags);
         void (*map_pages)(struct fault_env *fe,
                         pgoff_t start_pgoff, pgoff_t end_pgoff);
         /* notification that a previously read-only page is about to
become
          * writable, if an error is returned it will cause a SIGBUS */
         int (*page_mkwrite)(struct vm_area_struct *vma, struct vm_fault
*vmf);
    /* same as page_mkwrite when using VM_PFNMAP|VM_MIXEDMAP */
         int (*pfn_mkwrite)(struct vm_area_struct *vma, struct vm_fault
*vmf);
/* called by access_process_vm when get_user_pages() fails, typically
          * for use by special VMAs that can switch between memory and
hardware
          */
         int (*access)(struct vm_area_struct *vma, unsigned long addr,
                       void *buf, int len, int write);
/* Called by the /proc/PID/maps code to ask the vma whether it
         * has a special name. Returning non-NULL will also cause this
```

```
         * vma to be dumped unconditionally. */
        const char *(*name)(struct vm_area_struct *vma);
...
...
```

分配给*open()函数指针的函数会在 VMA 枚举到地址空间时被调用。类似地，分配给*close()函数指针的函数会在 VMA 从虚拟地址空间分离时被调用。分配给*mremap()接口的函数在 VMA 映射的内存区域要进行大小上的调整时被执行。当 VMA 映射的物理区域为非活跃状态时，系统触发缺页异常，内核的缺页异常处理程序会调用分配给*fault()函数指针的函数，以将 VMA 区域的对应数据读取到物理页中。

内核支持对存储设备上的文件的直接访问操作（DAX），这些存储设备类似于内存，如 nvrams、闪存和其他持久性内存设备。对于这种存储设备，对应的驱动程序要在没有任何缓存的情况下，在存储设备上直接执行所有读写操作。当一个用户进程尝试从一个 DAX 存储设备上映射一个文件时，底层的磁盘驱动程序会直接映射对应的文件页到进程虚拟地址空间。为了获得最佳性能，用户模式进程能够通过启用 VM_HUGETLB 从 DAX 存储设备映射大文件。由于支持大尺寸页，DAX 文件映射的缺页异常不能通过常规缺页异常处理程序处理，并且支持 DAX 特性的文件系统需要给 VMA 中的*pmd_fault()指针分配合适的异常处理程序。

1. 管理虚拟内存区域

内核的 VM 子系统实现了各种操作来操纵一个进程的虚拟内存区域，这些操作包含创建、插入、修改、定位、合并和删除 VMA 实例的函数。下面将讨论一些重要的函数。

定位一个 VMA

find_vma()函数定位在 VMA 链表中满足给定地址小于 vm_area_struct->vm_end 条件的首个 VMA。

```
/* Look up the first VMA which satisfies addr < vm_end, NULL if none. */
struct vm_area_struct *find_vma(struct mm_struct *mm, unsigned long addr)
{
        struct rb_node *rb_node;
        struct vm_area_struct *vma;

        /* Check the cache first. */
        vma = vmacache_find(mm, addr);
        if (likely(vma))
                return vma;
       rb_node = mm->mm_rb.rb_node;
```

```
        while (rb_node) {
                struct vm_area_struct *tmp;
                tmp = rb_entry(rb_node, struct vm_area_struct, vm_rb);
                if (tmp->vm_end > addr) {
                        vma = tmp;
                        if (tmp->vm_start <= addr)
                                break;
                        rb_node = rb_node->rb_left;
                } else
                        rb_node = rb_node->rb_right;
        }
        if (vma)
               vmacache_update(addr, vma);
        return vma;
}
```

函数首先在最近访问过的 vma 里检查请求地址，这些 vma 是从每个线程都有的 vma 缓存里找到的。一旦匹配上，函数返回该 VMA 的地址，否则它会进入红黑树中找到合适的 VMA。红黑树的根节点位于 mm->mm_rb.rb_node 中。通过 rb_entry()辅助函数，可以验证每个节点在 VMA 的虚拟地址段内的地址。如果定位到的目标 VMA 有一个低于指定地址的起始地址和高于指定地址的结束地址，那么函数会返回该 VMA 实例的地址。如果相应的 VMA 仍然没有找到，该函数会继续在红黑树的左右子节点里查找。当一个合适的 VMA 被找到时，指向该 VMA 的指针会被更新到 vma 缓存里（期望下一次调用 find_vma()会在相同的区域里定位邻近的地址），然后返回该 VMA 实例的地址。

当一个新区域被添加到一个现有区域的之前或者之后（因此也在两个现有区域之间），内核会把所涉及的数据结构合并到一个单一结构体中——当然，只有在所涉及的所有区域的访问权限是相同的，并且从相同的后备存储映射了连续的数据时，内核才会这样做。

合并 VMA 区域

当一个新的 VMA 被映射到现有的 VMA 之前或者之后，并且和现有的 VMA 带有相同的访问属性，数据也是来自文件备份内存区域时，合并到单一 VMA 结构体中是更理想的。vma_merge()是一个用于合并带有相同属性的 VMA 的辅助函数：

```
struct vm_area_struct *vma_merge(struct mm_struct *mm,
                        struct vm_area_struct *prev, unsigned long addr,
                        unsigned long end, unsigned long vm_flags,
                        struct anon_vma *anon_vma, struct file *file,
                        pgoff_t pgoff, struct mempolicy *policy,
```

```
                    struct vm_userfaultfd_ctx vm_userfaultfd_ctx)
{
        pgoff_t pglen = (end - addr) >> PAGE_SHIFT;
        struct vm_area_struct *area, *next;
        int err;
        ...
        ...
```

*mm 参数指向那些要合并 VMA 的进程的内存描述符；*prev 参数指向一个地址段在新区域之前的 VMA；addr、end 和 vm_flags 参数包含新区域的起始地址和结束地址以及标志。*file 参数指向一个其内存区域被映射到新区域的文件实例，pgoff 参数指定了该映射在文件数据中的偏移量。

这个函数首先检查新区域是否可以和前一个区域合并：

```
...
...
/*
 * Can it merge with the predecessor?
 */
if (prev && prev->vm_end == addr &&
                mpol_equal(vma_policy(prev), policy) &&
                can_vma_merge_after(prev, vm_flags,
                                    anon_vma, file, pgoff,
                                    vm_userfaultfd_ctx)) {
...
...
```

为此，它调用一个辅助函数 can_vma_merge_after()，该函数检查前一个区域的结束地址是否对应于新区域的起始地址，以及两个区域的访问标志位是否都是相同的。它还检查文件映射的偏移量以确保它们在文件区域里是连续的，并且这两个区域不包含任何匿名映射：

```
        ...
        ...
        /*
         * OK, it can. Can we now merge in the successor as well?
         */
        if (next && end == next->vm_start &&
                        mpol_equal(policy, vma_policy(next)) &&
                        can_vma_merge_before(next, vm_flags,
                                             anon_vma, file,
                                             pgoff+pglen,
```

```
                                    vm_userfaultfd_ctx) &&
                         is_mergeable_anon_vma(prev->anon_vma,
                                     next->anon_vma,
NULL)) {
                                      /* cases 1, 6 */
                 err = __vma_adjust(prev, prev->vm_start,
                             next->vm_end, prev->vm_pgoff,
NULL,
                             prev);
        } else /* cases 2, 5, 7 */
                 err = __vma_adjust(prev, prev->vm_start,
                             end, prev->vm_pgoff, NULL, prev);
    ...
    ...
}
```

然后它检查和后一个区域是否有可能合并，为此它调用了 can_vma_merge_before()辅助函数。这个函数执行了和 can_vma_merge_after()函数类似的检查，并且如果前一个区域和后一个区域都是相同的，则 is_mergeable_anon_vma()被调用来检查前一个区域的匿名映射是否可以和后一个区域的合并。最后，另外一个__vma_adjust()辅助函数被调用来执行最后的合并操作，该函数会把要合并的 VMA 处理得当。

对于创建、插入和删除内存区域操作，存在相似类型的辅助函数，它们被 do_mmap()和 do_munmap()作为辅助函数调用，do_mmap()和 do_munmap()会在用户模式应用程序尝试 mmap()和 unmap()内存区域时分别调用。我们不再进一步讨论这些辅助函数的细节。

2. address_space 结构体

内存缓存是现代内存管理不可或缺的一部分。简而言之，一个缓存（cache）是用于特定需求的页集合。大多数操作系统都实现了缓冲区缓存（buffer cache），该缓存是一个管理内存块链表的框架，其内存块用于缓存持久性存储磁盘块。缓冲区缓存允许文件系统通过将磁盘同步分组并延迟到适当的时间来进行最小化磁盘 I/O 操作。

Linux 内核实现了页缓存（page cache）来作为一种缓存机制。简单来说，页缓存是为了缓存磁盘文件和目录而被动态管理的页帧集合，并通过提供用于交换和请求分页的页来支持虚拟内存操作。它还处理分配给特殊文件的页，这些特殊文件如 IPC 共享内存和消息队列。应用程序文件 I/O 调用，例如读和写，会导致底层文件系统在页面缓存中的页上执行相关操作。在一个未读文件上的读操作会导致请求的文件数据从磁盘提取到页缓存的页里，写操作会在缓存页里更新相关文件数据，这些页会被标记为脏页，并以特定的间隔刷新到磁盘。

缓存中包含特定磁盘文件的数据的页组是通过一个 struct address_space 类型的描述符来表示的，所以每个 address_space 实例都充当一个由文件 inode 或者设备块 inode 所有的一组页的抽象：

```
struct address_space {
        struct inode *host; /* owner: inode, block_device */
        struct radix_tree_root page_tree; /* radix tree of all pages */
        spinlock_t tree_lock; /* and lock protecting it */
        atomic_t i_mmap_writable;/* count VM_SHARED mappings */
        struct rb_root i_mmap; /* tree of private and shared mappings */
        struct rw_semaphore i_mmap_rwsem; /* protect tree, count, list */
        /* Protected by tree_lock together with the radix tree */
        unsigned long nrpages; /* number of total pages */
        /* number of shadow or DAX exceptional entries */
        unsigned long nrexceptional;
        pgoff_t writeback_index;/* writeback starts here */
        const struct address_space_operations *a_ops; /* methods */
        unsigned long flags; /* error bits */
        spinlock_t private_lock; /* for use by the address_space */
        gfp_t gfp_mask; /* implicit gfp mask for allocations */
        struct list_head private_list; /* ditto */
        void *private_data; /* ditto */
} __attribute__((aligned(sizeof(long))));
```

*host 指针指向 inode 的所有者，其数据包含在当前 address_space 对象所表示的页里。例如，如果一个在缓存中的页包含一个由 Ext4 文件系统所管理的文件的数据，该文件对应的 VFS inode 会把 address_space 对象保存在它的 i_data 字段里。文件的 inode 和对应的 address_space 对象被保存在 VFS inode 对象的 i_data 字段里。nr_pages 字段包含此 address_space 下的页数。

为了高效管理缓存中的文件页，VM 子系统需要跟踪所有映射到相同 address_space 区域的虚拟地址。例如，许多用户模式进程可能会通过 vm_area_struct 实例映射一个共享库的页到自己的地址空间。address_space 对象的 i_mmap 字段是包含所有当前映射到此 address_space 的 vm_area_struct 实例的红黑树根节点。由于每个 vm_area_struct 实例都指向对应进程的内存描述符，因此它总能够跟踪进程引用。

为了进行高效访问，所有在 address_space 对象下包含文件数据的物理页都通过一棵基数树来组织。page_tree 字段是 struct radix_tree_root 的一个实例，struct radix_tree_root 表示页基数树的根节点。这个结构体定义在内核头文件<linux/radix-tree.h>中：

```
struct radix_tree_root {
        gfp_t gfp_mask;
        struct radix_tree_node __rcu *rnode;
};
```

每个基数树的节点都是 struct radix_tree_node 类型。前一个结构体的*rnode 指针指向基数树的第一个节点元素：

```
struct radix_tree_node {
        unsigned char shift; /* Bits remaining in each slot */
        unsigned char offset; /* Slot offset in parent */
        unsigned int count;
        union {
                struct {
                        /* Used when ascending tree */
                        struct radix_tree_node *parent;
                        /* For tree user */
                        void *private_data;
                };
                /* Used when freeing node */
                struct rcu_head rcu_head;
        };
        /* For tree user */
        struct list_head private_list;
        void __rcu *slots[RADIX_TREE_MAP_SIZE];
        unsigned long tags[RADIX_TREE_MAX_TAGS][RADIX_TREE_TAG_LONGS];
};
```

offset 字段指定该节点在父节点中的节点插槽偏移量，count 保存了子节点的总数，*parent 是一个指向父节点的指针。每个节点都能够通过一个插槽数组引用 64 个树节点（由 RADIX_TREE_MAP_SIZE 宏指定），该数组中没有用到的条目被初始化为 NULL。

为了高效管理一个地址空间下的页，明确分辨干净页和脏页对内存管理器来说很重要，这可以通过给基数树的每个节点的页分配标签来实现。标签信息存储在节点结构体的 tags 字段里，该字段是一个二维数组。数组的第一个维度区分可能的标签，第二个维度包含足够数量的 unsigned long 类型元素，这样每个页都有一个位可以在节点中组织。以下是支持的标签列表：

```
/*
 * Radix-tree tags, for tagging dirty and writeback pages within
 * pagecache radix trees
```

```
 */
#define PAGECACHE_TAG_DIRTY 0
#define PAGECACHE_TAG_WRITEBACK 1
#define PAGECACHE_TAG_TOWRITE 2
```

Linux 系统中基数树的 API 提供各种操作接口来设置、清除和获取标签：

```
void *radix_tree_tag_set(struct radix_tree_root *root,
                                    unsigned long index, unsigned int
tag);
void *radix_tree_tag_clear(struct radix_tree_root *root,
                                    unsigned long index, unsigned int
tag);
int radix_tree_tag_get(struct radix_tree_root *root,
                                    unsigned long index, unsigned int
tag);
```

图 7-4 所示为 address_space 对象下的页的布局。

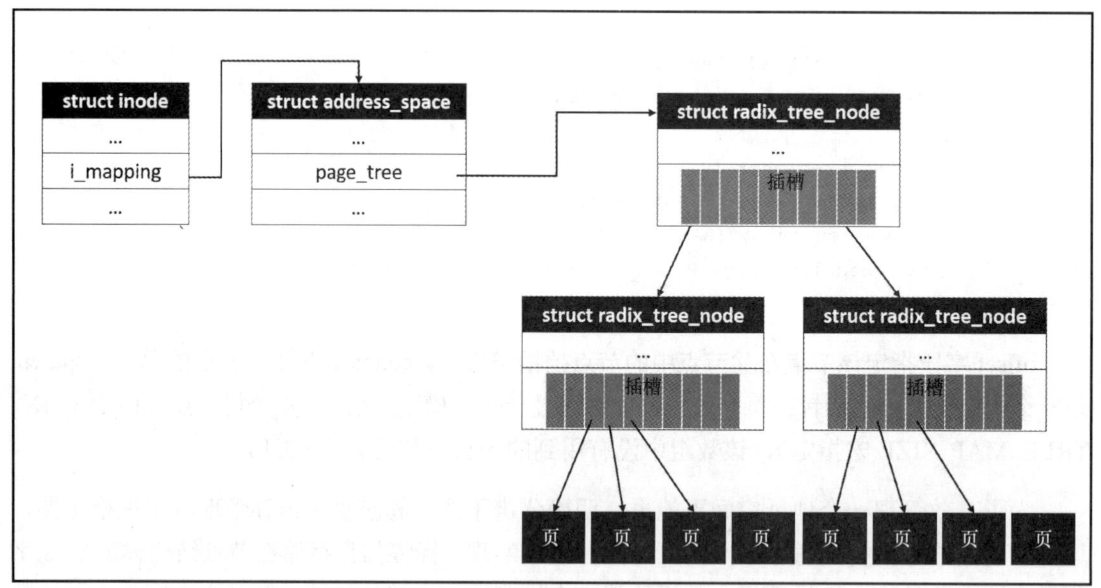

图 7-4

每个地址空间对象都绑定到一组函数，这些函数实现地址空间页和后端存储块设备之间的各种底层操作。address_space 结构体的 a_ops 指针指向包含地址空间操作的描述符。这些操作由 VFS 调用来初始化缓存中的页之间的数据传输，这些缓存与地址映射和后端存储块设备相关联，如图 7-5 所示。

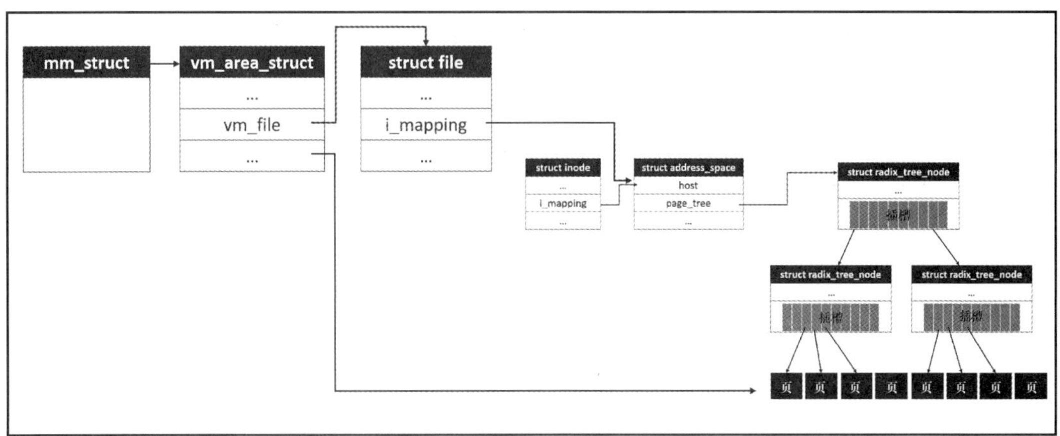

图 7-5

7.1.2 页表

进程虚拟地址区域上的所有访问操作在到达合适的物理内存区域之前，都需要通过地址转换。VM 子系统维护页表来把线性页地址转换成物理地址。尽管页表布局是体系结构特定的，但是对于大多数体系结构，内核仍然使用一个 4 级分页结构，我们这里使用 x86-64 内核页表布局。

图 7-6 所示为 x86-64 的页表布局。

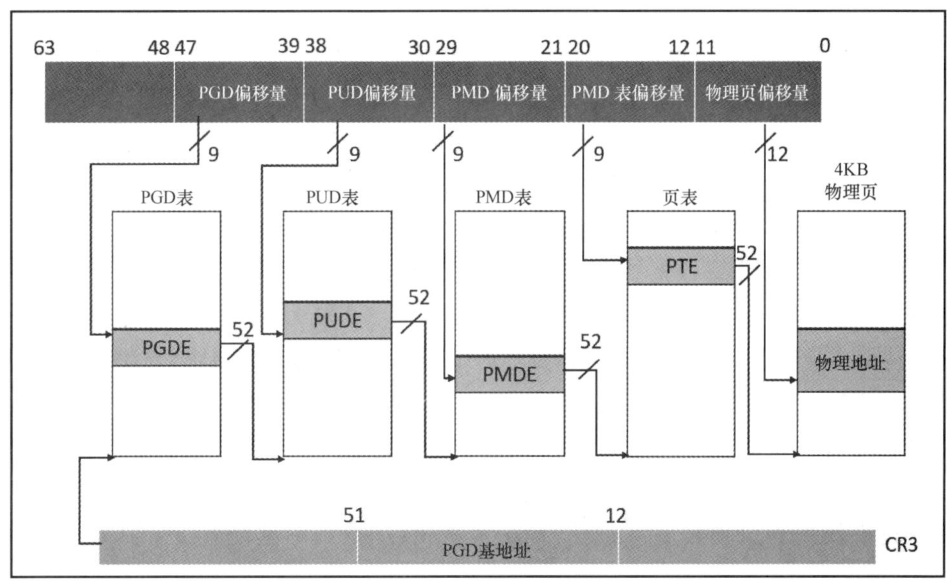

图 7-6

页面全局目录的地址，即顶级页表，被初始化到 cr3 控制寄存器里。表 7-2 所示为该 64 位寄存器的位分解。

表 7-2

位	描述
2:0	忽略
4:3	页级的直写模式（write-through）和页级缓存禁用
11:5	保留
51:12	页全局目录地址
63:52	保留

在 x86-64 所支持的 64 位宽的线性地址中，Linux 目前使用了 48 位来支持 256 TB 的线性地址空间，这被认为足够大，能满足当前使用。这 48 位线性地址被分成 5 部分，其中前 12 位表示在物理页帧里的内存位置偏移量，剩余部分表示对于页表结构的偏移量（见表 7-3）。

表 7-3

线性地址位	描述
11:0（12 位）	物理页索引
20:12（9 位）	页表索引
29:21（9 位）	页中间目录索引
38:30（9 位）	页上级目录索引
47:39（9 位）	页全局目录索引

每个页表结构都支持 512 个记录，每个记录提供下一级页结构的基地址。在一个给定线性地址转换期间，MMU 把包含索引的前 9 位提取到页全局目录（PGD）里，然后和 PGD 基地址（从 cr3 寄存器找到）相加。这个查找将得到页上级目录（PUD）的基地址。接下来，MMU 从线性地址中提取 PUD 偏移量（9 位），并和 PUD 结构的基地址相加，从而得到能产生页中间目录（PMD）基地址的 PUD 项（PUDE）。然后把从线性地址找到的 PMD 偏移量加到 PMD 的基地址上，来获取相关的 PMD 项（PMDE），从而产生页表的基地址。接着把从线性地址得到的页表偏移量（9 位）加到从 PMD 项找到的基地址上，来找到页表项（PTE），从而产生所请求数据的物理帧的起始地址。最后，把在线性地址中找到的页偏移量（12 位）加到从 PTE 找到的基地址上，从而获取到内存访问位置。

7.2 小结

本章重点介绍了虚拟内存管理的进程虚拟地址空间和内存映射方面的细节，讨论了 VM 子系统的关键数据结构、内存描述符结构体（struct mm_struct）和 VMA 描述符（struct vm_area_struct），讲解了页缓存以及它用于把文件缓冲区反向映射到各种进程地址空间的数据结构体（struct address_space），最后介绍了 Linux 被许多体系结构所广泛使用的页表布局。在对文件系统和虚拟内存管理有了深入的理解后，下一章将扩展到 IPC 子系统及其资源。

8

第 8 章　内核同步和锁

内核地址空间是被所有用户模式进程共享的，这会带来并发访问内核服务和内核数据结构的问题。为了获得系统的可靠性，有必要实现内核服务的可重入。内核访问全局数据结构的代码路径需要同步来确保共享数据的一致性和有效性。本章将详细介绍内核程序员使用的各种资源，用于在并发访问下内核代码路径的同步和共享数据的保护。

本章将介绍以下主题：

- 原子操作；
- 自旋锁；
- 标准互斥锁；
- wait/wound 互斥锁；
- 信号量；
- 顺序锁；
- 完成锁。

8.1 原子操作

如果一个计算操作对于系统其余部分来说是瞬间发生的，那么该操作被认为是原子的（atomic）。原子性保证已开始的操作的执行是不可分割的和不可中断的。大多数 CPU 指令集体系结构定义可以在一个内存位置执行原子的读写修改操作的指令操作码。这些操作有成功或者失败定义，即它们要么成功更改了内存位置的状态，要么更改失败，状态不变。这些操作对于在一个多线程场景中原子地操作共享数据是很方便的。它们同样也用于排斥锁实现的基础构建块，排斥锁用于在并行代码路径的并发访问下保护共享内存位置。

Linux 内核代码在各种用例下使用了原子操作，例如，共享数据结构中的引用计数器（用于跟踪对各种内核数据结构的并发访问）、wait-notify 标志、用于把数据结构专属所有权赋予特定的代码路径。为了确保直接处理原子操作的内核服务的可移植性，内核提供了一个丰富的库，包含体系结构无关的接口宏和内联函数，作为依赖处理器的原子指令的抽象。在这些体系结构无关的接口下，和 CPU 相关的原子指令都在内核代码体系结构分支里实现。

8.1.1 原子整数操作

通用原子操作接口包括对整数和按位操作的支持。整数操作被实现为在特定内核定义的类型上运行，这些类型叫作 atomic_t（32 位整数）和 atomic64_t（64 位整数）。这些类型的定义可以在通用内核头文件<linux/types.h>中找到：

```
typedef struct {
        int counter;
} atomic_t;

#ifdef CONFIG_64BIT
typedef struct {
        long counter;
} atomic64_t;
#endif
```

该实现提供了两组整数操作：一组适用于 32 位原子变量；另一组适用于 64 位原子变量。这些接口操作都是以接口宏和内联函数实现的。表 8-1 所示为适用于 atomic_t 类型变量的操作列表。

表 8-1

接口宏 / 内联函数	描述
ATOMIC_INIT(i)	初始化一个原子计数器的宏
atomic_read(v)	读取原子计数器 v 的值
atomic_set(v, i)	原子地把 i 值设置到计数器 v 中
atomic_add(int i, atomic_t *v)	原子地把 i 值加到计数器 v 上
atomic_sub(int i, atomic_t *v)	原子地从计数器 v 中减去 i 值
atomic_inc(atomic_t *v)	原子地自增计数器 v
atomic_dec(atomic_t *v)	原子地自减计数器 v

表 8-2 所示为一个执行有关读-修改-写（Read-Modify-Write，RMW）操作的函数列表，并返回结果（即这些函数返回写入内存地址已经修改完的值）。

表 8-2

操作	描述
bool atomic_sub_and_test(int i, atomic_t *v)	原子地从 v 减去 i，若结果为 0 则返回 true，否则返回 false
bool atomic_dec_and_test(atomic_t *v)	原子地将 v 自减 1，若结果为 0，则返回 true，否则返回 false
bool atomic_inc_and_test(atomic_t *v)	原子地把 i 加到 v 上，若结果为 0，则返回 true，否则返回 false
bool atomic_add_negative(int i, atomic_t *v)	原子地把 i 加到 v 上，若结果为负，则返回 true，否则当结果大于或者等于 0 时，返回 false
int atomic_add_return(int i, atomic_t *v)	原子地把 i 和 v 相加，并返回结果
int atomic_sub_return(int i, atomic_t *v)	原子地从 v 减去 i，并返回结果
int atomic_fetch_add(int i, atomic_t *v)	原子地把 i 加到 v 上，并返回相加之前的 v 值
int atomic_fetch_sub(int i, atomic_t *v)	原子地从 v 减去 i，并返回相减之前的 v 值
int atomic_cmpxchg(atomic_t *v, int old, int new)	读取位置 v 的值，然后判断其值是否等于 old；若为 true，交换 v 和 new 的值，并总是返回读取的 v 值
int atomic_xchg(atomic_t *v, int new)	交换 new 和存储在位置 v 的旧值，并返回 v 交换之前的旧值

对于所有这些操作，都有对应的 64 位版本带 atomic64_t 类型的函数供使用，这些函数的命名约定为 atomic64_*()。

8.1.2 原子位操作

内核提供的通用原子操作接口也包含按位操作。与实现在 atomic(64)_t 类型上的整数操作不同，这些位操作能够应用于任何内存位置上。这些位操作的参数是位的位置或者位偏号，以及一个带有有效地址的指针。位的范围对于 32 位机器是 0～31，对于 64 位机器是 0～63。表 8-3 所示为位操作列表总结。

表 8-3

操作接口	描述
set_bit(int nr, volatile unsigned long *addr)	原子地设置起始位置 addr 开始的第 nr 位
clear_bit(int nr, volatile unsigned long *addr)	原子地清除起始位置 addr 开始的第 nr 位
change_bit(int nr, volatile unsigned long *addr)	原子地翻转起始位置 addr 开始的第 nr 位
int test_and_set_bit(int nr, volatile unsigned long *addr)	原子地设置起始位置 addr 开始的第 nr 位，并返回第 nr 位的旧值

续表

操作接口	描述
int test_and_clear_bit(int nr, volatile unsigned long *addr)	原子地清除起始位置 addr 开始的第 nr 位，并返回第 nr 位的旧值
int test_and_change_bit(int nr, volatile unsigned long *addr)	原子地翻转起始位置 addr 开始的第 nr 位，并返回第 nr 位的旧值

对于所有带有一个返回类型的操作，返回的值是位在指定修改发生之前从内存地址中读出的旧状态。这些操作的非原子版本也存在，它们对于在互斥临界代码块里执行位操作的场景非常有效。这些非原子版位操作是在内核头文件<linux/bitops/non-atomic.h>里声明的。

8.2 排斥锁

硬件特定的原子指令只能在 CPU 字或者双字大小的数据上操作，它们不能直接应用于自定义大小的共享数据结构。对于大多数多线程场景，自定义大小的共享数据是能经常看到的，例如，一个有着 n 个不同类型元素的结构体。访问这些数据的并发代码路径通常包含一组访问和操作共享数据的指令，这种访问操作必须是以不可打断的原子方式执行，从而避免竞争。互斥锁就是来确保这种代码块的原子性。所有的多线程环境都提供基于排斥协议的排斥锁实现。这些锁的实现都是基于硬件特定的原子指令。

Linux 内核为标准排斥机制实现了操作接口，这样的机制如互斥和读写排斥。它也包含对各种其他现代轻量级并且无锁同步机制的支持。通过内核提供的合适的排斥锁接口，大多数内核数据结构和其他共享数据元素（如共享缓冲区和设备寄存器）能在并发访问下得到保护。在这一节，我们将探索现有的排斥锁以及它们的实现细节。

8.2.1 自旋锁

自旋锁（spinlock）是最简单和最轻量的互斥机制之一，已被大多数并发编程环境实现。一个自旋锁实现定义了一个锁结构体，以及操作这个锁结构体的接口。该锁结构体主要包含一个原子锁计数器和其他元素，而操作接口包含下述函数：

- 一个初始化函数，用于将一个自旋锁实例初始化为默认（解锁）状态；
- 一个加锁函数，尝试以原子的方式改变锁计数器状态，从而获取自旋锁；

- 一个解锁函数，通过把计数器置为解锁状态来释放自旋锁。

当一个调用者上下文尝试获取一个已经加锁（或者已经被另一个上下文持有）的自旋锁时，该加锁函数会在该锁上迭代地轮询或自旋，直到可用为止，这会导致调用者上下文所在CPU 会被一直占用，直到获取到该锁。正是由于这个事实，这种排斥机制被恰当地命名为自旋锁。因此，建议确保临界区内的代码是原子性的，或者非阻塞性的，这样锁只会被保持短暂的、确定的时间，因为很明显，长时间保持一个自旋锁是灾难性的。

如前所述，自旋锁是基于处理器特定的原子操作构建的。内核体系结构相关的代码实现了自旋锁的核心操作（汇编实现的）。内核通过一个通用平台无关的接口封装了体系结构特定的实现，该接口能被内核服务直接使用。这种设计保证了那些使用自旋锁保护共享资源的服务代码的可移植性。

通用自旋锁接口可以在内核头文件<linux/spinlock.h>中找到，而体系结构特定的定义在头文件<asm/spinlock.h>中。通用接口提供了一系列 lock()和 unlock()操作，每个实现都对应一个特定的使用场景。我们将在后面逐个讨论这些接口。现在，让我们开始讨论自旋锁接口提供的最基本的标准 lock()和 unlock()操作。以下代码示例展示了自旋锁基本接口的用法：

```
DEFINE_SPINLOCK(s_lock);
spin_lock(&s_lock);
/* critical region ... */
spin_unlock(&s_lock);
```

下面让我们来看看这些函数的实现：

```
static __always_inline void spin_lock(spinlock_t *lock)
{
        raw_spin_lock(&lock->rlock);
}

...
...

static __always_inline void spin_unlock(spinlock_t *lock)
{
        raw_spin_unlock(&lock->rlock);
}
```

内核代码实现了两种自旋锁操作的变体：一种适用于 SMP（对称多处理器）平台；另外一种适用于单处理器平台。在内核源码树的不同头文件中定义了自旋锁的数据结构、体系结构相关的操作，以及构建类型（单处理器和对称多处理器）。让我们熟悉这些头文件的作用以及其重要性。

<include/linux/spinlock.h> 包含通用自旋锁/读写锁（rwlock）的声明。

如下头文件是和 SMP（对称多处理器）平台构建相关的：

- <asm/spinlock_types.h>包含 arch_spinlock_t/arch_rwlock_t 定义以及初始化；
- <linux/spinlock_types.h>定义了自旋锁通用类型和初始化；
- <asm/spinlock.h>包含 arch_spin_*()系列定义，以及类似的底层操作实现；
- <linux/spinlock_api_smp.h>包含_spin_*()系列 API 的原型；
- <linux/spinlock.h> 构建了最终的 spin_*() API。

以下头文件是和 UP（单处理器）平台构建相关的：

- <linux/spinlock_type_up.h>包含通用简化的 UP 自旋锁类型；
- <linux/spinlock_types.h>定义了通用类型和初始化；
- <linux/spinlock_up.h>包含 arch_spin_*()接口以及类似 UP 的平台版本（在非调试和非抢占版本上都是空实现（NOP））；
- <linux/spinlock_api_up.h>构建了_spin_*() API；
- <linux/spinlock.h>构建了最终的 spin_*() API。

通用内核头文件<linux/spinlock.h>包含了一个条件指令来决定选取合适的 API（SMP 或者 UP）。

```
/*
 * Pull the _spin_*()/_read_*()/_write_*() functions/declarations:
 */
#if defined(CONFIG_SMP) || defined(CONFIG_DEBUG_SPINLOCK)
# include <linux/spinlock_api_smp.h>
#else
# include <linux/spinlock_api_up.h>
#endif
```

raw_spin_lock()和 raw_spin_unlock()宏基于在构建配置里选择的平台类型（SMP 或者 UP），动态解析到合适的自旋锁操作版本。对于 SMP 平台，raw_spin_lock 解析到__raw_spin_lock()，该操作在内核源文件 kernel/locking/spinlock.c 中实现。以下是该锁操作的宏代码定义：

```
/*
 * We build the __lock_function inlines here. They are too large for
 * inlining all over the place, but here is only one user per function
 * which embeds them into the calling __lock_function below.
 *
 * This could be a long-held lock. We both prepare to spin for a long
 * time (making _this_ CPU preemptable if possible), and we also signal
 * towards that other CPU that it should break the lock ASAP.
 */

#define BUILD_LOCK_OPS(op, locktype)                                    \
void __lockfunc __raw_##op##_lock(locktype##_t *lock)                   \
{                                                                       \
        for (;;) {                                                      \
                preempt_disable();                                      \
                if (likely(do_raw_##op##_trylock(lock)))                \
                        break;                                          \
                preempt_enable();                                       \
                                                                        \
                if (!(lock)->break_lock)                                \
                        (lock)->break_lock = 1;                         \
                while (!raw_##op##_can_lock(lock) && (lock)->break_lock) \
                        arch_##op##_relax(&lock->raw_lock);             \
        }                                                               \
         (lock)->break_lock = 0;                                        \
}
```

该例程由嵌套的循环结构、外部 for 循环结构和内部 while 循环结构组成，内部 while 循环结构不断自旋直到满足指定的条件。在外部循环的第一块代码通过调用体系结构特定的 ##_trylock 函数来尝试自动获取锁。注意，这个函数是在本地处理器禁止了内核抢占的情况下调用的。如果锁成功获取，函数就会跳出循环，并在抢占关闭的情况下返回。这保证了保存该锁的调用者上下文在关键部分执行期间是不可被抢占的。这个方法也保证了没有其他上下文可以争夺本地 CPU 上相同的锁，直到当前所有者释放了它。

但是，如果它获取锁失败，抢占会通过 preempt_enable()调用来使能，然后调用者上下文进入内部循环。这个循环是通过一个带条件的 while 循环实现的，该循环不断自旋直到锁被发现是可用的。该循环每次迭代都会检查锁，当它检测到该锁是不可用的时候，它会在再次自旋去检查该锁之前，调用一个体系结构特定的 relax 函数（执行一个 CPU 特定的 NOP 指令）。回想一下，在这期间抢占是开启的，这保证了调用者上下文是可抢占的，不会长时间占用

CPU，这种情况在锁被高度抢占时会发生。它同样允许在相同的 CPU 上有两个或者多个线程竞争同一个锁，有可能互相抢占。

当一个自旋上下文通过 raw_spin_can_lock()检测到锁是可用的时，它会退出 while 循环，导致调用者迭代回开头的外部循环（for 循环），在这里它会再次尝试通过##_trylock()在禁止抢占的前提下获取锁：

```
/*
 * In the UP-nondebug case there's no real locking going on, so the
 * only thing we have to do is to keep the preempt counts and irq
 * flags straight, to suppress compiler warnings of unused lock
 * variables, and to add the proper checker annotations:
 */
#define ___LOCK(lock) \
  do { __acquire(lock); (void)(lock); } while (0)

#define __LOCK(lock) \
  do { preempt_disable(); ___LOCK(lock); } while (0)

#define _raw_spin_lock(lock) __LOCK(lock)
```

不像 SMP 版本，在 UP 平台上实现的自旋锁是非常简单的。事实上，锁例程只是禁止内核抢占，把调用者放到一个临界区。这是有效的，因为在抢占被禁止的情况下，另一个上下文不可能来争夺该锁。

1．其他自旋锁 API

目前我们讨论过的标准自旋锁操作适用于保护只从进程上下文内核路径访问的共享资源。然而，可能有这样的场景，一个内核服务代码从进程上下文和中断上下文都有可能访问特定的共享资源或数据。例如，想象一下一个设备驱动程序服务包含进程上下文函数和中断上下文函数，两个函数都会访问共享的驱动程序缓冲区来执行合适的 I/O 操作。

让我们假设一个自旋锁被用于保护驱动程序的共享的资源，从而避免并发访问，并且寻求访问共享资源的驱动程序服务的所有例程（进程上下文和中断上下文）都被编程为带有合适的临界区，该临界区使用标准 spin_lock()和 spin_unlock()操作。这个策略将确保通过强制排斥来保护共享资源，但是，由于在相同 CPU 上中断代码路径争夺一个已经被进程上下文路径持有的锁，会导致 CPU 随机发生硬死锁状态（hard lock condition）。为了进一步理解这一点，假设如下事件以相同的顺序发生。

（1）驱动程序的进程上下文函数获取锁（使用标准 spin_lock()调用）。

（2）当临界区正在执行时，一个中断发生，并分发给本地 CPU，导致进程上下文函数被抢占，把 CPU 让给了中断处理程序。

（3）驱动程序的中断上下文路径（ISR）被调用，然后尝试获取锁（使用标准 spin_lock()调用)，进而为了等待锁可用，开始自旋。

在 ISR 期间，进程上下文被抢占，并且永远不可能恢复执行，导致锁一直得不到释放，然后 CPU 由于中断处理程序不断自旋，不让出 CPU 而硬死锁。

为了防止这种情况的发生，进程上下文代码需要在锁定时禁止当前处理器上的中断。这会保证中断永远不会抢占当前上下文，直到临界区完成，并释放了锁。注意，中断依然可以发生，但可以路由到其他可用的 CPU，在其他 CPU 上中断处理程序能够不断自旋，等待锁可用。自旋锁接口提供一个可选的锁函数 spin_lock_irqsave()，该函数会在当前 CPU 上禁止中断和内核抢占。以下代码片段展示了函数的底层代码：

```
unsigned long __lockfunc __raw_##op##_lock_irqsave(locktype##_t *lock)     \
{                                                                           \
        unsigned long flags;                                                \
                                                                            \
        for (;;) {                                                          \
                preempt_disable();                                          \
                local_irq_save(flags);                                      \
                if (likely(do_raw_##op##_trylock(lock)))                   \
                        break;                                              \
                local_irq_restore(flags);                                   \
                preempt_enable();                                           \
                                                                            \
                if (!(lock)->break_lock)                                    \
                        (lock)->break_lock = 1;                             \
                while (!raw_##op##_can_lock(lock) && (lock)->break_lock)   \
                        arch_##op##_relax(&lock->raw_lock);                \
        }                                                                   \
        (lock)->break_lock = 0;                                             \
        return flags;                                                       \
}
```

调用 lock_irq_save()来禁止当前处理器的硬中断。注意在获取锁失败时，可以通过调用 local_irq_restore()来使能中断。注意，一个通过 spin_lock_irqsave()获取到的锁需要使用 spin_unlock_irqrestore 来解锁，该函数会在锁释放之前使能当前处理器的内核抢占和中断。

类似于硬中断处理程序，软中断上下文函数如 softirq、tasklet，以及其他这样的下半部

（bottom half）也有可能在同一个处理器上竞争一个已经被进程上下文持有的锁。这种情况可以通过在进程上下文获取锁时禁止下半部执行来避免。spin_lock_bh()锁函数是另一个变体，负责挂起本地 CPU 上中断上下文下半部的执行。

```
void __lockfunc __raw_##op##_lock_bh(locktype##_t *lock)            \
{                                                                     \
        unsigned long flags;                                          \
                                                                      \
        /* */                                                         \
        /* Careful: we must exclude softirqs too, hence the */       \
        /* irq-disabling. We use the generic preemption-aware */     \
        /* function: */                                               \
        /**/                                                          \
        flags = _raw_##op##_lock_irqsave(lock);                       \
        local_bh_disable();                                           \
        local_irq_restore(flags);                                     \
}
```

local_bh_disable()挂起本地 CPU 下半部的执行。为了释放一个通过 spin_lock_bh()获取到的锁，调用者上下文需要调用 spin_unlock_bh()，该函数会释放本地 CPU 的自旋锁和下半部锁。

表 8-4 所示为一个内核自旋锁 API 总结列表。

表 8-4

函数	描述
spin_lock_init()	初始化自旋锁
spin_lock()	获取锁，竞争时自旋
spin_trylock()	尝试获取锁，竞争时返回错误
spin_lock_bh()	在本地处理器上挂起下半部来获取锁，竞争时自旋
spin_lock_irqsave()	在本地处理器上保存当前中断状态来挂起中断，从而获取锁，竞争时自旋
spin_lock_irq()	在本地处理器上挂起中断来获取锁，竞争时自旋
spin_unlock()	释放锁
spin_unlock_bh()	释放锁，并在本地处理器使能下半部
spin_unlock_irqrestore()	释放锁，并恢复本地中断到之前状态
spin_unlock_irq()	释放锁，并在本地处理器恢复中断
spin_is_locked()	返回锁状态，若锁被保持返回非 0，若锁可用返回 0

2. 读写自旋锁

至今讨论的自旋锁实现都是通过在竞争共享数据访问的并发代码路径之间强制执行标准互斥来保护共享数据。这种形式的排斥不适用于保护这样的共享数据，即共享数据通常由并发代码读取，但是其写入或更新并不频繁。读写锁强制在读写路径之间排斥，它允许并发的读出者共享锁，并且当一个写入者持有了锁时，读出者任务需要等待。正如所期望的，读写锁在并发的写入者之间是强制标准排斥的。

读写锁由内核头文件<linux/rwlock_types.h>声明的 struct rwlock_t 表示：

```
typedef struct {
        arch_rwlock_t raw_lock;
#ifdef CONFIG_GENERIC_LOCKBREAK
        unsigned int break_lock;
#endif
#ifdef CONFIG_DEBUG_SPINLOCK
        unsigned int magic, owner_cpu;
        void *owner;
#endif
#ifdef CONFIG_DEBUG_LOCK_ALLOC
        struct lockdep_map dep_map;
#endif
} rwlock_t;
```

读写锁能够通过宏 DEFINE_RWLOCK(v_rwlock)来静态初始化，或者通过 rwlock_init(v_rwlock)来动态初始化。

读代码路径需要调用 read_lock()函数。

```
read_lock(&v_rwlock);
/* critical section with read only access to shared data */
read_unlock(&v_rwlock);
```

写代码路径使用如下函数：

```
write_lock(&v_rwlock);
/* critical section for both read and write */
write_unlock(&v_lock);
```

当锁是竞争状态时，read_lock()和 write_lock()函数都需要自旋。读写锁接口也提供非自旋版本，叫作 read_trylock()和 write_trylock()。它同样提供禁止中断的持锁函数调用，使得读或写路径在中断上下文或者下半部上下文中执行时非常方便。

表 8-5 所示为接口操作列表总结。

表 8-5

函数	描述
read_lock()	标准读锁接口，竞争时自旋
read_trylock()	尝试获取锁，若锁不可用，返回错误
read_lock_bh()	尝试通过挂起本地 CPU 下半部执行来获取锁，竞争时自旋
read_lock_irqsave()	尝试通过挂起当前 CPU 中断，保存当前本地中断状态来获取锁，竞争时自旋
read_unlock()	释放读锁
read_unlock_irqrestore()	释放持有的锁，并恢复本地中断之前的状态
read_unlock_bh()	释放读锁，并在本地处理器上使能下半部
write_lock()	标准写锁接口，竞争时自旋
write_trylock()	尝试获取锁，竞争时返回错误
write_lock_bh()	尝试通过挂起本地 CPU 下半部执行来获取写锁，竞争时自旋
write_lock_irqsave()	尝试通过挂起当前 CPU 中断，保存当前本地中断状态来获取写锁，竞争时自旋
write_unlock()	释放写锁
write_unlock_irqrestore()	释放写锁，并恢复本地中断之前的状态
write_unlock_bh()	释放写锁，并在本地处理器上使能下半部

所有这些操作的调用都和自旋锁实现类似，并且能够在上述自旋锁部分指定标题中找到。

8.2.2 互斥锁

自旋锁被设计成更适合于持锁时间短、时间间隔固定的场景，因为无限期的忙等待对系统性能有很大的影响。然而，有很多场景是持锁时间长、周期不固定，睡眠锁就是针对这种场景而精心设计的。内核互斥锁是睡眠锁的一种实现。当一个调用者任务尝试获取一个不可用的互斥锁（已经被另一个上下文持有）时，该任务会进入睡眠状态，并移到一个等待队列里，强制上下文切换来让 CPU 运行其他生产任务。当该互斥锁处于可用状态时，互斥锁解锁路径会把在等待队列中的任务移除并唤醒，被唤醒的任务就能够尝试获取该互斥锁。

互斥锁由 struct mutex 表示，定义在 include/linux/mutex.h 中，对应操作的实现在源文件 kernel/locking/mutex.c 中：

```
struct mutex {
        atomic_long_t owner;
        spinlock_t wait_lock;
#ifdef CONFIG_MUTEX_SPIN_ON_OWNER
```

```
        struct optimistic_spin_queue osq; /* Spinner MCS lock */
#endif
        struct list_head wait_list;
#ifdef CONFIG_DEBUG_MUTEXES
        void *magic;
#endif
#ifdef CONFIG_DEBUG_LOCK_ALLOC
        struct lockdep_map dep_map;
#endif
};
```

在基本形式中，每个互斥锁包含一个 64 位 atomic_long_t 计数器（owner），其既用于保持锁状态，也用于存储当前持有该锁的一个任务结构体的引用。每个互斥锁包含一个等待队列（wait_list）和一个自旋锁（wait_lock）来串行化对 wait_list 的访问。

互斥锁 API 提供一系列宏和函数用于初始化、加锁、解锁和访问互斥锁状态。这些操作接口都定义在<include/linux/muutex.h>中。

一个互斥锁可以通过宏 DEFINE_MUTEX(name)来声明和初始化。也有一个通过 mutex_init(mutex)来动态初始化一个互斥锁的选项。

正如之前讨论的，当处于竞争状态时，锁定操作会让调用者线程进入睡眠状态，这要求调用者线程在移到互斥锁等待列表里之前，进入 TASK_INTERRUPTIBLE、TASK_UNINTERRUPTIBLE 或者 TASK_KILLABLE 状态。为了支持这个操作，互斥锁实现提供两个版本的锁定操作，一个是不可中断的睡眠，另一个是可中断的睡眠。下面是一个对每个标准互斥锁操作的简短描述列表：

```
/**
 * mutex_lock - acquire the mutex
 * @lock: the mutex to be acquired
 *
 * Lock the mutex exclusively for this task. If the mutex is not
 * available right now, Put caller into Uninterruptible sleep until mutex
 * is available.
 */
  void mutex_lock(struct mutex *lock);

/**
 * mutex_lock_interruptible - acquire the mutex, interruptible
 * @lock: the mutex to be acquired
 *
 * Lock the mutex like mutex_lock(), and return 0 if the mutex has
```

```
 * been acquired else put caller into interruptible sleep until the mutex
 * until mutex is available. Return -EINTR if a signal arrives while
sleeping
 * for the lock.
 */
   int __must_check mutex_lock_interruptible(struct mutex *lock);

/**
 * mutex_lock_Killable - acquire the mutex, interruptible
 * @lock: the mutex to be acquired
 *
 * Similar to mutex_lock_interruptible(),with a difference that the call
 * returns -EINTR only when fatal KILL signal arrives while sleeping for
the
 * lock.
 */
   int __must_check mutex_lock_killable(struct mutex *lock);

/**
 * mutex_trylock - try to acquire the mutex, without waiting
 * @lock: the mutex to be acquired
 *
 * Try to acquire the mutex atomically. Returns 1 if the mutex
 * has been acquired successfully, and 0 on contention.
 *
 */
   int mutex_trylock(struct mutex *lock);

/**
 * atomic_dec_and_mutex_lock - return holding mutex if we dec to 0,
 * @cnt: the atomic which we are to dec
 * @lock: the mutex to return holding if we dec to 0
 *
 * return true and hold lock if we dec to 0, return false otherwise. Please
 * note that this function is interruptible.
 */
   int atomic_dec_and_mutex_lock(atomic_t *cnt, struct mutex *lock);

/**
 * mutex_is_locked - is the mutex locked
 * @lock: the mutex to be queried
```

```
 *
 * Returns 1 if the mutex is locked, 0 if unlocked.
 */
   static inline int mutex_is_locked(struct mutex *lock);

/**
 * mutex_unlock - release the mutex
 * @lock: the mutex to be released
 *
 * Unlock the mutex owned by caller task.
 *
 */
   void mutex_unlock(struct mutex *lock);
```

尽管有可能成为阻塞性调用，互斥锁锁定函数为了性能也做了很多优化。它们在尝试锁定的过程中，被编程为有快速路径和慢速路径方法。让我们阅读一下锁定调用的代码实现来更好地理解快速路径和慢速路径。以下代码引用来自<kernel/locking/mutex.c>中的 mutex_lock()函数：

```
void __sched mutex_lock(struct mutex *lock)
{
  might_sleep();

  if (!__mutex_trylock_fast(lock))
    __mutex_lock_slowpath(lock);
}
```

锁获取过程首先尝试调用一个非阻塞性快速路径函数__mutex_trylock_fast()。如果该函数由于竞争而获取锁失败，它将会通过调用__mutex_lock_slowpath()进入慢速路径：

```
static __always_inline bool __mutex_trylock_fast(struct mutex *lock)
{
  unsigned long curr = (unsigned long)current;

  if (!atomic_long_cmpxchg_acquire(&lock->owner, 0UL, curr))
    return true;

  return false;
}
```

这个函数被编程为若锁可用，则原子地获取锁。它调用 atomic_long_cmpxchg_acquire()宏，该宏尝试把当前线程设为该互斥锁的所有者。这个操作在锁可用时会成功，这种情况下，该函数会返回 true。如果其他线程持有该互斥锁，该函数会失败并返回 false。失败时，调用者线程会进入慢速路径函数。

传统上，慢速路径概念一直是在等待锁变为可用时，把调用者任务置于睡眠状态。但是，随着多核 CPU 的出现，对可扩展性和性能提升有着越来越高的需求，所以为了以一个对象实现可扩展性，互斥锁慢速路径实现通过一个叫作乐观自旋（optimistic spinning）的优化来重新设计，其又称为中间路径（midpath），能明显地提升性能。

乐观自旋的核心思想是当发现互斥锁的所有者正在运行时，把竞争任务置于轮询或者自旋状态，而不是睡眠状态。一旦互斥锁变成可用状态（由于互斥锁拥有者处于运行状态，预计会很快），假设一个自旋任务总是能够比互斥锁等待队列中的挂起或者睡眠状态任务更快地获取到锁。但是，这种自旋任务只有在没有其他更高优先级任务处于就绪状态时才有可能获取到锁。有了这个功能，自旋任务更有可能被热缓存，导致确定性执行，从而获得可观的性能提升：

```
static int __sched
__mutex_lock(struct mutex *lock, long state, unsigned int subclass,
       struct lockdep_map *nest_lock, unsigned long ip)
{
  return __mutex_lock_common(lock, state, subclass, nest_lock, ip, NULL,
false);
}

...
...
...

static noinline void __sched __mutex_lock_slowpath(struct mutex *lock)
{
       __mutex_lock(lock, TASK_UNINTERRUPTIBLE, 0, NULL, _RET_IP_);
}

static noinline int __sched
__mutex_lock_killable_slowpath(struct mutex *lock)
{
  return __mutex_lock(lock, TASK_KILLABLE, 0, NULL, _RET_IP_);
}

static noinline int __sched
__mutex_lock_interruptible_slowpath(struct mutex *lock)
```

```
{
  return __mutex_lock(lock, TASK_INTERRUPTIBLE, 0, NULL, _RET_IP_);
}
```

__mutex_lock_common()函数包含一个带乐观自旋的慢速路径实现，这个函数由所有带有适当标志作为参数的互斥锁函数的 sleep 变体调用。这个函数首先尝试通过乐观自旋去获取互斥锁，这个乐观自旋是通过与互斥锁关联的可取销 mcs 自旋锁（互斥锁结构体中的 osq 字段）实现的。当调用者任务通过乐观自旋获取互斥锁失败时，作为最后一个手段，这个函数会切换到传统的慢速路径，导致调用者任务被置为睡眠状态，并放到互斥锁 wait_list 队列中，直到被解锁路径唤醒。

1．调试检查和验证

互斥锁操作的不正确使用会导致死锁、排斥失败等。为了检测并避免这种可能的情况的发生，互斥锁子系统在互斥锁操作中配备了合适的检查或者验证。这些检查默认是禁用的，可以在内核构建期间通过选择配置选项 CONFIG_DEBUG_MUTEXES=y 来启用。

以下是一个调试代码强制检查项列表：

- 互斥锁在给定时间点上只能被一个任务持有；
- 互斥锁只能由有效的持有者释放（解锁），尝试未持有互斥锁的上下文的解锁会失败；
- 递归加锁或者解锁尝试会失败；
- 一个互斥锁只能通过初始化函数调用来初始化，任何使用 memset 函数来初始化互斥锁的尝试从来不会成功；
- 一个调用者任务不能在持有互斥锁的情况下退出；
- 存储了已持有的锁的动态内存区域不能被释放；
- 一个互斥锁只能被初始化一次，任何尝试重复初始化一个已经初始化的互斥锁将会失败；
- 互斥锁不能在硬中断或者软中断上下文的函数中使用。

死锁可以由多种原因触发，比如内核代码的执行模式和粗心地使用锁函数调用。举个例子，让我们考虑一个场景，并发代码路径需要通过嵌套的锁定函数持有 L1 锁和 L2 锁。必须确保所有要求这些锁的内核函数都以同样的顺序获取它们。当这种顺序没有被严格强制实施时，就会存在一种可能，即两个不同的函数尝试以相反的顺序锁定 L1 锁和 L2 锁，这会在这些函数并发执行时触发锁的反转死锁。

内核锁验证器的基础功能已经实现，以检查和证明在内核运行时没有会导致死锁的锁定模式。这个基础功能打印和锁定模式相关的数据，比如：

- 获取点跟踪、函数名称的符号查找，以及列出系统中所有已持有的锁；
- 锁所有者跟踪；
- 自递归锁检测，并打印所有相关信息；
- 锁反转死锁检测，并打印所有受影响的锁和任务。

锁验证器可以通过在内核构建时选择 CONFIG_PROVE_LOCKING=y 来启用。

2．wait/wound 互斥锁

正如前面部分所讨论的，在内核函数中无序的嵌套锁操作可能会带来反转死锁的风险，内核开发者可以通过为嵌套锁顺序定义规则以及通过锁验证器基础功能执行运行时检查来避免这个问题。然而，在一些情景下锁顺序是动态的，且嵌套锁调用不能硬编码或者强加预先设定的规则。

这样的情况下就要使用 GPU 缓冲区，这些缓冲区被各种系统实体所有并访问，比如 GPU 硬件、GPU 驱动程序、用户模式应用程序和其他视频相关的驱动程序。用户模式上下文可以以任意顺序提交用于处理的 DMA 缓冲区，GPU 硬件可能会在任意时刻处理它们。如果用锁来控制缓冲区的所有权，并且同一个时刻需要操纵多个缓冲，死锁就不可避免。wait/wound 互斥锁就是设计用来帮助嵌套锁的动态排序，而不会导致锁反转死锁。这是通过强制处于竞争状态的上下文去 wound，即强制其释放所持有的锁。

比如，假设有两个缓冲区，每一个缓冲区由一个锁保护，然后考虑有 T1 和 T2 两个线程，通过尝试以相反顺序锁定来试图获取缓冲区的所有权：

```
Thread T1        Thread T2
===========     ==========
lock(bufA);      lock(bufB);
lock(bufB);      lock(bufA);
...               ...
...               ...
unlock(bufB);    unlock(bufA);
unlock(bufA);    unlock(bufB);
```

并发执行 T1 和 T2 两个线程可能会导致每个线程都在等待被对方持有的锁，进而导致死锁。wait/wound 互斥锁通过让第一个持有锁的线程保持睡眠状态，等待嵌套锁变为可用状态，

来避免这种情况。假定 T1 在 T2 获取 bufB 的锁之前先获取到了 bufA 的锁。T1 会被认为是第一个到达的线程，并让 T1 睡眠等待 bufB 的锁，T2 会被 wound，导致它释放 bufB 的锁，并重新开始。这避免了死锁，T2 会在 T1 释放了所持有的锁后重新开始。

操作接口

wait/wound 互斥锁通过定义在头文件<linux/ww_mutex.h>中的 struct ww_mutex 来表示：

```
struct ww_mutex {
        struct mutex base;
        struct ww_acquire_ctx *ctx;
# ifdef CONFIG_DEBUG_MUTEXES
        struct ww_class *ww_class;
#endif
};
```

使用 wait/wound 互斥锁的第一个步骤就是定义一个类（class），这是一个代表一组锁的机制。当并发任务竞争相同的锁时，它们必须在锁定时指定这个类。

类可以使用一个宏来定义：

```
static DEFINE_WW_CLASS(bufclass);
```

每个声明的类就是 struct ww_class 类型的实例，其中包含一个原子计数器 stamp，用来保存一个序列号，并记录最先到达的竞争任务。其他字段由内核的锁验证器使用，用来验证 wait/wound 机制是否正确使用。

```
struct ww_class {
        atomic_long_t stamp;
        struct lock_class_key acquire_key;
        struct lock_class_key mutex_key;
        const char *acquire_name;
        const char *mutex_name;
};
```

每个参与竞争的线程必须在嵌套调用锁函数之前调用 ww_acquire_init()。这个函数通过赋值一个跟踪锁的序列号来设置上下文。

```
/**
 * ww_acquire_init - initialize a w/w acquire context
 * @ctx: w/w acquire context to initialize
```

```
 * @ww_class: w/w class of the context
 *
 * Initializes a context to acquire multiple mutexes of the given w/w
class.
 *
 * Context-based w/w mutex acquiring can be done in any order whatsoever
 * within a given lock class. Deadlocks will be detected and handled with
the
 * wait/wound logic.
 *
 * Mixing of context-based w/w mutex acquiring and single w/w mutex locking
 * can result in undetected deadlocks and is so forbidden. Mixing different
 * contexts for the same w/w class when acquiring mutexes can also result
in
 * undetected deadlocks, and is hence also forbidden. Both types of abuse
will
 * will be caught by enabling CONFIG_PROVE_LOCKING.
 *
 */
   void ww_acquire_init(struct ww_acquire_ctx *ctx, struct ww_clas
*ww_class);
```

一旦上下文被设置并初始化，任务就能开始通过 ww_mutex_lock()调用或者 ww_mutex_lock_interruptible()调用来获取锁：

```
/**
 * ww_mutex_lock - acquire the w/w mutex
 * @lock: the mutex to be acquired
 * @ctx: w/w acquire context, or NULL to acquire only a single lock.
 *
 * Lock the w/w mutex exclusively for this task.
 *
 * Deadlocks within a given w/w class of locks are detected and handled
with
 * wait/wound algorithm. If the lock isn't immediately available this
function
 * will either sleep until it is(wait case) or it selects the current
context
 * for backing off by returning -EDEADLK (wound case).Trying to acquire the
 * same lock with the same context twice is also detected and signalled by
 * returning -EALREADY. Returns 0 if the mutex was successfully acquired.
 *
```

```
 * In the wound case the caller must release all currently held w/w mutexes
 * for the given context and then wait for this contending lock to be
 * available by calling ww_mutex_lock_slow.
 *
 * The mutex must later on be released by the same task that
 * acquired it. The task may not exit without first unlocking the
mutex.Also,
 * kernel memory where the mutex resides must not be freed with the mutex
 * still locked. The mutex must first be initialized (or statically
defined) b
 * before it can be locked. memset()-ing the mutex to 0 is not allowed. The
 * mutex must be of the same w/w lock class as was used to initialize the
 * acquired context.
 * A mutex acquired with this function must be released with
ww_mutex_unlock.
 */
   int ww_mutex_lock(struct ww_mutex *lock, struct ww_acquire_ctx *ctx);

/**
 * ww_mutex_lock_interruptible - acquire the w/w mutex, interruptible
 * @lock: the mutex to be acquired
 * @ctx: w/w acquire context
 *
 */
  int ww_mutex_lock_interruptible(struct ww_mutex *lock,
                                   struct ww_acquire_ctx *ctx);
```

当一个任务获取到了和一个类相关的所有嵌套锁（使用这些锁函数中的任意一种）时，该任务就需要使用函数 ww_acquire_done() 来通告所有权的获取。这个调用标记了获取阶段的结束，然后任务可以继续处理共享数据：

```
/**
 * ww_acquire_done - marks the end of the acquire phase
 * @ctx: the acquire context
 *
 * Marks the end of the acquire phase, any further w/w mutex lock calls
using
 * this context are forbidden.
 *
 * Calling this function is optional, it is just useful to document w/w
mutex
```

```
 * code and clearly designated the acquire phase from actually using the
 * locked data structures.
 */
   void ww_acquire_done(struct ww_acquire_ctx *ctx);
```

当一个任务完成其共享数据的处理时，该任务就会开始通过调用 ww_mutex_unlock()函数来释放所有所持有的锁。一旦所有的锁都释放了，上下文就需通过调用 ww_acquire_fini()来释放：

```
/**
 * ww_acquire_fini - releases a w/w acquire context
 * @ctx: the acquire context to free
 *
 * Releases a w/w acquire context. This must be called _after_ all acquired
 * w/w mutexes have been released with ww_mutex_unlock.
 */
   void ww_acquire_fini(struct ww_acquire_ctx *ctx);
```

8.2.3 信号量

在早期 2.6 内核版本之前，信号量是睡眠锁的主要形式。典型的信号量实现包括一个计数器、等待队列和一组可以原子地递增/递减计数器的操作。

当使用信号量来保护共享资源时，其计数器被初始化为一个大于零的数字，这被认为是解锁状态。一个试图访问共享资源的任务首先调用信号量上的递减操作。这个调用检查信号量计数器，如果发现它大于零，则计数器递减并且该函数返回成功。但是，如果计数器被发现为零，递减操作会使调用者任务进入休眠状态，直到该计数器递增到大于零的数字为止。

这个简单的设计提供了很强的灵活性，让信号量在不同的环境里都能保持其适应性和应用性。例如，在一个资源需要在任意时间点下都能被特定数量的任务访问的情况下，信号量计数器可以初始化为需要访问的任务数量，例如 10，表示允许最多 10 个任务随时访问共享资源。对于其他情况，例如一些任务需要互斥地访问共享资源，信号量可以初始化为 1，导致在任何给定时间点下最多只能有一个任务访问该资源。

信号量结构体和其接口操作声明在内核头文件<include/linux/semaphore.h>中：

```
struct semaphore {
        raw_spinlock_t    lock;
        unsigned int      count;
        struct list_head  wait_list;
};
```

自旋锁（lock 字段）作为 count 字段的保护，即信号量操作（递增/递减）需要在操作 count 字段之前先获取 lock 锁。wait_list 是用来保存为了等待信号量计数器递增到大于 0 而睡眠的任务队列。

信号量能够通过宏 DEFINE_SEMAPHORE(s)来声明和初始化为 1。

一个信号量能够通过如下函数动态地初始化为任意正数：

```
void sema_init(struct semaphore *sem, int val)
```

下面是一个操作接口列表，以及各接口的简单说明。带有 down_xxx()命名约定的函数尝试递减信号量，并且可能是阻塞的函数调用（除了 down_trylock()），up()函数递增信号量并始终成功：

```
/**
 * down_interruptible - acquire the semaphore unless interrupted
 * @sem: the semaphore to be acquired
 *
 * Attempts to acquire the semaphore. If no more tasks are allowed to
 * acquire the semaphore, calling this function will put the task to sleep.
 * If the sleep is interrupted by a signal, this function will return -
EINTR.
 * If the semaphore is successfully acquired, this function returns 0.
 */
  int down_interruptible(struct semaphore *sem);

/**
 * down_killable - acquire the semaphore unless killed
 * @sem: the semaphore to be acquired
 *
 * Attempts to acquire the semaphore. If no more tasks are allowed to
 * acquire the semaphore, calling this function will put the task to sleep.
 * If the sleep is interrupted by a fatal signal, this function will return
 * -EINTR. If the semaphore is successfully acquired, this function
returns
 * 0.
 */
   int down_killable(struct semaphore *sem);

/**
 * down_trylock - try to acquire the semaphore, without waiting
 * @sem: the semaphore to be acquired
```

```
 *
 * Try to acquire the semaphore atomically. Returns 0 if the semaphore has
 * been acquired successfully or 1 if it it cannot be acquired.
 *
 */
   int down_trylock(struct semaphore *sem);

/**
 * down_timeout - acquire the semaphore within a specified time
 * @sem: the semaphore to be acquired
 * @timeout: how long to wait before failing
 *
 * Attempts to acquire the semaphore. If no more tasks are allowed to
 * acquire the semaphore, calling this function will put the task to sleep.
 * If the semaphore is not released within the specified number of jiffies,
 * this function returns -ETIME. It returns 0 if the semaphore was
acquired.
 */
   int down_timeout(struct semaphore *sem, long timeout);

/**
 * up - release the semaphore
 * @sem: the semaphore to release
 *
 * Release the semaphore. Unlike mutexes, up() may be called from any
 * context and even by tasks which have never called down().
 */
   void up(struct semaphore *sem);
```

与互斥锁的实现不同，信号量操作不支持调试检查或验证，这种约束是由于它们固有的通用设计使其可以用作排斥锁、事件通知计数器等。自从互斥锁进入内核（2.6.16）之后，信号量不再是排斥的首选，使用信号量作为锁也已大大减少，而可以用于其他目的，内核也有可选接口。大多数使用信号量的内核代码都已经转换为互斥锁，只有少数情况例外。然而信号量仍然存在，并且很有可能保持不变，直到使用它们的所有内核代码都被转换为互斥锁或者其他合适的接口。

读写信号量

这个接口是一个睡眠读写排斥的实现，作为自旋读写排斥的备用选项。读写信号量通过 struct rw_semaphore 来表示，在内核头文件<linux/rwsem.h>中声明：

```
struct rw_semaphore {
        atomic_long_t count;
        struct list_head wait_list;
        raw_spinlock_t wait_lock;
#ifdef CONFIG_RWSEM_SPIN_ON_OWNER
       struct optimistic_spin_queue osq; /* spinner MCS lock */
       /*
       * Write owner. Used as a speculative check to see
       * if the owner is running on the cpu.
       */
      struct task_struct *owner;
#endif
#ifdef CONFIG_DEBUG_LOCK_ALLOC
     struct lockdep_map dep_map;
#endif
};
```

这个结构体和互斥锁的结构体完全相同，并设计成通过 osq 来支持乐观自旋。它也包含通过内核 lockdep 来进行调试支持。count 作为一个排斥计数器，设置成 1，在任意时间节点下最大允许一个写任务持有该锁。这是有效的，因为互斥只在竞争的写任务之间是强制的，任意多个读任务都能够并发共享读锁。wait_lock 是一个保护信号量 wait_list 的自旋锁。

rw_semaphore 可以通过 DECLARE_RWSEM(name)来实例化和静态初始化，或者，它可以通过 init_rwsem(sem)来动态初始化。

和 rw-spinlock 一样，这个接口也提供了不同的函数在读和写路径上获取锁。以下是一个接口操作列表：

```
/* reader interfaces */
   void down_read(struct rw_semaphore *sem);
   void up_read(struct rw_semaphore *sem);
/* trylock for reading -- returns 1 if successful, 0 if contention */
   int down_read_trylock(struct rw_semaphore *sem);
   void up_read(struct rw_semaphore *sem);

/* writer Interfaces */
   void down_write(struct rw_semaphore *sem);
   int __must_check down_write_killable(struct rw_semaphore *sem);

/* trylock for writing -- returns 1 if successful, 0 if contention */
   int down_write_trylock(struct rw_semaphore *sem);
```

```
   void up_write(struct rw_semaphore *sem);
/* downgrade write lock to read lock */
   void downgrade_write(struct rw_semaphore *sem);

/* check if rw-sem is currently locked */
   int rwsem_is_locked(struct rw_semaphore *sem);
```

这些操作是在源文件<kernel/locking/rwsem.c>中实现的，其代码非常好理解，我们不再进一步讨论。

8.2.4 顺序锁

传统的读写器锁具有读优先权，它们可能会导致写任务等待无法确定的时间，这可能不适用于对时间敏感的共享数据更新。这时顺序锁就能派上用场了，因为它旨在提供快速和无锁的共享资源访问。顺序锁最适合需要保护的小并且简单的资源，可以快速写入且不频繁，从内部来讲，顺序锁会退化成自旋锁。

顺序锁引入了一个特殊的计数器，每次写任务获取一个自旋锁和顺序锁时它都会递增。写任务完成后，它释放自旋锁并再次递增计数器，并开放访问给其他写任务。对于读，有两种类型：序列读和锁定读。序列读在进入临界区之前检查计数器，然后在结束时再次检查，而不会阻塞任何写任务。如果计数器保持不变，这意味着没有写任务在读期间访问该临界区，但如果在临界区的最后计数器有递增，则表明已经有写任务访问过临界区，这要求读任务重新读取临界区来更新数据。锁定读，顾名思义，在读过程中会获取一个锁并阻塞其他读任务和写任务，当另外一个锁定读任务或者锁定写任务正在执行过程中，它也会等待。

一个顺序锁通过如下类型表示：

```
typedef struct {
        struct seqcount seqcount;
        spinlock_t lock;
} seqlock_t;
```

我们可以通过如下宏来静态地初始化一个顺序锁：

```
#define DEFINE_SEQLOCK(x) \
              seqlock_t x = __SEQLOCK_UNLOCKED(x)
```

真正的初始化是在__SEQLOCK_UNLOCKED(x)中完成的，该宏定义在：

```
#define __SEQLOCK_UNLOCKED(lockname)                    \
```

```
{                                                    \
        .seqcount = SEQCNT_ZERO(lockname),           \
        .lock = __SPIN_LOCK_UNLOCKED(lockname)       \
}
```

为了动态地初始化顺序锁，我们需要使用 seqlock_init 宏，该宏定义如下：

```
#define seqlock_init(x)                              \
    do {                                             \
            seqcount_init(&(x)->seqcount);           \
            spin_lock_init(&(x)->lock);              \
    } while (0)
```

API

为了使用顺序锁，Linux 提供了很多 API，它们都定义在<linux/seqlock.h>中。其中重要的部分列举如下：

```
static inline void write_seqlock(seqlock_t *sl)
{
        spin_lock(&sl->lock);
        write_seqcount_begin(&sl->seqcount);
}

static inline void write_sequnlock(seqlock_t *sl)
{
        write_seqcount_end(&sl->seqcount);
        spin_unlock(&sl->lock);
}

static inline void write_seqlock_bh(seqlock_t *sl)
{
        spin_lock_bh(&sl->lock);
        write_seqcount_begin(&sl->seqcount);
}

static inline void write_sequnlock_bh(seqlock_t *sl)
{
        write_seqcount_end(&sl->seqcount);
        spin_unlock_bh(&sl->lock);
}
```

```
static inline void write_seqlock_irq(seqlock_t *sl)
{
        spin_lock_irq(&sl->lock);
        write_seqcount_begin(&sl->seqcount);
}

static inline void write_sequnlock_irq(seqlock_t *sl)
{
        write_seqcount_end(&sl->seqcount);
        spin_unlock_irq(&sl->lock);
}

static inline unsigned long __write_seqlock_irqsave(seqlock_t *sl)
{
        unsigned long flags;

        spin_lock_irqsave(&sl->lock, flags);
        write_seqcount_begin(&sl->seqcount);
        return flags;
}
```

下面两个函数是用来开始和完成一个读区域用于读取：

```
static inline unsigned read_seqbegin(const seqlock_t *sl)
{
        return read_seqcount_begin(&sl->seqcount);
}

static inline unsigned read_seqretry(const seqlock_t *sl, unsigned start)
{
        return read_seqcount_retry(&sl->seqcount, start);
}
```

8.2.5 完成锁

如果需要执行一个或者多个线程来等待一些事件的完成，完成锁（completion lock）是一个高效的实现代码同步的方法。例如，等待另一个进程到达一个点或者状态。由于一些原因，完成锁可能比信号量更好。首先，多个线程的执行可以等待一个完成锁，并且通过使用 complete_all()，它们能够一次性全部释放。这是比一个信号量唤醒多个线程更好的方法。其次，如果一个等待线程释放同步对象，信号量会导致竞态，而这个问题在使用完成锁时是不存在的。

完成锁可以通过包含<linux/completion.h>并创建一个 struct completion 类型的变量来使用，该不透明结构体是用来维护完成锁状态的。它使用一个 FIFO 队列来保存等待该完成事件的线程：

```
struct completion {
        unsigned int done;
        wait_queue_head_t wait;
};
```

完成锁基本上包括初始化完成锁结构体，通过任何一个 wait_for_completion()变体来等待，最后通过调用 complete()或者 complete_all()来发出完成信号。内核也有在完成锁生命周期内检查其状态的函数。

1. 初始化

以下宏可以用于静态声明并初始化一个完成锁结构体：

```
#define DECLARE_COMPLETION(work) \
       struct completion work = COMPLETION_INITIALIZER(work)
```

以下内联函数会初始化一个动态创建的完成锁结构体：

```
static inline void init_completion(struct completion *x)
{
        x->done = 0;
        init_waitqueue_head(&x->wait);
}
```

如果需要重复使用完成锁结构体，以下内联函数可用于重新初始化。这可以在 complete_all()之后使用：

```
static inline void reinit_completion(struct completion *x)
{
        x->done = 0;
}
```

2. 等待完成锁

如果任意线程需要等待一个任务完成，它将会在已初始化的完成锁结构体上调用 wait_for_completion()。如果 wait_for_completion()操作发生在 complete()或者 complete_all()调用之后，该线程将继续执行，因为已有它等待的理由。如果在 complete()或者 complete_all()调用之前，该线程会等待直到 complete()发信号。wait_for_completion()调用有很多变体：

```
extern void wait_for_completion_io(struct completion *);
extern int wait_for_completion_interruptible(struct completion *x);
extern int wait_for_completion_killable(struct completion *x);
extern unsigned long wait_for_completion_timeout(struct completion *x,
                                                   unsigned long timeout);
extern unsigned long wait_for_completion_io_timeout(struct completion *x,
                                                    unsigned long timeout);
extern long wait_for_completion_interruptible_timeout(
        struct completion *x, unsigned long timeout);
extern long wait_for_completion_killable_timeout(
        struct completion *x, unsigned long timeout);
extern bool try_wait_for_completion(struct completion *x);
extern bool completion_done(struct completion *x);

extern void complete(struct completion *);
extern void complete_all(struct completion *);
```

3. 通知完成锁

如果通知预期任务的完成的执行线程调用 complete()来通知一个等待线程，该线程就能继续执行。线程将会以它们进入等待队列的顺序来唤醒。在有多个等待者的情况下，可以调用 complete_all():

```
void complete(struct completion *x)
{
        unsigned long flags;

        spin_lock_irqsave(&x->wait.lock, flags);
        if (x->done != UINT_MAX)
                x->done++;
        __wake_up_locked(&x->wait, TASK_NORMAL, 1);
        spin_unlock_irqrestore(&x->wait.lock, flags);
}
EXPORT_SYMBOL(complete);
void complete_all(struct completion *x)
{
        unsigned long flags;

        spin_lock_irqsave(&x->wait.lock, flags);
        x->done = UINT_MAX;
        __wake_up_locked(&x->wait, TASK_NORMAL, 0);
        spin_unlock_irqrestore(&x->wait.lock, flags);
```

```
}
EXPORT_SYMBOL(complete_all);
```

8.3 小结

本章不仅介绍了内核提供的各种保护机制和同步机制，也尝试从底层来理解这些选项的有效性，以及它们不同的功能和缺点。我们从本章中得到的结论是，内核在提供数据保护和同步的过程中，必须坚持不懈地应对这些不同的复杂性。另一个值得注意的事实是，在处理这些问题时，内核保持了编码的简易性以及设计优势。

下一章将介绍内核是如何处理中断的。

第9章 中断和延迟工作

中断是传递给处理器的电信号，表示发生了一个需要立即给予关注的重大事件。这些信号可能来源于外部硬件（连接到系统）或者处理器内部电路。本章将介绍内核的中断管理子系统并学习以下内容：

- 可编程中断控制器；
- 中断向量表；
- IRQ；
- IRQ 芯片和 IRQ 描述符；
- 注册和注销中断处理程序；
- IRQ 线控制操作；
- IRQ 栈；
- 需要延迟的例程；
- 软中断；
- tasklet；
- 工作队列。

9.1 中断信号和向量

当中断来自外部设备时，它称为硬件中断（hardware interrupt）。这些信号是由外部硬件产生以引起处理器注意一个重要的外部事件的发生，例如，在键盘上按下一个键，点击鼠标按钮，或移动鼠标来触发硬件中断，从而通知处理器需要读取的数据现在可用。相对于处理器时钟，硬件中断是异步发生的（意味着它们可以随机发生），因此也被称为异步中断（asynchronous interrupt）。

由于正在执行的程序指令生成的事件而在 CPU 内部触发的中断称为软件中断（software interrupt）。一个软件中断是由正在执行的程序指令触发的异常引起的，或者是由正在执行的特权指令触发的中断。例如，当一个程序指令试图将一个数字除以零时，处理器的算术逻辑单元引发一个称为除零异常的中断。类似地，当执行中的程序打算调用一个内核服务时，它会执行一个特殊指令（sysenter），该指令引发一个中断来把处理器转换为特权模式，这为执行期望的服务铺平了道路。这些事件与处理器的时钟同步发生，因此也称为同步中断（synchronous interrupt）。

为了响应中断事件的发生，CPU 被设计为抢占当前的指令序列或执行线程，并执行一个特殊的函数，称为中断服务例程（ISR）。为了找到一个中断事件对应的 ISR，需要使用中断向量表。一个中断向量是一个内存地址，它包含一个软件定义的中断服务的引用，作为一个中断的响应而被执行。处理器体系结构定义了所支持的中断向量的总数，并描述每个中断向量在内存中的布局。一般来说，对于大多数处理器体系结构，所有支持的向量都在内存中设置为一个列表，称为中断向量表（interrupt vector table），其地址由平台软件编程到处理器寄存器中。

为了更好地理解，让我们考虑一下 x86 体系结构的具体情况。x86 系列处理器总共支持 256 个中断向量，其中前 32 个保留用于处理器异常，其余用于软件中断和硬件中断。x86 向量表的实现被称作中断描述符表（IDT），它是一个 8 字节（对于 32 位机器）或者 16 字节（对于 64 位 x86 机器）的描述符数组。在早期引导期间，体系结构相关的内核分支代码在内存中设置 IDT，并通过物理起始地址和 IDT 的长度改写处理器 IDTR 寄存器（特殊的 x86 寄存器）。发生中断时，处理器通过将所报告的向量号乘以向量描述符大小（x86_32 机器上的向量号×8，x86_64 机器上的向量号×16）来定位对应的向量描述符，并将结果加到 IDT 的基地址中。一旦一个有效的向量描述符被找到，处理器就继续执行在描述符中指定的动作。

注意 在 x86 平台上，每个向量描述符实现一个门（中断、任务或陷阱），用于在不同段之间传递执行控制。表示硬件中断的向量描述符实现一个中断门，它指向的是包含中断处理代码的基地址和段的偏移量。一个中断门禁用所有可屏蔽的中断，然后将控制权传递给指定的中断处理程序。表示异常和软件中断的向量描述符实现了一个陷阱门，它也是指向事件处理程序的代码位置。和中断门不同，陷阱门不会禁用可屏蔽的中断，这使其适合执行软中断处理程序。

9.2 可编程中断控制器

现在让我们关注外部中断，并探讨处理器如何识别这些外部硬件中断的发生，以及它们如何发现和中断相关的向量号（见图 9-1）。CPU 采用专用输入引脚设计（intr 引脚）用于接收外部中断信号。每个能够发出中断请求的外部硬件设备通常都包含一个或多个输出引脚，称为中断请求（IRQ）线，用于发出中断请求信号给 CPU。所有计算平台使用一个称为可编程中断控制器（PIC）的硬件电路，在各种中断请求线上复用 CPU 的中断引脚。所有现有的来自板上设备控制器 IRQ 线都被路由到中断控制器的输入引脚，该中断控制器监控每个 IRQ 线上的中断信号，并在中断请求到达时，把请求转换成一个 CPU 可以理解的向量号，并将中断信号传递给 CPU 的中断引脚。简而言之，就是一个可编程中断控制器将多个设备中断请求线复用到处理器的单个中断线。

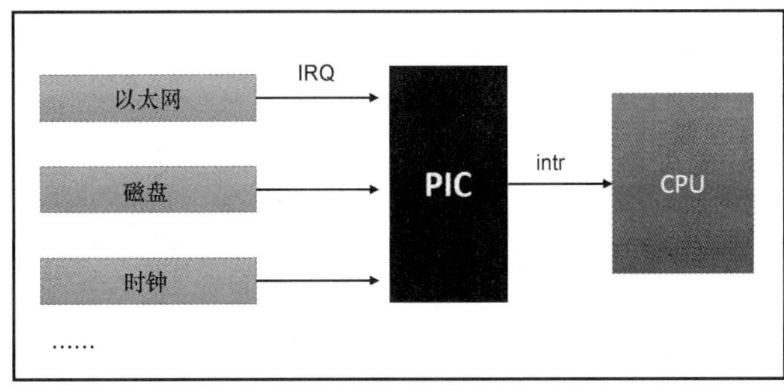

图 9-1

中断控制器的设计和实现是和特定平台相关的。Intel x86 多处理器平台使用高级可编程中断控制器（APIC）。APIC 设计将中断控制器功能分为两个截然不同的功能芯片组。第一个组件是驻留在系统总线上的 I/O APIC。所有共享的外设硬件 IRQ 线都被路由到 I/O APIC。这个芯片将一个中断请求翻译成向量号。第二个是每个 CPU 都有的控制器，称为本地 APIC（通常集成到处理器内核中），其传递硬件中断到特定的 CPU 核。I/O APIC 将中断事件路由到所选的 CPU 核的本地 APIC。它被编程为一个重定向表，用于制定中断路由决策。CPU 本地 APIC 管理该 CPU 核的所有外部中断。此外，它们还传递 CPU 本地硬件（如定时器之类）的事件，并且还可以接收和生成可能在 SMP 平台上发生的处理器间中断（IPI）。

图 9-2 所示为分开的 APIC 体系结构。现在事件流是从单个设备引发 I/O APIC 上的 IRQ 开始，它把该请求路由到一个特定的本地 APIC，然后将中断传递给特定的 CPU 核。

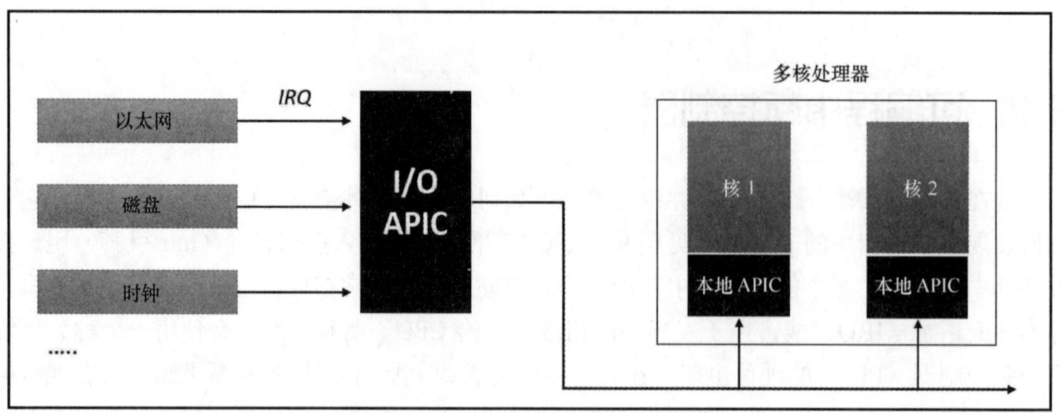

图 9-2

与 APIC 体系结构类似，多核 ARM 平台也将通用中断控制器（GIC）的实现分为两个组件。第一个组件称为分配器（distributor），它相对系统是全局的，并有几个外围硬件中断源物理上路由到它。第二个组件是每个 CPU 都有的，称为 CPU 接口。分配器组件负责把共享外设中断（SPI）分发到已知的 CPU 接口。

9.2.1 中断控制器操作

体系结构相关的内核代码分支实现了特定的中断控制器操作用于管理 IRQ 线，例如屏蔽/取消屏蔽单独的中断，设置优先级和 SMP 亲和力。这些操作需要从独立于体系结构的内核代码路径调用来操纵单个 IRQ 线，为了让这些调用更容易，内核通过 struct irq_chip 定义了一个体系结构无关的抽象层。这个结构体可以在内核头文件<include/linux /irq.h>中找到：

```
struct irq_chip {
     struct device *parent_device;
     const char    *name;
     unsigned int (*irq_startup)(struct irq_data *data);
     void (*irq_shutdown)(struct irq_data *data);
     void (*irq_enable)(struct irq_data *data);
     void (*irq_disable)(struct irq_data *data);
     void (*irq_ack)(struct irq_data *data);
     void (*irq_mask)(struct irq_data *data);
     void (*irq_mask_ack)(struct irq_data *data);
     void (*irq_unmask)(struct irq_data *data);
     void (*irq_eoi)(struct irq_data *data);
```

```
    int (*irq_set_affinity)(struct irq_data *data, const struct cpumask
                        *dest, bool force);
    int (*irq_retrigger)(struct irq_data *data);
    int (*irq_set_type)(struct irq_data *data, unsigned int flow_type);
    int (*irq_set_wake)(struct irq_data *data, unsigned int on);
    void (*irq_bus_lock)(struct irq_data *data);
    void (*irq_bus_sync_unlock)(struct irq_data *data);
    void (*irq_cpu_online)(struct irq_data *data);
    void (*irq_cpu_offline)(struct irq_data *data);
    void (*irq_suspend)(struct irq_data *data);
    void (*irq_resume)(struct irq_data *data);
    void (*irq_pm_shutdown)(struct irq_data *data);
    void (*irq_calc_mask)(struct irq_data *data);
    void (*irq_print_chip)(struct irq_data *data, struct seq_file *p);
    int (*irq_request_resources)(struct irq_data *data);
    void (*irq_release_resources)(struct irq_data *data);
    void (*irq_compose_msi_msg)(struct irq_data *data, struct msi_msg
*msg);
    void (*irq_write_msi_msg)(struct irq_data *data, struct msi_msg *msg);
    int (*irq_get_irqchip_state)(struct irq_data *data, enum
irqchip_irq_state which, bool *state);
    int (*irq_set_irqchip_state)(struct irq_data *data, enum
irqchip_irq_state which, bool state);

    int (*irq_set_vcpu_affinity)(struct irq_data *data, void *vcpu_info);
    void (*ipi_send_single)(struct irq_data *data, unsigned int cpu);
    void (*ipi_send_mask)(struct irq_data *data, const struct cpumask
*dest);     unsigned long flags;
};
```

该结构体声明了一组函数指针来解释所有在各种硬件平台上发现的 IRQ 芯片特性。因此，由特定于线路板的代码定义的结构体实例通常只支持可行操作的一个子集。以下是定义了 I/O APIC 和 LAPIC 操作的 x86 多核平台版本的 irq_chip 实例。

```
static struct irq_chip ioapic_chip __read_mostly = {
            .name             = "IO-APIC",
            .irq_startup      = startup_ioapic_irq,
            .irq_mask         = mask_ioapic_irq,
            .irq_unmask       = unmask_ioapic_irq,
            .irq_ack          = irq_chip_ack_parent,
            .irq_eoi          = ioapic_ack_level,
```

```
            .irq_set_affinity = ioapic_set_affinity,
            .irq_retrigger    = irq_chip_retrigger_hierarchy,
            .flags             = IRQCHIP_SKIP_SET_WAKE,
};

static struct irq_chip lapic_chip __read_mostly = {
            .name              = "local-APIC",
            .irq_mask          = mask_lapic_irq,
            .irq_unmask        = unmask_lapic_irq,
            .irq_ack           = ack_lapic_irq,
};
```

9.2.2 IRQ 描述符表

另一个重要的抽象是与硬件中断相关的 IRQ 号。中断控制器使用唯一的硬件 IRQ 号来标识每个 IRQ 源。内核的通用中断管理层把每个硬件 IRQ 映射成唯一的标识符，称为 Linux IRQ。这些数字抽象了硬件 IRQ，从而确保内核代码的可移植性。所有外围设备驱动程序被编程为使用 Linux IRQ 号来绑定或注册它们的中断处理程序。

Linux IRQ 由 IRQ 描述符结构体表示，该结构体由 struct irq_desc 定义。在早期内核引导期间，每个 IRQ 源都会有一个该结构体实例被枚举。IRQ 描述符列表在一个索引为 IRQ 号的数组中维护，称为 IRQ 描述符表：

```
 struct irq_desc {
      struct irq_common_data    irq_common_data;
      struct irq_data           irq_data;
      unsigned int __percpu    *kstat_irqs;
      irq_flow_handler_t        handle_irq;
#ifdef CONFIG_IRQ_PREFLOW_FASTEOI
      irq_preflow_handler_t     preflow_handler;
#endif
      struct irqaction          *action;    /* IRQ action list */
      unsigned int              status_use_accessors;
      unsigned int              core_internal_state__do_not_mess_with_it;
      unsigned int              depth; /* nested irq disables */
      unsigned int              wake_depth;/* nested wake enables */
      unsigned int              irq_count;/* For detecting broken IRQs */
      unsigned long             last_unhandled;
      unsigned int              irqs_unhandled;
```

```
    atomic_t                    threads_handled;
    int                         threads_handled_last;
    raw_spinlock_t              lock;
    struct cpumask              *percpu_enabled;
    const struct cpumask        *percpu_affinity;
#ifdef CONFIG_SMP
    const struct cpumask           *affinity_hint;
    struct irq_affinity_notify     *affinity_notify;

    ...
    ...
    ...
};
```

irq_data 是 struct irq_data 的一个实例，该结构体包含中断管理相关的底层信息，例如，Linux IRQ 号、硬件 IRQ 号、一个指向中断控制器操作（irq_chip）的指针，以及其他重要字段：

```
/**
* struct irq_data - per irq chip data passed down to chip functions
* @mask:           precomputed bitmask for accessing the chip registers
* @irq:            interrupt number
* @hwirq:          hardware interrupt number, local to the interrupt domain
* @common:         point to data shared by all irqchips
* @chip:           low level interrupt hardware access
* @domain:         Interrupt translation domain; responsible for mapping
*                  between hwirq number and linux irq number.
* @parent_data:    pointer to parent struct irq_data to support hierarchy
*                  irq_domain
* @chip_data:      platform-specific per-chip private data for the chip
*                  methods, to allow shared chip implementations
*/

struct irq_data {
       u32 mask;
       unsigned int irq;
       unsigned long hwirq;
       struct irq_common_data *common;
       struct irq_chip *chip;
       struct irq_domain *domain;
#ifdef CONFIG_IRQ_DOMAIN_HIERARCHY
       struct irq_data *parent_data;
#endif
```

```
        void *chip_data;
};
```

irq_desc 结构体的 handle_irq 元素是一个 irq_flow_handler_t 类型的函数指针，它指向一个在该中断线上处理管理流程的高阶函数。通用中断请求层提供一组预定义的中断请求流函数。每一个中断线基于其类型被赋值了一个合适的函数。

- handle_level_irq()：条件触发中断的通用实现。
- handle_edge_irq()：边缘触发中断的通用实现。
- handle_fasteoi_irq()：在处理程序最后只需要一个 EOI 的中断的通用实现。
- handle_simple_irq()：简单中断的通用实现。
- handle_percpu_irq()：per-CPU 中断的通用实现。
- handle_bad_irq()：用于伪中断。

irq_desc 结构体的*action 元素是一个指向一个动作描述符或者一个动作描述符链表的指针，它包含驱动程序特定的中断处理程序和其他重要元素。每个动作描述符都是 struct irqaction 的一个实例，定义在内核头文件<linux/interrupt.h>中：

```
/**
 * struct irqaction - per interrupt action descriptor
 * @handler: interrupt handler function
 * @name: name of the device
 * @dev_id: cookie to identify the device
 * @percpu_dev_id: cookie to identify the device
 * @next: pointer to the next irqaction for shared interrupts
 * @irq: interrupt number
 * @flags: flags
 * @thread_fn: interrupt handler function for threaded interrupts
 * @thread: thread pointer for threaded interrupts
 * @secondary: pointer to secondary irqaction (force threading)
 * @thread_flags: flags related to @thread
 * @thread_mask: bitmask for keeping track of @thread activity
 * @dir: pointer to the proc/irq/NN/name entry
 */
struct irqaction {
        irq_handler_t handler;
        void * dev_id;
        void __percpu * percpu_dev_id;
```

```
        struct irqaction * next;
        irq_handler_t thread_fn;
        struct task_struct * thread;
        struct irqaction * secondary;
        unsigned int irq;
        unsigned int flags;
        unsigned long thread_flags;
        unsigned long thread_mask;
        const char * name;
        struct proc_dir_entry * dir;
};
```

9.3 高级中断管理接口

通用的IRQ层为设备驱动程序提供了一组功能接口来抓取IRQ描述符并绑定中断处理程序、释放IRQ、启用或禁用中断线等。本节将讨论所有的通用接口。

9.3.1 注册一个中断处理程序

```
typedef irqreturn_t (*irq_handler_t)(int, void *);

/**
 * request_irq - allocate an interrupt line
 * @irq: Interrupt line to allocate
 * @handler: Function to be called when the IRQ occurs.
 * @irqflags: Interrupt type flags
 * @devname: An ascii name for the claiming device
 * @dev_id: A cookie passed back to the handler function
 */
 int request_irq(unsigned int irq, irq_handler_t handler, unsigned long
flags,
                const char *name, void *dev);
```

request_irq()通过传进来的参数实例化一个irqaction对象，并把它绑定到第一个参数（irq）指定的irq_desc。这个调用分配中断资源并启用该中断线和IRQ处理程序。handler是一个irq_handler_t类型的函数指针，指向驱动程序特定的中断处理程序的地址。flags是一个和中断管理相关的选项的位掩码。标志位定义在内核头文件<linux/interrupt.h>中。

- IRQF_SHARED：在绑定一个中断处理程序到一个共享的 IRQ 线时使用。
- IRQF_PROBE_SHARED：当调用者能接受共享不匹配发生时设置。
- IRQF_TIMER：标记该中断为定时器中断的标志位。
- IRQF_PERCPU：中断是每个 CPU 都有的。
- IRQF_NOBALANCING：把该中断排除在 IRQ 平衡之外的标志位。
- IRQF_IRQPOLL：用于轮询的中断（只有第一次在共享中断中注册的中断，才会因为性能原因考虑这个标志位）。
- IRQF_NO_SUSPEND：在挂起期间不禁用该 IRQ。不保证该中断会在挂起状态下唤醒系统。
- IRQF_FORCE_RESUME：在恢复时强制启用中断，即使设置了 IRQF_NO_SUSPEND。
- IRQF_EARLY_RESUME：在 syscore 阶段就恢复 IRQ，而不是在设备恢复阶段。
- IRQF_COND_SUSPEND：如果 IRQ 和一个 NO_SUSPEND 用户共享，在挂起中断之后，执行该中断处理程序。对于系统唤醒设备，用户需要在其中断处理程序里实现唤醒检查。

由于每个标志都是 1 位，这些标志位的一个子集的逻辑或（即|）是可以传递的，如果没有应用，则值为零的 flags 参数是有效的。赋值给 dev 的地址被认为是一个独特的 cookie，并在共享 IRQ 时作为其动作实例的一个标识符。当注册的中断处理程序没有带 IRQF_SHARED 标志时，这个参数的值可以为 NULL。

如果成功，request_irq()返回 0。一个非零返回值表示注册指定的中断处理程序失败了。返回错误编码“-EBUSY”表示注册或者绑定处理函数到一个已经在使用的指定 IRQ 失败了。

中断处理程序的函数原型如下：

```
irqreturn_t handler(int irq, void *dev_id);
```

irq 指定 IRQ 号，dev_id 是在注册处理程序时使用的唯一的 cookie。irqreturn_t 是一个整型常量枚举类型的 typedef：

```
enum irqreturn {
        IRQ_NONE            = (0 << 0),
        IRQ_HANDLED                 = (1 << 0),
        IRQ_WAKE_THREAD             = (1 << 1),
```

```
};

typedef enum irqreturn irqreturn_t;
```

中断处理程序应该返回 IRQ_NONE 来表示中断没有被处理。在共享的 IRQ 情况下，它也用来表示中断源不是来自它的设备。当中断处理正常完成时，它必须返回 IRQ_HANDLED 以表示成功。IRQ_WAKE_THREAD 是一个特殊标志，被返回以唤醒线程处理程序，下一节将详细阐述它。

9.3.2 注销一个中断处理程序

一个驱动程序的中断处理程序可以通过调用 free_irq()函数来注销：

```
/**
 * free_irq - free an interrupt allocated with request_irq
 * @irq: Interrupt line to free
 * @dev_id: Device identity to free
 *
 * Remove an interrupt handler. The handler is removed and if the
 * interrupt line is no longer in use by any driver it is disabled.
 * On a shared IRQ the caller must ensure the interrupt is disabled
 * on the card it drives before calling this function. The function
 * does not return until any executing interrupts for this IRQ
 * have completed.
 * Returns the devname argument passed to request_irq.
 */
const void *free_irq(unsigned int irq, void *dev_id);
```

在共享的 IRQ 情况下，dev_i 是唯一的 cookie（在注册处理程序时分配），用来标识要注销的处理程序。其他情况下，这个参数可以为 NULL。这个函数是一个潜在的阻塞调用，不能从一个中断上下文里调用，它会阻塞调用上下文，直到当前正在执行的指定 IRQ 线的中断处理程序完成。

9.3.3 线程化中断处理程序

通过 request_irq()注册的处理程序由内核的中断处理代码路径执行。该代码路径是异步的，并通过挂起本地处理器的调度器抢占以及硬件中断来运行，所以被称为硬 IRQ 上下文。因此，编写短的（尽可能做少的工作）和原子的（非阻塞）驱动程序的中断处理程序非常重要，以确保系统的响应性。但是，并不是所有的硬件中断处理程序都是短的和原子的，有大量的复杂设备产生的中断事件，其响应涉及复杂的时变操作。

传统上，驱动程序被编程为通过中断处理程序的分离处理程序来处理这种复杂情况，称为上半部（top half）和下半部（bottom half）。上半部例程在硬中断上下文中被调用，并且这些函数被编程执行关键中断操作，例如硬件寄存器上的物理 I/O 操作，并调度下半部延迟执行。下半部例程通常编程为处理剩余的中断非关键操作和延迟工作，例如处理上半部生成的数据，与进程上下文交互，以及访问用户地址空间。内核提供了多个机制来调度和执行下半部例程，每个例程都有一个独特的 API 和执行策略。我们将在下一节详细说明正规的下半部机制的设计和使用细节。

作为使用正规的下半部机制的备选项，内核支持设置可以在线程上下文中执行的中断处理程序，称为线程化中断处理程序（threaded interrupt handler）。驱动程序可以通过一个备选的 request_threaded_irq()接口来设置线程化中断处理程序：

```
/**
 * request_threaded_irq - allocate an interrupt line
 * @irq: Interrupt line to allocate
 * @handler: Function to be called when the IRQ occurs.
 * Primary handler for threaded interrupts
 * If NULL and thread_fn != NULL the default
 * primary handler is installed
 * @thread_fn: Function called from the irq handler thread
 * If NULL, no irq thread is created
 * @irqflags: Interrupt type flags
 * @devname: An ascii name for the claiming device
 * @dev_id: A cookie passed back to the handler function
 */
   int request_threaded_irq(unsigned int irq, irq_handler_t handler,
                            irq_handler_t thread_fn, unsigned long
irqflags,
                            const char *devname, void *dev_id);
```

分配给 handler 的函数充当在硬 IRQ 上下文执行的主要中断处理程序。分配给 thread_fn 的例程在线程上下文中执行，并且当主处理程序返回 IRQ_WAKE_THREAD 时被调度执行。通过这个分离处理程序设置，有两种可能的情况：一种是主处理程序可以通过编程来执行关键的中断工作，并将非关键工作延迟到线程处理程序中以供后期执行，类似于下半部机制。另一种方法是将整个中断处理代码延迟到线程处理程序中，并限制主处理程序仅用于验证中断源并唤醒线程。这种情况可能需要相应的中断线被屏蔽直到完成线程处理程序，以避免中断嵌套。这可以通过编程让主处理程序在唤醒线程处理程序之前关闭中断来完成，或者在注册线程中断处理程序时设置一个 IRQF_ONESHOT 标志位。

以下是和线程处理程序有关的 irqflag。

- IRQF_ONESHOT：在硬 IRQ 处理程序结束后，中断不会被重新启用。这是由线程中断使用的，其需要保持禁用 IRQ 线直到线程处理程序执行完成。
- IRQF_NO_THREAD：中断不能被线程化。这是在共享 IRQ 中使用的，以限制线程化中断处理程序的使用。

handler 为 NULL 时调用该函数将导致内核使用默认的主处理程序，该处理程序只是简单地返回 IRQ_WAKE_THREAD。thread_fn 为 NULL 时调用该函数，其功能和 request_irq()是相同的。

```
static inline int __must_check
request_irq(unsigned int irq, irq_handler_t handler, unsigned long flags,
            const char *name, void *dev)
{
        return request_threaded_irq(irq, handler, NULL, flags, name, dev);
}
```

另一个用于设置中断处理程序的备选接口是 request_any_context_irq()。这个函数和 request_irq()有着类似的函数签名，但是功能方面略有不同：

```
/**
 * request_any_context_irq - allocate an interrupt line
 * @irq: Interrupt line to allocate
 * @handler: Function to be called when the IRQ occurs.
 * Threaded handler for threaded interrupts.
 * @flags: Interrupt type flags
 * @name: An ascii name for the claiming device
 * @dev_id: A cookie passed back to the handler function
 *
 * This call allocates interrupt resources and enables the
 * interrupt line and IRQ handling. It selects either a
 * hardirq or threaded handling method depending on the
 * context.
 * On failure, it returns a negative value. On success,
 * it returns either IRQC_IS_HARDIRQ or IRQC_IS_NESTED..
 */
int request_any_context_irq(unsigned int irq,irq_handler_t handler,
                            unsigned long flags,const char *name,void
```

```
*dev_id)
```

该函数与 request_irq()的不同之处在于，它查看由体系结构特定的代码设置的 IRQ 描述符来获取中断线的属性，并决定是否分配为传统硬 IRQ 处理程序或作为一个线程中断处理程序。若执行成功，如果处理程序是建立在硬 IRQ 上下文中运行，则返回 IRQC_IS_HARDIRQ，否则返回 IRQC_IS_NESTED，表示使用线程中断处理程序。

9.3.4 控制接口

通用 IRQ 层提供函数来执行 IRQ 线路上的控制操作。以下是用于屏蔽和取消屏蔽特定 IRQ 线的函数列表：

```
void disable_irq(unsigned int irq);
```

这个函数通过操纵 IRQ 描述符结构体中的计数器来禁用指定的 IRQ 线。这个例程有可能是阻塞的调用，因为它要等待直到此中断正在运行的处理程序完成。或者，函数 disable_irq_nosync()也可用于禁用给定的 IRQ 线，这个调用没有检查并等待给定中断线的任何正在运行的处理程序完成：

```
void disable_irq_nosync(unsigned int irq);
```

已禁用的 IRQ 线可以通过调用如下函数来启用：

```
void enable_irq(unsigned int irq);
```

注意，IRQ 启用和禁用操作的嵌套，即禁用一个 IRQ 线的多个调用需要相同数量的启用调用，才能重新启用这个 IRQ。这意味着对于某个特定的 IRO，只有当对它的调用与最后一次的禁用操作相匹配时，enable_irq()才能启用这个 IRQ。

作为选择，中断也可以在本地 CPU 上启用或者禁用。如下成对的宏可以用于相同的情况。

- local_irq_disable()：禁用本地处理器上的中断。
- local_irq_enable()：启用本地处理器上的中断。
- local_irq_save(unsigned long flags)：通过保存当前中断状态到 flags 变量来禁用本地处理器上的中断。
- local_irq_restore(unsigned long flags)：通过恢复之前的中断状态来启用本地处理器上的中断。

9.3.5 中断栈

历史上，对于大多数体系结构，中断处理程序共享被中断的正在运行的进程的内核栈。正如第 1 章所讨论的那样，对于 32 位体系结构，进程内核栈通常是 8 KB，对于 64 位体系结构则为 16 KB。一个固定的内核栈对于内核工作和 IRQ 处理函数可能并不总是足够的，这导致内核代码和中断处理程序需要合理分配数据。为了解决这个问题，内核（针对少数体系结构）默认配置为设置一个额外的 per-CPU 硬 IRQ 栈供给中断处理程序使用，以及一个 per-CPU 软 IRQ 栈供给软件中断代码使用。以下是内核头文件<arch/x86/include/asm/processor.h>中 x86-64 位体系结构特定的栈声明：

```
/*
 * per-CPU IRQ handling stacks
 */
struct irq_stack {
        u32                     stack[THREAD_SIZE/sizeof(u32)];
} __aligned(THREAD_SIZE);

DECLARE_PER_CPU(struct irq_stack *, hardirq_stack);
DECLARE_PER_CPU(struct irq_stack *, softirq_stack);
```

除了这些，x86-64 平台也包含特殊的栈，要获取更多细节，可以在内核源文档<x86/kernel-stacks>中找到：

- 双重异常栈；
- 调试栈；
- NMI 栈；
- Mce 栈。

9.4 延迟工作

前面讲到，下半部是执行延迟工作的内核机制，并可由任何内核代码使用来延迟执行非关键工作，直到将来的某个时候。为了支持其实现和延迟例程的管理，内核实现了特殊的框架，称为 softirq、tasklet 和工作队列。这些框架中的每一个都由一组数据结构和功能接口构成，用于注册、调度和排列下半部例程。每个机制都设计有独特的策略管理和下半部执行。

驱动程序和其他要求延迟执行的内核服务将需要通过合适的框架来绑定和调度它们的下半部例程。

9.4.1 softirq

术语 softirq 一般翻译为软中断，顾名思义，由该框架管理的延迟例程以高优先级执行，但是其硬中断线路是启用的。因此，softirq 下半部（或 softirq）可以抢占除硬中断处理程序外的所有其他任务。但是，softirq 的使用仅限于静态内核代码，该机制不能用于动态内核模块。

每个 softirq 都由一个在内核头文件<linux/interrupt.h>中声明的 struct softirq_action 类型的实例表示。这个结构体包含一个保存下半部例程的地址的函数指针：

```
struct softirq_action
{
        void (*action)(struct softirq_action *);
};
```

目前内核版本有 10 个 softirq，每一个都通过一个在内核头文件<linux/interrupt.h>中定义的枚举变量来索引。这些索引起着标识符的作用，以及作为 softirq 的相对优先级，低索引对应高优先级，0 索引是最高优先级的 softirq：

```
enum
{
        HI_SOFTIRQ=0,
        TIMER_SOFTIRQ,
        NET_TX_SOFTIRQ,
        NET_RX_SOFTIRQ,
        BLOCK_SOFTIRQ,
        IRQ_POLL_SOFTIRQ,
        TASKLET_SOFTIRQ,
        SCHED_SOFTIRQ,
        HRTIMER_SOFTIRQ, /* Unused, but kept as tools rely on the
                            numbering. Sigh! */
        RCU_SOFTIRQ, /* Preferable RCU should always be the last softirq */

        NR_SOFTIRQS
};
```

内核源文件<kernel/softirq.c>声明了一个大小为 NR_SOFTIRQS 的 softirq_vec 数组，每个

偏移量包含一个 softirq_action 实例，对应于枚举变量中索引的 softirq：

```
static struct softirq_action softirq_vec[NR_SOFTIRQS]
__cacheline_aligned_in_smp;

/* string constants for naming each softirq */
const char * const softirq_to_name[NR_SOFTIRQS] = {
        "HI", "TIMER", "NET_TX", "NET_RX", "BLOCK", "IRQ_POLL",
        "TASKLET", "SCHED", "HRTIMER", "RCU"
};
```

softirq 框架提供一个 open_softirq()函数，用于初始化 softirq 实例中对应的下半部例程：

```
void open_softirq(int nr, void (*action)(struct softirq_action *))
{
        softirq_vec[nr].action = action;
}
```

nr 是要初始化的 softirq 对应的索引。*action 是一个函数指针，初始化为下半部例程的地址。以下代码片段是取自定时器服务，展示了调用 open_softirq 注册了一个 softirq：

```
/*kernel/time/timer.c*/
open_softirq(TIMER_SOFTIRQ, run_timer_softirq);
```

内核服务能够通过一个 raise_softirq()函数给 softirq 处理程序发出执行信号。该函数将 softirq 的索引作为参数：

```
void raise_softirq(unsigned int nr)
{
        unsigned long flags;

        local_irq_save(flags);
        raise_softirq_irqoff(nr);
        local_irq_restore(flags);
}
```

以下代码片段来自<kernel/time/timer.c>：

```
void run_local_timers(void)
{
        struct timer_base *base = this_cpu_ptr(&amp;timer_bases[BASE_STD]);

        hrtimer_run_queues();
```

```
        /* Raise the softirq only if required. */
        if (time_before(jiffies, base->clk)) {
                if (!IS_ENABLED(CONFIG_NO_HZ_COMMON) || !base->nohz_active)
                        return;
                /* CPU is awake, so check the deferrable base. */
                base++;
                if (time_before(jiffies, base->clk))
                        return;
        }
        raise_softirq(TIMER_SOFTIRQ);
}
```

内核维护一个 per-CPU 位掩码，用于跟踪已引发执行的 softirq，然后 raise_softirq()函数在本地 CPU softirq 的位掩码中设置相应的位，以标记待处理的 softirq。

内核代码在多处不同的位置检查并执行待处理的 softirq 处理程序。原则上，它们在中断上下文中执行，在启用 IRQ 线的硬中断处理程序执行完后立即执行。这保证了迅速处理引发自硬中断处理程序的 softirq，从而实现了最佳的缓存使用率。然而，内核允许任意任务在本地处理器上通过 local_bh_disable()或 spin_lock_bh() 调用来挂起执行 softirq。待处理的 softirq 处理程序在通过调用 local_bh_enable()或 spin_unlock_bh()来重新启用 softirq 的任意任务的上下文中执行。最后，softirq 处理程序也可以由 per-CPU 内核线程 ksoftirqd 执行，当一个 softirq 被任意进程上下文的内核例程引发时，该线程就会被唤醒。当由于高负载而累积了很多 softirq 时，该线程也会从中断上下文唤醒。

由于 softirq 是在硬中断处理程序完成后立即运行，因此它最适合完成硬中断处理程序延迟的优先工作。但是，softirq 处理程序是可重入的，如果有的话，在访问数据结构时必须使用适当的保护机制。softirq 的可重入特性可能会导致无限制的延迟，而影响整个系统的效率，这就是它们的使用受到限制的原因，而且新的 softirq 几乎不会被添加，除非执行高频线程化的延迟工作是绝对必要的。对于所有其他类型的延迟工作，建议使用 tasklet 和工作队列。

9.4.2 tasklet

tasklet 机制是 softirq 框架的一种包装。事实上，tasklet 处理程序是由 softirq 执行的。与 softirq 不同，tasklet 不可重入，这保证了相同的 tasklet 处理程序不能并发运行。这有助于最大限度地减少总体延迟，只要程序员检查并强制执行相关的检查以确保在一个 tasklet 中完成的工作是非阻塞和原子的即可。另一个区别在于它们的用法：与 softirq 不同（它们是受限制的），任何内核代码都可以使用 tasklet，这包括动态链接的服务。

每个 tasklet 是通过一个在内核头文件<linux/interrupt.h>中声明的 struct tasklet_struct 类型的实例表示的：

```
struct tasklet_struct
{
        struct tasklet_struct *next;
        unsigned long state;
        atomic_t count;
        void (*func)(unsigned long);
        unsigned long data;
};
```

初始化后，*func 保存处理函数的地址，data 用于在调用期间以参数的方式传递数据给处理程序。每个 tasklet 都带有一个 state，其值可能是 TASKLET_STATE_SCHED，表示该 tasklet 已被调度等待执行；或者是 TASKLET_STATE_RUN，表示该 tasklet 正在执行中。使用一个原子计数器来启用或者禁用一个 tasklet。当 count 等于一个非零值时，表示该 tasklet 已被禁用，0 表示该 tasklet 已被启用。一个被禁用的 tasklet 不能被执行，哪怕它已经被调度了，直到它在将来的某个时刻被启用。

内核服务能够通过以下任意宏静态地实例化一个新的 tasklet：

```
#define DECLARE_TASKLET(name, func, data) \
struct tasklet_struct name = { NULL, 0, ATOMIC_INIT(0), func, data }

#define DECLARE_TASKLET_DISABLED(name, func, data) \
struct tasklet_struct name = { NULL, 0, ATOMIC_INIT(1), func, data }
```

新 tasklet 能够通过以下函数在运行时动态地被实例化：

```
void tasklet_init(struct tasklet_struct *t,
                  void (*func)(unsigned long), unsigned long data)
{
        t->next = NULL;
        t->state = 0;
        atomic_set(&t->count, 0);
        t->func = func;
        t->data = data;
}
```

内核维护两个 per-CPU tasklet 链表，用于排队已调度的 tasklet，这些链表的定义可以在<kernel/softirq.c>源文件中找到：

```
/*
 * Tasklets
 */
struct tasklet_head {
        struct tasklet_struct *head;
        struct tasklet_struct **tail;
};

static DEFINE_PER_CPU(struct tasklet_head, tasklet_vec);
static DEFINE_PER_CPU(struct tasklet_head, tasklet_hi_vec);
```

tasklet_vec 是正常链表，所有在这个链表排队的 tasklet 都通过 TASKLET_SOFTIRQ 执行（10 个 softirq 中的一个）。tasklet_hi_vec 是一个高优先级的 tasklet 链表，所有在这个链表中排队的 tasklet 都是通过 HI_SOFTIRQ 执行的，该 softirq 是最高优先级的 softirq。一个 tasklet 可以通过调用 tasklet_schedule()或者 tasklet_hi_schedule()到合适的链表中排队执行。

以下代码展示了 tasklet_schedule()的实现。这个函数是以 tasklet 实例的地址作为参数来调用的：

```
extern void __tasklet_schedule(struct tasklet_struct *t);

static inline void tasklet_schedule(struct tasklet_struct *t)
{
        if (!test_and_set_bit(TASKLET_STATE_SCHED, &t->state))
                __tasklet_schedule(t);
}
```

该条件语句检查指定的 tasklet 是否已经被调度。如果没有，该语句自动设置 TASKLET_STATE_SCHED 状态，并调用__tasklet_schedule()把 tasklet 实例排入待处理的链表中。如果该 tasklet 被发现已经处于 TASKLET_STATE_SCHED 状态，那么它就不会重新调度：

```
void __tasklet_schedule(struct tasklet_struct *t)
{
        unsigned long flags;

        local_irq_save(flags);
        t->next = NULL;
        *__this_cpu_read(tasklet_vec.tail) = t;
        __this_cpu_write(tasklet_vec.tail, &(t->next));
        raise_softirq_irqoff(TASKLET_SOFTIRQ);
        local_irq_restore(flags);
}
```

这个函数只是把指定的 tasklet 排入 tasklet_vec 队列的尾部，然后在本地处理器上引发 TASKLET_SOFTIRQ。

以下是 tasklet_hi_schedule()函数的代码：

```
extern void __tasklet_hi_schedule(struct tasklet_struct *t);

static inline void tasklet_hi_schedule(struct tasklet_struct *t)
{
        if (!test_and_set_bit(TASKLET_STATE_SCHED, &t->state))
                __tasklet_hi_schedule(t);
}
```

这个函数执行的动作和 tasklet_schedule()是类似的，区别是该函数是调用__tasklet_hi_schedule()来把指定的 tasklet 排入 tasklet_hi_vec 队列的尾部：

```
void __tasklet_hi_schedule(struct tasklet_struct *t)
{
        unsigned long flags;

        local_irq_save(flags);
        t->next = NULL;
        *__this_cpu_read(tasklet_hi_vec.tail) = t;
        __this_cpu_write(tasklet_hi_vec.tail, &(t->next));
        raise_softirq_irqoff(HI_SOFTIRQ);
        local_irq_restore(flags);
}
```

这个调用在本地处理器上引发 HI_SOFTIRQ，把 tasklet_hi_vec 队列中的所有 tasklet 转化成最高优先级的下半部（比剩余的 softirq 优先级更高）。

另一个变体是 tasklet_hi_schedule_first()，该函数把指定的 tasklet 插入 tasklet_hi_vec 队列的头部，并引发 HI_SOFTIRQ：

```
extern void __tasklet_hi_schedule_first(struct tasklet_struct *t);

 */
static inline void tasklet_hi_schedule_first(struct tasklet_struct *t)
{
        if (!test_and_set_bit(TASKLET_STATE_SCHED, &t->state))
                __tasklet_hi_schedule_first(t);
}
```

```
/*kernel/softirq.c */
void __tasklet_hi_schedule_first(struct tasklet_struct *t)
{
        BUG_ON(!irqs_disabled());
        t->next = __this_cpu_read(tasklet_hi_vec.head);
        __this_cpu_write(tasklet_hi_vec.head, t);
        __raise_softirq_irqoff(HI_SOFTIRQ);
}
```

其他接口函数用于启用、禁用和杀死已调度的 tasklet。

```
void tasklet_disable(struct tasklet_struct *t);
```

这个函数通过增加其 disable 计数器来禁用 tasklet。该 tasklet 依然可以被调度，但是它不会被执行，直到它被重新启用。如果 tasklet 在该函数被调用时正在运行，这个函数会等待，直到该 tasklet 完成。

```
void tasklet_enable(struct tasklet_struct *t);
```

这个函数尝试通过递减其 disable 计数器来启用一个之前已经被禁用的 tasklet。如果该 tasklet 已经被调度了，那么它将会很快执行：

```
void tasklet_kill(struct tasklet_struct *t);
```

这个函数用来杀死给定的 tasklet，以确保该 tasklet 不会被再次调度执行。如果该 tasklet 在这个函数调用时已经被调度，那么这个函数会等待，直到该 tasklet 执行完成：

```
void tasklet_kill_immediate(struct tasklet_struct *t, unsigned int cpu);
```

这个函数用来杀死一个已经调度的 tasklet。它会立即把指定的 tasklet 从链表里移除，即使该 tasklet 处于 TASKLET_STATE_SCHED 状态。

9.4.3　工作队列

工作队列（wq）是用于异步进程上下文函数执行的机制。正如名字所表明的，工作队列是一份 work 项清单，每个项都包含一个函数指针，该函数指针指向一个异步执行的函数地址。每当一些内核代码（属于一个子系统或服务）打算延迟一些异步进程上下文执行的工作时，它就必须初始化带有处理函数地址的 work 项，并把它排入一个工作队列。内核使用专有的内核线程池，称为 kworker 线程，来顺序地执行绑定到队列中每个 work 项的函数。

1. 接口 API

工作队列 API 提供了两种类型的函数接口：第一种是一组把 work 项实例化并排入一个全局工作队列的接口函数，这个全局工作队列由所有内核子系统和服务共享；第二种是一组设置一个新工作队列并将 work 项排入队列的接口函数。我们将开始探索和全局共享工作队列相关的工作队列接口宏和函数。

每个队列中的 work 项都通过一个 struct work_struct 类型的实例来表示，该结构体在内核头文件<linux/workqueue.h>中声明：

```
struct work_struct {
        atomic_long_t data;
        struct list_head entry;
        work_func_t func;
#ifdef CONFIG_LOCKDEP
        struct lockdep_map lockdep_map;
#endif
};
```

func 是一个保存延迟函数地址的指针；一个新的 work_struct 对象可以通过宏 DECLARE_WORK 来创建并初始化：

```
#define DECLARE_WORK(n, f) \
 struct work_struct n = __WORK_INITIALIZER(n, f)
```

n 是要创建的实例名，f 是要赋值的函数地址。一个 work 实例可以通过 schedule_work() 调度到工作队列中：

```
bool schedule_work(struct work_struct *work);
```

这个函数把给定的 work 项排入本地 CPU 工作队列中，但是并不保证其执行。如果给定的 work 项被成功地排入工作队列，则返回 true；如果发现给定的 work 项已经在工作队列中，则返回 false。一旦排入工作队列中，与该 work 项关联的函数会通过对应的 kworker 线程在任意可用的 CPU 上执行。另外，一个 work 项可以在调度到队列时标记为在特定 CPU 上执行（这可以产生更好的缓存利用率），这可以通过调用 schedule_work_on()来完成：

```
bool schedule_work_on(int cpu, struct work_struct *work);
```

cpu 是 work 任务要绑定的 CPU 标识符。比如，要把一个 work 任务调度到本地 CPU 上，调用者可以调用：

```
schedule_work_on(smp_processor_id(), &t_work);
```

smp_process_id()是一个内核宏（定义在<linux/smp.h>中），返回本地 CPU 标识符。

接口 API 也提供了一个调度的变体，它允许调用者将 work 任务排队，而且确保至少在指定的超时到期后再执行该 work 任务。这是通过把一个 work 任务绑定到一个定时器上实现的，该定时器可以初始化为一个超时，在超时到期之前 work 任务不会被调度到队列中：

```
struct delayed_work {
        struct work_struct work;
        struct timer_list timer;

        /* target workqueue and CPU ->timer uses to queue ->work */
        struct workqueue_struct *wq;
        int cpu;
};
```

timer 是动态定时器描述符的一个实例，该实例使用到期间隔时间初始化，并在调度一个 work 任务时使用。我们将在下一章讨论内核定时器和其他与时间相关的概念。

调用者能够实例化 delayed_work，并通过一个宏静态初始化它：

```
#define DECLARE_DELAYED_WORK(n, f) \
        struct delayed_work n = __DELAYED_WORK_INITIALIZER(n, f, 0)
```

与普通的 work 任务类似，延迟 work 任务能够被调度到任何可用的 CPU 上运行，也可以调度到一个特定的 CPU 核上执行。要把延迟 work 调度到任意可用的 CPU 上运行，可以调用 schedule_delayed_work()；要把延迟 work 调度到特定的 CPU 上，可以调用 schedule_delayed_work_on()函数：

```
bool schedule_delayed_work(struct delayed_work *dwork,unsigned long delay);
bool schedule_delayed_work_on(int cpu, struct delayed_work *dwork,
                                                     unsigned long
delay);
```

注意，如果 delay 为 0，那么指定的 work 项会立即调度执行。

2. 创建专用工作队列

调度到全局工作队列中的 work 项的执行时间是不可预测的：一个长期运行的 work 项总是会将剩余的 work 项无限期延迟。作为一种选择，工作队列框架允许分配专用的工作队列，它可以由一个内核子系统或服务所有。用于创建和把工作调度到这些队列里的接口 API 提供控制标志，通过这些控制标志，所有者可以设置特殊属性，比如 CPU 局部性、并发限制和优先级，这些属性对已在队列中的 work 项的执行有影响。

一个新的工作队列可以通过调用 alloc_workqueue()来设置。下面这个取自 <fs/nfs/inode.c>的代码片段展示了示例用法：

```
struct workqueue_struct *wq;
...
wq = alloc_workqueue("nfsiod", WQ_MEM_RECLAIM, 0);
```

这个调用有 3 个参数：第一个参数 name 是一个字符串常量，用来给工作队列命名；第二个参数是各标志的位域，第三个参数是整数，叫作 max_active。后两个参数用于指定队列的控制属性。若成功，该函数返回工作队列描述符的地址。

以下是可用的标志选项。

- WQ_UNBOUND：带有这个标志的工作队列由 kworker 池管理，该工作池不绑定到任何特定的 CPU。这导致所有调度到该队列的 work 项会运行在任意可用的处理器上。在该队列中的 work 项由 kworker 池尽可能快地执行。
- WQ_FREEZABLE：这种类型的工作队列是可冻结的，这意味着它会受系统挂起操作的影响。在挂起期间，所有当前 work 项都会被暂停，并且没有新 work 项可以运行，直到系统解冻或者恢复。
- WQ_MEM_RECLAIM：这个标志用于标记一个包含带有内存回收路径的 work 项的工作队列。这导致框架确保在该队列上总有一个 worker 线程可以用来运行 work 项。
- WQ_HIGHPRI：这个标志用于标记一个高优先级工作队列。在高优先级工作队列里的 work 项会比普通的 work 项有更高的优先权，这些 work 项会由一个高优先级 kworker 线程池执行。内核会为每一个 CPU 维护一个专有的高优先级 kworker 线程池，该高优先级线程池和普通 kworker 池是分开的。
- WQ_CPU_INTENSIVE：这个标志标记在该工作队列上的 work 项是 CPU 密集型任务。这有助于系统调度器管理长时间占用 CPU 的 work 项。这意味着可运行的 CPU 密集型 work 项从一开始就不会阻碍其他在相同 kworker 池的 work 项。一个可运行的非 CPU 密集型 work 项总能延迟标记为 CPU 密集型 work 项的执行。这个标志对带有 WQ_UNBOUND 标志的工作队列没有意义。
- WQ_POWER_EFFICIENT：带有这个标志的工作队列默认是 per-CPU 类型的，但是如果系统引导时带有 workqueue.power_efficient 内核参数集，会成为未绑定类型。功耗大的 per-CPU 工作队列会被识别并标记该标志，启用 power_efficient 模式可以以轻微的性能损失获得功耗的显著节省。

最后一个参数 max_active 是一个整型数，它必须指定在任意给定 CPU 上可以从这个工作队列里同时执行的 work 项数。

一旦一个专有的工作队列建立起来，work 项就能够通过如下调用来调度：

```
bool queue_work(struct workqueue_struct *wq, struct work_struct *work);
```

wq 是一个指向工作队列的指针，它把指定的 work 项排入本地 CPU 队列，但是不保证在本地处理器上执行。这个调用返回 true 表示给定的 work 项已成功入队，返回 false 表示给定的 work 项已经被调度了。

作为一种选择，调用者可以通过一个调用将一个绑定到指定 CPU 的 work 项入队：

```
bool queue_work_on(int cpu,struct workqueue_struct *wq,struct work_struct *work);
```

一旦一个 work 项被排入一个指定 cpu 的工作队列，该函数返回 true 表示给定 work 项已成功入队，返回 false 则表示在队列里已经发现该 work 项。

和共享工作队列 API 类似，延迟调度选项对专有工作队列也是可用的。以下调用用于 work 项的延迟调度：

```
bool queue_delayed_work_on(int cpu, struct workqueue_struct *wq, struct
delayed_work *dwork,unsigned long delay);

bool queue_delayed_work(struct workqueue_struct *wq, struct delayed_work
*dwork, unsigned long delay
```

两个调用都延迟调度给定 work 项，直到 delay 指定的超时已经经过，但不同的是，queue_delayed_work_on()在特定 CPU 上使给定 work 项入队并保证它在上面执行。注意，如果 delay 为 0，并且工作队列是空闲的，则给定的 work 项会立刻调度执行。

9.5 小结

本章介绍了中断的基础、构建整个基础架构的各种组件，以及内核如何高效地管理这个架构。本章还介绍了内核如何构建抽象，以便平滑处理由各种控制器发出的不同中断信号。内核简化复杂编程方法的努力再次通过高阶中断管理接口得到了体现。我们对中断子系统的所有关键函数和重要数据结构的理解也得以扩展。本章也介绍了用于处理延迟工作的内核机制。

下一章将探讨内核的时间子系统，介绍时间度量、间隔定时器和超时及延迟例程等关键概念。

10

第 10 章　时钟和时间管理

Linux 时间管理子系统管理各种与时间相关的活动并跟踪定时数据，例如当前时间和日期，系统启动以来经过的时间（系统运行时间）和超时，特定事件的发起和终止所需等待的时长，超时后锁定系统，或者发出信号来杀死一个无响应的进程。

Linux 时间管理子系统处理两种类型的时间活动：

- 保持当前时间和日期；
- 维护定时器。

10.1　时间表示

取决于使用情况，在 Linux 中时间以 3 种不同的方式表示。

- 墙上时间（或者实际时间）：这是真实世界中的实际时间和日期，例如 07:00 AM, 10 Aug 2017，该时间用于文件上的时间戳以及通过网络发送的包。
- 进程时间：这是进程在其生命周期中消耗的时间。它包括用户模式下进程消耗的时间和代表进程执行的内核代码消耗的时间。这对于统计、审计和分析有帮助。
- 单调时间：这是自系统启动以来经过的时间。它总是单调递增的（系统运行时间）。

这 3 种时间通过如下方式中的一种来度量。

- 相对时间：这是相对某个特定事件的时间，例如系统启动后的 7 分钟，或者上一次用户输入后的 2 分钟。
- 绝对时间：这是唯一的时间点，没有参照任何之前的事件，例如 10:00 AM, 12 Aug 2017。在 Linux 中，绝对时间表示为自 1970 年 1 月 1 日 00:00:00（UTC）以来经过的秒数。

墙上时间是不断增加的（除非被用户修改过），即使在重新启动和关闭之间也是如此。但进程时间和系统运行时间是从一些预定义的时间点（通常为 0）开始的，比如每次创建一个新进程或者系统启动时。

时间硬件

Linux 依赖合适的硬件设备来维护时间。这些硬件设备可以大致分为两类：系统时钟和定时器。

1. 实时时钟（RTC）

跟踪当前时间和日期是非常重要的，不仅是让用户知道它，还会将其用作系统中各种资源的时间戳，特别是存在于二级存储中的文件。每个文件都有元数据信息，如创建日期和上次修改日期，每次文件被创建或修改后，这两个字段会更新为系统当前时间。这些字段被多个应用程序用于管理文件，如排序、分组甚至是删除（如果文件长时间未被访问）。make 工具使用这个时间戳以确定自从上次访问后，源文件是否已经被编辑过，只有这样它才会被编译，否则保持不变。

系统时钟 RTC 跟踪当前时间和日期，由一块额外的电池支撑，当系统关闭后，它也会持续地打节拍。

RTC 可以定期在 IRQ8 上产生中断。该功能可以当作一个闹钟设备，通过对 RTC 编程，当到达特定的时间时在 IRQ8 上产生中断。在 IBM 兼容 PC 中，RTC 映射到 I/O 端口 0x70 和 0x71。它可以通过/dev/rtc 设备文件来访问。

2. 时间戳计数器（TSC）

这是每个 x86 微处理器都会实现的一个计数器，由一个 64 位寄存器（称为 TSC 寄存器）实现。它计算到达处理器 CLK 引脚的时钟信号数量。当前计数器值可以通过访问 TSC 寄存器来读取。每秒计数的滴答数可以计算为 1/时钟频率。对于 1 GHz 时钟，它将转换为每纳秒一次。

掌握两个连续滴答之间的持续时间是非常关键的。事实上一个处理器的时钟频率可能与其他处理器的时钟频率不一样，导致每个处理器上两个滴答之间的持续时间是不同的。CPU 时钟频率是在系统启动期间由 x86_platform_ops 结构体中的 calibrate_tsc()回调函数计算的，定义在 arch/x86/include/asm/x86_init.h 头文件中：

```
struct x86_platform_ops {
```

```
        unsigned long (*calibrate_cpu)(void);
        unsigned long (*calibrate_tsc)(void);
        void (*get_wallclock)(struct timespec *ts);
        int (*set_wallclock)(const struct timespec *ts);
        void (*iommu_shutdown)(void);
        bool (*is_untracked_pat_range)(u64 start, u64 end);
        void (*nmi_init)(void);
        unsigned char (*get_nmi_reason)(void);
        void (*save_sched_clock_state)(void);
        void (*restore_sched_clock_state)(void);
        void (*apic_post_init)(void);
        struct x86_legacy_features legacy;
        void (*set_legacy_features)(void);
};
```

这个数据结构也管理其他时间操作，比如通过 get_wallclock()从 RTC 获取时间，或者通过 set_wallclock()回调函数设置 RTC 上的时间。

3．可编程中断定时器（Programmable Interrupt Timer，PIT）

内核需要定期执行某些任务，比如：

- 更新当前时间和日期（在午夜）；
- 更新系统运行时间（上线时间）；
- 跟踪每个进程所消耗的时间，这样它们就不会超出分配的 CPU 运行时间；
- 跟踪各种定时器活动。

为了执行这些任务，必须定期触发中断。每次这个周期性的中断被触发，内核就知道是时候更新上述时间数据了。PIT 就是负责发出这个周期性中断（称为定时器中断）的硬件。PIT 不断在 IRQ0 上周期性地以大约 1000Hz 的频率发出定时器中断，每次 1 毫秒。这个周期性的中断被称为节拍（tick），它发出的频率被称为节拍率（tick rate）。节拍率由内核宏 HZ 定义，以赫兹为单位进行度量。

系统响应速度取决于节拍率：节拍越短，系统响应速度越快，反之亦然。用较短的节拍，poll()和 select()系统调用将有更快的响应速度。但是，短节拍比较明显的缺点是 CPU 将大部分时间工作在内核模式下（执行定时器中断的中断处理程序），用户模式代码（程序）在其上执行的时间较少。在高性能的 CPU 中，它不会有很大开销，但在较慢的 CPU 中，整个系统的性能会受到很大影响。

为了在响应时间和系统性能之间达到平衡，大多数机器都使用 100Hz 的节拍率。除了 Alpha 和 m68knommu，它们使用 1000Hz 的节拍率，其余的通用体系结构，包括 x86（arm、powerpc、sparc、mips 等），都使用 100Hz 的节拍率。在 x86 机器中常见的 PIT 硬件是 Intel 8253，它是 I/O 映射的，通过 0x40～0x43 地址访问。PIT 由 setup_pit_timer()初始化，该函数定义在 arch/x86/kernel/i8253.c 文件中：

```
void __init setup_pit_timer(void)
{
        clockevent_i8253_init(true);
        global_clock_event = &i8253_clockevent;
}
```

这个函数内部调用 clockevent_i8253_init()，其定义在<drivers/clocksource/i8253.c>中：

```
void __init clockevent_i8253_init(bool oneshot)
{
        if (oneshot)
                i8253_clockevent.features |= CLOCK_EVT_FEAT_ONESHOT;
        /*
        * Start pit with the boot cpu mask. x86 might make it global
        * when it is used as broadcast device later.
        */
        i8253_clockevent.cpumask = cpumask_of(smp_processor_id());

        clockevents_config_and_register(&i8253_clockevent, PIT_TICK_RATE,
                                        0xF, 0x7FFF);
}
#endif
```

4．CPU 本地定时器

PIT 是一个全局定时器，并且在一个 SMP 系统中，由它引发的中断可以由任何 CPU 处理。在某些情况下，有这样一个通用计时器是有利的，而在其他情况下，per-CPU 计时器则更受欢迎。在 SMP 系统中，使用本地计时器可以更容易、更有效地保存进程时间并监控每个 CPU 中分配给进程的时间片。

最近 x86 微处理器中的本地 APIC 嵌入了这样一个 CPU 本地计时器。CPU 本地定时器可以一次性或定期发出中断。它使用一个 32 位定时器，可以以非常低的频率发出中断（这个更宽的计数器在引发中断前允许更多的节拍）。APIC 定时器与总线时钟信号一起工作。APIC 定时器与 PIT 非常相似，只不过它在 CPU 本地，具有一个 32 位的计数器（PIT 有一个 16 位计数器），并与总线时钟信号一起工作（PIT 使用自己的时钟信号）。

5. 高精度事件定时器（HPET）

HPET 与超过 10MHz 的时钟信号一起工作，每 100 纳秒发出一次中断，因此命名为高精度事件定时器。HPET 在这样一个高频率下实现了一个 64 位主计数器。它由英特尔和微软公司联合开发，旨在满足新的高分辨率定时器的需求。HPET 嵌入了一个计时器集合。集合中的每一个定时器都能够独立发出中断，并且可以由内核分配用于特定的应用程序。这些定时器以定时器组来管理，每组最多可以有 32 个定时器。一个 HPET 最多可以实现 8 个这样的组。每个计时器都有一套比较寄存器和匹配寄存器。当匹配寄存器中的值与主计数器的值匹配时，计时器发出中断。定时器可以编程为一次性产生中断或定期产生中断。

寄存器是内存映射的，并具有可重定位的地址空间。在系统启动时，BIOS 设置寄存器的地址空间并将其传递给内核。一旦 BIOS 映射地址，就很少被内核重新映射。

6. ACPI 电源管理定时器（ACPI PMT）

ACPI PMT 是一个简单的计数器，具有 3.58 MHz 的固定频率时钟。它在每个节拍上递增。PMT 是端口映射的。在启动期间，BIOS 会处理在硬件初始化阶段映射的地址。PMT 比 TSC 更可靠，因为它可以以恒定的时钟频率工作。而 TSC 依赖 CPU 时钟，该时钟可以根据当前负载进行降频或超频，导致时间膨胀和度量不准确。在所有这些定时器之中，如果系统中有 HPET，则它更可取，因为它允许非常短的时间间隔。

10.2 硬件抽象

每个系统都至少有一个时钟计数器。与机器中其他硬件设备一样，这个计数器也由一个结构体来表示和管理。硬件抽象由 struct clocksource 表示，定义在 include/linux/ clocksource.h 头文件中。这个结构体通过提供 read、enable、disable、suspend 和 resume 回调函数来访问和处理该计数器上的电源管理。

```
struct clocksource {
        u64 (*read)(struct clocksource *cs);
        u64 mask;
        u32 mult;
        u32 shift;
        u64 max_idle_ns;
        u32 maxadj;
```

```
#ifdef CONFIG_ARCH_CLOCKSOURCE_DATA
        struct arch_clocksource_data archdata;
#endif
        u64 max_cycles;
        const char *name;
        struct list_head list;
        int rating;
        int (*enable)(struct clocksource *cs);
        void (*disable)(struct clocksource *cs);
        unsigned long flags;
        void (*suspend)(struct clocksource *cs);
        void (*resume)(struct clocksource *cs);
        void (*mark_unstable)(struct clocksource *cs);
        void (*tick_stable)(struct clocksource *cs);

        /* private: */
#ifdef CONFIG_CLOCKSOURCE_WATCHDOG
        /* Watchdog related data, used by the framework */
        struct list_head wd_list;
        u64 cs_last;
        u64 wd_last;
#endif
        struct module *owner;
};
```

mult 和 shift 对获取相对单位的消耗时间有帮助。

计算消耗时间

在此之前，我们知道在每个系统中都有一个自由运行的、不断递增的计数器，并且所有的时间都来自它，无论是墙上时间还是其他持续时间。这里最自然的计算时间的方法（自从计数器开启以来经过的秒数）是用这个计数器提供的周期数除以时钟频率，如下面的公式所示：

时间（秒）=（计数器值）/（时钟频率）

然而，这种方法有一个问题：它涉及除法（除法是工作在一个迭代算法上，这让其成为 4 种基本算术运算中最慢的运算）和浮点计算，在某些体系结构下可能会更慢。当工作在嵌入式平台时，使用浮点计算显然比在 PC 或服务器平台上慢。

那么我们如何解决这个问题呢？时间是使用乘法和移位（bitwise shift）操作来计算，而不是除法。内核提供了一个以这种方式推导时间的辅助函数，即 clocksource_cyc2ns()，它定义在 include/linux/clocksource.h 文件中，将时钟源周期转换为纳秒：

```
static inline s64 clocksource_cyc2ns(u64 cycles, u32 mult, u32 shift)
{
        return ((u64) cycles * mult) >> shift;
}
```

这里，cycles 参数是来自时钟源的已消耗周期数，mult 是周期转换为纳秒的乘数，shift 是周期转换为纳秒的除数（2 的乘方）。这些参数都和时钟源有关。这些值由之前讨论过的时钟源内核抽象提供。

时钟源硬件并不总是精确的，它们的频率可能不一样。这个时钟变化会导致时间漂移（使时钟运行得更快或者更慢）。在这种情况下，可以调整 mult 变量来弥补这个时间漂移。

clocks_calc_mult_shift()辅助函数定义在 kernel/time/clocksource.c 中，用于评估 mult 和 shift 因子：

```
void
clocks_calc_mult_shift(u32 *mult, u32 *shift, u32 from, u32 to, u32 maxsec)
{
        u64 tmp;
        u32 sft, sftacc= 32;

        /*
        * Calculate the shift factor which is limiting the conversion
        * range:
        */
        tmp = ((u64)maxsec * from) >> 32;
        while (tmp) {
                tmp >>=1;
                sftacc--;
        }
        /*
        * Find the conversion shift/mult pair which has the best
        * accuracy and fits the maxsec conversion range:
        */
        for (sft = 32; sft > 0; sft--) {
                tmp = (u64) to << sft;
                tmp += from / 2;
                do_div(tmp, from);
                if ((tmp >> sftacc) == 0)
```

```
                break;
        }
        *mult = tmp;
        *shift = sft;
}
```

两个事件之间的持续时间可以用如下代码片段来计算：

```
struct clocksource *cs = &curr_clocksource;
cycle_t start = cs->read(cs);
/* things to do */
cycle_t end = cs->read(cs);
cycle_t diff = end - start;
duration = clocksource_cyc2ns(diff, cs->mult, cs->shift);
```

10.3 Linux 计时数据结构体、宏以及辅助函数

我们现在通过查看一些关键的计时结构体、宏和可以帮助程序员提取特定的时间相关数据的辅助函数来扩展我们的理解。

10.3.1 jiffies

jiffies 变量保存了自系统启动以来经过的节拍数。每一个节拍发生时，jiffies 就会递增 1。它是一个 32 位变量，意味着节拍率为 100Hz 时，将会在大约 497 天发生溢出（对于 1000Hz 的节拍率是 49 天 17 小时）。

为了解决这个问题，我们使用了一个 64 位变量 jiffies_64，这让溢出时间变为成千上万年。jiffies 变量等同于 jiffies_64 的低 32 位。jifffies 和 jiffies_64 两者兼有的原因是在 32 位机器中，64 位变量不能被原子地访问。当这两个 32 位部分被处理时，为避免计数器更新，需要进行同步处理。get_jiffies_64()函数定义在/kernel/time/jiffies.c 源文件中，返回当前 jiffies 值：

```
u64 get_jiffies_64(void)
{
        unsigned long seq;
        u64 ret;

        do {
                seq = read_seqbegin(&jiffies_lock);
```

```
                ret = jiffies_64;
        } while (read_seqretry(&jiffies_lock, seq));
        return ret;
}
```

当和 jiffies 打交道时，考虑到 jiffies 回绕有可能是至关重要的，因为它会在比较两个时间事件时导致不可预期的结果。这里有 4 个宏用于此类处理，定义在 include/linux/jiffies.h 中：

```
#define time_after(a,b)            \
       (typecheck(unsigned long, a) && \
        typecheck(unsigned long, b) && \
        ((long)((b) - (a)) < 0))
#define time_before(a,b)       time_after(b,a)

#define time_after_eq(a,b)     \
       (typecheck(unsigned long, a) && \
        typecheck(unsigned long, b) && \
        ((long)((a) - (b)) >= 0))
#define time_before_eq(a,b)    time_after_eq(b,a)
```

所有这些宏都返回布尔类型值。参数 a 和 b 是要比较的时间事件。如果 a 发生在 b 之后，time_after 返回真，否则返回假。相反，如果 a 发生在 b 之前，time_before()返回真，否则返回假。如果 a 等于 b，则 time_after_eq()和 time_before_eq()都返回真。jiffies 可以转换成其他时间单位，如毫秒、微秒和纳秒，使用定义在 kernel/time/time.c 中的 jiffies_to_msecs()、jiffies_to_usecs()函数，以及定义在 include/linux/jiffies.h 中的 jiffies_to_nsecs()函数：

```
unsigned int jiffies_to_msecs(const unsigned long j)
{
#if HZ <= MSEC_PER_SEC && !(MSEC_PER_SEC % HZ)
        return (MSEC_PER_SEC / HZ) * j;
#elif HZ > MSEC_PER_SEC && !(HZ % MSEC_PER_SEC)
        return (j + (HZ / MSEC_PER_SEC) - 1)/(HZ / MSEC_PER_SEC);
#else
# if BITS_PER_LONG == 32
        return (HZ_TO_MSEC_MUL32 * j) >> HZ_TO_MSEC_SHR32;
# else
        return (j * HZ_TO_MSEC_NUM) / HZ_TO_MSEC_DEN;
# endif
#endif
}

unsigned int jiffies_to_usecs(const unsigned long j)
```

```
{
        /*
         * Hz doesn't go much further MSEC_PER_SEC.
         * jiffies_to_usecs() and usecs_to_jiffies() depend on that.
         */
        BUILD_BUG_ON(HZ > USEC_PER_SEC);

#if !(USEC_PER_SEC % HZ)
        return (USEC_PER_SEC / HZ) * j;
#else
# if BITS_PER_LONG == 32
        return (HZ_TO_USEC_MUL32 * j) >> HZ_TO_USEC_SHR32;
# else
        return (j * HZ_TO_USEC_NUM) / HZ_TO_USEC_DEN;
# endif
#endif
}

static inline u64 jiffies_to_nsecs(const unsigned long j)
{
        return (u64)jiffies_to_usecs(j) * NSEC_PER_USEC;
}
```

其他转换函数可以在 include/linux/jiffies.h 文件中找到。

10.3.2　timeval 和 timespec

在 Linux 中，通过自 1970 年 1 月 1 日 0 点以来经过的秒数来维护当前时间。这些结构体中的第二个元素分别表示自上一秒经过的微秒数和纳秒数：

```
struct timespec {
        __kernel_time_t  tv_sec;                   /* seconds */
        long             tv_nsec;          /* nanoseconds */
};
#endif

struct timeval {
        __kernel_time_t          tv_sec;           /* seconds */
        __kernel_suseconds_t     tv_usec;  /* microseconds */
};
```

从时钟源读取的时间（计数器值）需要在某个地方累计并跟踪，struct tk_read_base 定义在 include/linux/timekeeper_internal.h 中，就是为此服务的：

```
struct tk_read_base {
        struct clocksource        *clock;
        cycle_t                  (*read)(struct clocksource *cs);
        cycle_t                  mask;
        cycle_t                  cycle_last;
        u32                      mult;
        u32                      shift;
        u64                      xtime_nsec;
        ktime_t                  base_mono;
};
```

struct timekeeper 定义在 include/linux/timekeeper_internal.h 中，保存了各种计时值。它是维护并操纵不同时间线的计时数据的主要数据结构，比如单调时间和原始时间：

```
struct timekeeper {
        struct tk_read_base      tkr;
        u64                      xtime_sec;
        unsigned long            ktime_sec;
        struct timespec64 wall_to_monotonic;
        ktime_t                  offs_real;
        ktime_t                  offs_boot;
        ktime_t                  offs_tai;
        s32                      tai_offset;
        ktime_t                  base_raw;
        struct timespec64 raw_time;

        /* The following members are for timekeeping internal use */
        cycle_t                  cycle_interval;
        u64                      xtime_interval;
        s64                      xtime_remainder;
        u32                      raw_interval;
        u64                      ntp_tick;
        /* Difference between accumulated time and NTP time in ntp
        * shifted nano seconds. */
        s64                      ntp_error;
        u32                      ntp_error_shift;
        u32                      ntp_err_mult;
};
```

10.3.3 跟踪和维护时间

计时辅助函数 timekeeping_delta_to_ns()和 timekeeping_get_ns 协助获取在世界时间和地球时间之间的纳秒修正系数（delta t）：

```
static inline u64 timekeeping_delta_to_ns(struct tk_read_base *tkr, u64
delta)
{
        u64 nsec;

        nsec = delta * tkr->mult + tkr->xtime_nsec;
        nsec >>= tkr->shift;

        /* If arch requires, add in get_arch_timeoffset() */
        return nsec + arch_gettimeoffset();
}

static inline u64 timekeeping_get_ns(struct tk_read_base *tkr)
{
        u64 delta;

        delta = timekeeping_get_delta(tkr);
        return timekeeping_delta_to_ns(tkr, delta);
}
```

logarithmic_accumulation()函数更新 mono、raw 和 xtime 时间线，它将周期的偏移间隔累计到纳秒数的偏移间隔。accumulate_nsecs_to_secs()函数把 struct tk_read_base 中的 xtime_nsec 字段的纳秒数累计到 struct timekeeper 中的 xtime_se。这些函数帮助跟踪系统中的当前时间，定义在 kernel/time/timekeeping.c 中：

```
static u64 logarithmic_accumulation(struct timekeeper *tk, u64 offset,
                                    u32 shift, unsigned int *clock_set)
{
        u64 interval = tk->cycle_interval << shift;
        u64 snsec_per_sec;

        /* If the offset is smaller than a shifted interval, do nothing */
        if (offset < interval)
                return offset;

        /* Accumulate one shifted interval */
```

```
        offset -= interval;
        tk->tkr_mono.cycle_last += interval;
        tk->tkr_raw.cycle_last  += interval;

        tk->tkr_mono.xtime_nsec += tk->xtime_interval << shift;
        *clock_set |= accumulate_nsecs_to_secs(tk);

        /* Accumulate raw time */
        tk->tkr_raw.xtime_nsec += (u64)tk->raw_time.tv_nsec <<
tk->tkr_raw.shift;
        tk->tkr_raw.xtime_nsec += tk->raw_interval << shift;
        snsec_per_sec = (u64)NSEC_PER_SEC << tk->tkr_raw.shift;
        while (tk->tkr_raw.xtime_nsec >= snsec_per_sec) {
                tk->tkr_raw.xtime_nsec -= snsec_per_sec;
                tk->raw_time.tv_sec++;
        }
        tk->raw_time.tv_nsec = tk->tkr_raw.xtime_nsec >> tk->tkr_raw.shift;
        tk->tkr_raw.xtime_nsec -= (u64)tk->raw_time.tv_nsec <<
tk->tkr_raw.shift;

        /* Accumulate error between NTP and clock interval */
        tk->ntp_error += tk->ntp_tick << shift;
        tk->ntp_error -= (tk->xtime_interval + tk->xtime_remainder) <<
                                                (tk->ntp_error_shift +
shift);
        return offset;
}
```

还有一个 update_wall_time()函数定义在 kernel/time/timekeeping.c 中，它负责维护墙上时间。它使用当前时钟源为参考来递增墙上时间。

10.3.4 节拍和中断处理

为了提供编程接口，时钟设备生成的节拍通过 struct clock_event_device 来抽象，它定义在 include/linux/clockchips.h 中：

```
struct clock_event_device {
        void                    (*event_handler)(struct clock_event_device
*);
        int                     (*set_next_event)(unsigned long evt, struct
clock_event_device *);
```

```
        int                    (*set_next_ktime)(ktime_t expires, struct
clock_event_device *);
        ktime_t                next_event;
        u64                    max_delta_ns;
        u64                    min_delta_ns;
        u32                    mult;
        u32                    shift;
        enum clock_event_state  state_use_accessors;
        unsigned int           features;
        unsigned long          retries;

        int                    (*set_state_periodic)(struct
clock_event_device *);
        int                    (*set_state_oneshot)(struct
clock_event_device *);
        int                    (*set_state_oneshot_stopped)(struct
clock_event_device *);
        int                    (*set_state_shutdown)(struct
clock_event_device *);
        int                    (*tick_resume)(struct clock_event_device
*);
        void                   (*broadcast)(const struct cpumask *mask);
        void                   (*suspend)(struct clock_event_device *);
        void                   (*resume)(struct clock_event_device *);
        unsigned long          min_delta_ticks;
        unsigned long          max_delta_ticks;

        const char              *name;
        int                    rating;
        int                    irq;
        int                    bound_on;
        const struct cpumask      *cpumask;
        struct list_head list;
        struct module             *owner;
} ____cacheline_aligned;
```

这里，event_handler是由框架赋值的合适的函数，由底层处理程序调用来运行节拍。依赖于配置，这个clock_event_device可以是周期模式（periodic）、一次性模式（one-shot），或者基于ktime。除了这3个，适合节拍设备的操作模式通过unsigned int features字段来设置，可使用如下几个宏：

```
#define CLOCK_EVT_FEAT_PERIODIC 0x000001
#define CLOCK_EVT_FEAT_ONESHOT 0x000002
```

```
#define CLOCK_EVT_FEAT_KTIME 0x000004
```

周期模式配置硬件每 1/Hz 秒产生一次节拍，而一次性模式则会在硬件自当前时间经过特定的周期后才生成节拍。

取决于使用场景和操作模式，event_handler 可以是下面 3 个例程中的任意一个。

- tick_handle_periodic()：周期节拍的默认处理程序，定义在 kernel/time/tick-common.c 中。
- tick_nohz_handler()：低精度中断处理程序，用于低精度模式。它定义在 kernel/time/tick-sched.c 中。
- hrtimer_interrupt()：用于高精度模式，定义在 kernel/time/hrtimer.c 文件中。中断会在调用时禁用。

一个时钟事件设备是通过 clockevents_config_and_register()函数来配置和注册的，定义在 kernel/time/clockevents.c 中。

10.3.5 节拍设备

clock_event_device 抽象是针对核心时间框架的。我们需要为每个 CPU 的节拍设备提供一个单独的抽象，这是通过 struct tick_device 和宏 DEFINE_PER_CPU()来实现的，分别定义在 kernel/time/tick-sched.h 和 include/linux/percpu-defs.h 中：

```
enum tick_device_mode {
 TICKDEV_MODE_PERIODIC,
 TICKDEV_MODE_ONESHOT,
};

struct tick_device {
        struct clock_event_device *evtdev;
        enum tick_device_mode mode;
}
```

一个 tick_device 可以是周期性的，或者一次性的。这是通过 enum tick_device_mode 来设置的。

10.4 软件定时器和延迟函数

软件定时器允许在持续时间到期时调用一个函数。有两种类型的定时器：内核使用的动态定时器和用户空间进程使用的间隔定时器。除了软件定时器，还有另一种类型的常用定时函数称为延迟函数。延迟函数实现了一个精确的循环，按照延迟函数的参数执行（通常与延迟函数一样多的次数）。

10.4.1 动态定时器

动态定时器可以在任意时间被创建和销毁，因此命名为动态定时器。动态定时器由 struct timer_list 对象表示，定义在 include/linux/timer.h 中：

```
struct timer_list {
        /*
        * Every field that changes during normal runtime grouped to the
        * same cacheline
        */
        struct hlist_node entry;
        unsigned long            expires;
        void                     (*function)(unsigned long);
        unsigned long            data;
        u32                       flags;

#ifdef CONFIG_LOCKDEP
        struct lockdep_map          lockdep_map;
#endif
};
```

系统中的所有定时器都由双链表进行管理，并按照到期时间顺序排序，由 expires 字段表示。expires 字段指定定时器到期的时间。只要目前 jiffies 值匹配或超过此字段的值，计时器就结束。通过 entry 字段，一个定时器被添加到这个定时器链表中。function 字段指向定时器到期时调用的函数，而 data 字段包含要传递给该函数的参数（如果需要的话）。expires 字段不断与 jiffies_64 值进行比较来确定定时器是否已到期。

一个动态定时器可以通过如下方式创建和激活。

- 创建一个新的 timer_list 对象，称为 t_obj。
- 使用宏 init_timer(&t_obj)来初始化这个定时器对象，这个宏定义在 include/linux/timer.h 中。
- 使用定时器到期要调用的函数的地址初始化 function 字段。如果函数需要参数，则也要初始化 data 字段。

- 如果定时器对象已经添加到一个定时器链表里，通过调用函数 mod_timer(&t_obj, <timeout-value-in-jiffies>)来更新 expires 字段，该函数定义在 kernel/time/timer.c 中。
- 如果定时器对象没有在链表中，就初始化 expires 字段，并使用函数 add_timer(&t_obj) 把定时器对象添加到定时器链表中，该函数定义在/kernel/time/timer.c 中。

内核自动地从它的定时器链表中移除一个已停止的定时器，但是也有其他方法从它的链表中移除一个定时器。定义在 kernel/time/timer.c 中的 del_timer()和 del_timer_sync()函数，以及宏 del_singleshot_timer_sync()协助做这项工作：

```
int del_timer(struct timer_list *timer)
{
        struct tvec_base *base;
        unsigned long flags;
        int ret = 0;

        debug_assert_init(timer);
        timer_stats_timer_clear_start_info(timer);
        if (timer_pending(timer)) {
                base = lock_timer_base(timer, &flags);
                if (timer_pending(timer)) {
                        detach_timer(timer, 1);
                        if (timer->expires == base->next_timer &&
                            !tbase_get_deferrable(timer->base))
                                base->next_timer = base->timer_jiffies;
                        ret = 1;
                }
                spin_unlock_irqrestore(&base->lock, flags);
        }

        return ret;
}

int del_timer_sync(struct timer_list *timer)
{
#ifdef CONFIG_LOCKDEP
        unsigned long flags;

        /*
        * If lockdep gives a backtrace here, please reference
        * the synchronization rules above.
```

```
        */
        local_irq_save(flags);
        lock_map_acquire(&timer->lockdep_map);
        lock_map_release(&timer->lockdep_map);
        local_irq_restore(flags);
#endif
        /*
        * don't use it in hardirq context, because it
        * could lead to deadlock.
        */
        WARN_ON(in_irq());
        for (;;) {
                int ret = try_to_del_timer_sync(timer);
                if (ret >= 0)
                        return ret;
                cpu_relax();
        }
}

#define del_singleshot_timer_sync(t) del_timer_sync(t)
```

del_timer()用来移除活动定时器和非活动定时器。在 SMP 系统中特别有用的是，del_timer_sync()停止定时器并等待处理程序在其他 CPU 上完成执行。

10.4.2 带有动态定时器的竞争条件

在删除定时器时需要特别小心，原因是定时器函数可能会操纵一些动态的可分配资源。如果资源在定时器停止之前就被释放，会存在定时器函数在被调用时，其操作的资源完全不存在的可能，从而导致数据损坏。所以为了避免这种情况，必须在释放任何资源之前停止定时器。以下代码片段说明了这种情况；这里的 RESOURCE_DEALLOCATE()可以是任何相关的资源释放函数：

```
...
del_timer(&t_obj);
RESOURCE_DEALLOCATE();
...
```

但是，这种方法仅适用于单处理器系统。在 SMP 系统中，当定时器停止时，它的函数可能已经在另一个 CPU 上运行。在这种情况下，资源将在 del_timer()返回后尽快释放，而定时器函数仍然在其他 CPU 上操作它们，这根本不是理想的情况。而 del_timer_sync()解决了这个问题：在停止计时器后，该函数会等待直到计时器函数在其他 CPU 上完成执行。del_timer_sync()在定时器函数可以重新激活的情况下非常有用。如果定时器函数不重新激活定时器，则应该使用更简单、快捷的宏 del_singleshot_timer_sync()来替代。

10.4.3 动态定时器处理

软件定时器是复杂并且耗时的，因此，不应该由定时器 ISR 处理，而应该由一个可延迟的下半部软中断例程处理，称作 TIMER_SOFTIRQ，其函数定义在 kernel/time/timer.c 中：

```
static __latent_entropy void run_timer_softirq(struct softirq_action *h)
{
        struct timer_base *base = this_cpu_ptr(&timer_bases[BASE_STD]);

        base->must_forward_clk = false;
        __run_timers(base);
        if (IS_ENABLED(CONFIG_NO_HZ_COMMON) && base->nohz_active)
                __run_timers(this_cpu_ptr(&timer_bases[BASE_DEF]));
}
```

10.4.4 延迟函数

定时器在超时较长时非常有用，而在其他持续时间短的情况下可以使用延迟函数。与诸如存储设备（即闪存和 EEPROM）之类的硬件打交道时，让设备驱动程序等待直到设备完成诸如写入和擦除等硬件操作是非常关键的，在大多数情况下，这些操作用时都在几微秒到毫秒范围内。继续执行其他指令而不等待硬件完成这种操作会导致不可预知的读/写操作和数据损坏。在这些情况下，延迟函数就派上了用场。内核提供 ndelay()、udelay()和 mdelay()这种短延迟函数和宏，这些函数分别接收纳秒、微秒和毫秒参数。

如下函数可以在 include/linux/delay.h 中找到：

```
static inline void ndelay(unsigned long x)
{
        udelay(DIV_ROUND_UP(x, 1000));
}
```

这些函数可以在 arch/ia64/kernel/time.c 中找到：

```
static void
ia64_itc_udelay (unsigned long usecs)
```

```
{
        unsigned long start = ia64_get_itc();
        unsigned long end = start + usecs*local_cpu_data->cyc_per_usec;

        while (time_before(ia64_get_itc(), end))
                cpu_relax();
}

void (*ia64_udelay)(unsigned long usecs) = &ia64_itc_udelay;

void
udelay (unsigned long usecs)
{
        (*ia64_udelay)(usecs);
}
```

10.5 POSIX 时钟

POSIX 为多线程和实时用户空间应用程序提供软件定时器，称为 POSIX 定时器。POSIX 提供如下时钟。

- CLOCK_REALTIME：该时钟表示系统中的实际时间，也称为墙上时间，它类似于来自挂钟的时间，用于时间戳，并且为用户提供实际时间。这个时钟是可修改的。
- CLOCK_MONOTONIC：该时钟保存系统启动后经过的时间。它是单调递增的，并且对任何进程或者用户都是不可修改的。由于它的单调性，它成为确定两个时间事件之间时间差的首选时钟。
- CLOCK_BOOTTIME：此时钟与 CLOCK_MONOTONIC 相同，区列在于它还包括挂起的时间。

这些时钟可以通过定义在 time.h 头文件中的如下 POSIX 时钟函数来访问和修改（如果所选的时钟允许这样做）：

- int clock_getres(clockid_t clk_id, struct timespec *res);
- int clock_gettime(clockid_t clk_id, struct timespec *tp);
- int clock_settime(clockid_t clk_id, const struct timespec *tp);

函数 clock_getres()获取由 clk_id 指定的时钟分辨率（精度）。如果分辨率不为空，则把它保存在 struct timespec 类型指针所指向的位置。函数 clock_gettime()和 clock_settime()分别用来读取和设置 clk_id 指定时钟的时间。clk_id 可以是任意 POSIX 时钟，如 CLOCK_REALTIME、CLOCK_MONOTONIC 等。

```
CLOCK_REALTIME_COARSE
CLOCK_MONOTONIC_COARSE
```

这些 POSIX 例程中的每一个都有相应的系统调用，即 sys_clock_getres()、sys_clock_gettime() 和 sys_clock_settime()。所以每次在调用这些例程时，就会发生一次从用户模式到内核模式的上下文切换。如果对这些例程的调用很频繁，则上下文切换可能导致系统性能低下。为了避免上下文切换，POSIX 时钟的两个粗略变体被实现为 vDSO（虚拟动态共享对象）库。

vDSO 是一个小型共享库，具有选定的内核空间函数，内核把这些函数映射到用户空间应用程序的地址空间，以便这些内核空间函数可以直接从用户空间进行调用。C 库调用 vDSO，所以用户空间应用程序可以通过标准函数使用通用的方法进行编程，C 库将通过 vDSO 利用该功能，而无须使用任何系统调用接口，从而避免任何用户模式到内核模式的上下文切换和系统调用开销。作为 vDSO 实现，这些粗略的变体执行速度更快，分辨率达到 1 毫秒。

10.6 小结

本章除了介绍 Linux 时间的基本方面、基础设施和度量，还详细介绍了内核提供的用于驱动基于时间的事件的大多数例程。本章也简要地介绍了 POSIX 时钟和一些关键的时间访问和修改例程。然而，有效的时间驱动程序依赖于谨慎、精确地使用这些例程。

下一章将简要介绍动态内核模块的管理。

11

第 11 章　模块管理

内核模块（也称为 LKM）由于其易于使用而增强了内核服务的开发功能。本章的重点是了解内核如何无缝地促进整个过程，使模块的加载和卸载变得更加动态和容易，我们将查看模块管理中涉及的所有核心概念、函数和关键的数据结构。这里假设读者熟悉模块的基本用法。

本章将介绍以下主题：

- 内核模块的关键要素；
- 模块的布局；
- 模块的加载和卸载接口；
- 关键数据结构。

11.1　内核模块

内核模块是一种简单、有效的机制，用来扩展系统运行时的功能，而不需要重新构建整个内核，它们对 Linux 操作系统提供动态性和可扩展性至关重要。内核模块不仅具备内核可扩展的特性，而且引出以下几个功能：

- 允许内核拥有仅保留必需特性的能力，进而提升容量利用率；
- 允许加载和卸载专有/非 GPL 兼容的服务；
- 内核可扩展性的基本特性。

11.1.1　LKM 的要素

每个模块对象由 init（构造函数）和 exit（析构函数）函数组成。当模块部署到内核地址空间时，将调用 init 例程，在移除模块时调用 exit 例程。顾名思义，init 例程通常被编程来执行一些操作和动作，这些操作和动作对于设置模块体非常重要：比如注册一个特定的内核子系统，或者分配对正要加载的功能必不可少的资源。然而，在 init 和 exit 例程中编程的特定操作取决于模块的设计目的和它给内核带来的功能。下面的代码片段展示了 init 和 exit 例程的模板：

```
int init_module(void)
{
  /* perform required setup and registration ops */
    ...
    ...
    return 0;
}
void cleanup_module(void)
{
   /* perform required cleanup operations */
   ...
   ...
}
```

注意，init 例程返回一个整数——如果该模块被提交到内核地址空间，则返回 0；如果失败，则返回一个负数。此外，这还为程序员提供了便利，只有当模块成功地向所需的子系统注册时，才能提交模块。

init 和 exit 例程的默认名称分别是 init_module() 和 cleanup_module()。模块可以选择更改 init 和 exit 例程的名称，以提高代码的可读性。但是，必须使用 module_init 和 module_exit 宏声明它们：

```
int myinit(void)
{
        ...
        ...
        return 0;
}

void myexit(void)
{
        ...
        ...
}
```

```
module_init(myinit);
module_exit(myexit);
```

注释宏构成了模块代码的另一个关键元素。这些宏用于提供模块的使用、许可和作者信息。这很重要，因为模块来自不同的供应商。

- MODULE_DESCRIPTION()：这个宏用于指定模块的通用描述。
- MODULE_AUTHOR()：这个宏用于提供作者信息。
- MODULE_LICENSE()：这个宏用于为模块中的代码指定合法的许可证。

通过这些宏指定的所有信息都被保留到模块二进制文件中，用户可以通过名为 modinfo 的工具来访问这些信息。MODULE_LICENSE()是模块必须提到的唯一的宏。这有一个非常方便的用途，因为它会告诉用户一个模块中的专有代码，这些专有代码容易受到调试和支持问题的影响（内核社区中的绝大部分人都会忽略由专有模块产生的问题）。

模块的另一个有用的特性是使用模块参数动态初始化模块数据变量。这允许模块中声明的数据变量在模块部署期间或者模块在内存中被初始化（通过 sysfs 接口）。这可以通过适当的 module_param()系列宏（可以在内核头文件<linux/moduleparam.h>中找到）来设置选定的变量作为模块参数来实现。在模块部署期间传递给模块参数的值在调用 init 函数之前被初始化。

模块中的代码可以根据需要来访问全局内核函数和数据。这让模块的代码能够使用现有的内核功能。通过这些函数调用，模块可以执行所需的操作，如将消息打印到内核日志缓冲区、分配和释放内存、获取和释放排斥锁，以及注册和取消注册相应的子系统。

同样，模块还可以将其符号导出到内核的全局符号表中，然后就可以被其他模块的代码访问了。通过将它们组织在一组模块中而不是将整个服务实现为单个 LKM，可以促进内核服务的粒度设计和实现。这样堆积的相关服务会导致模块依赖。例如，如果模块 A 使用模块 B 的符号，那么 A 就依赖 B，在这种情况下，模块 B 必须在模块 A 之前加载，而模块 B 在卸载模块 A 之前不能卸载。

LKM 的二进制布局

模块是使用 kbuild makefile 构建的。一旦构建过程完成，就会生成一个带有.ko（内核对象）扩展名的 ELF 二进制文件。模块的 ELF 二进制文件被适当地调整以添加新的段，以区别于其他的 ELF 二进制文件，并存储与模块相关的元数据。表 11-1 所示为内核模块中的段。

表 11-1

内核模块中的段	描述
.gnu.linkonce.this_module	模块结构
.modinfo	关于模块的信息（许可证等）
__versions	编译时模块依赖的符号的预期版本
__ksymtab*	该模块导出的符号表
__kcrctab*	该模块导出的符号表版本
.init	初始化时使用的段
.text, .data etc.	代码和数据段

11.1.2 加载和卸载操作

模块可以通过特殊的工具来部署，这些工具是被称为 modutils 的应用程序包的一部分，其中 insmod 和 rmmod 被广泛使用。insmod 用于将模块部署到内核地址空间，rmmod 用于卸载一个活跃的模块。这些工具通过调用适当的系统调用来发起加载/卸载操作：

```
int finit_module(int fd, const char *param_values, int flags);
int delete_module(const char *name, int flags);
```

这里，finit_module() 通过指定的模块二进制文件（.ko）的文件描述符和其他相关的参数来调用（通过 insmod）。该函数通过调用底层系统调用进入内核模式：

```
SYSCALL_DEFINE3(finit_module, int, fd, const char __user *, uargs, int,
flags)
{
        struct load_info info = { };
        loff_t size;
        void *hdr;
        int err;

        err = may_init_module();
        if (err)
                return err;

        pr_debug("finit_module: fd=%d, uargs=%p, flags=%i\n", fd, uargs,
flags);
        if (flags & ~(MODULE_INIT_IGNORE_MODVERSIONS
                      |MODULE_INIT_IGNORE_VERMAGIC))
```

```
                return -EINVAL;

        err = kernel_read_file_from_fd(fd, &hdr, &size, INT_MAX,
                                       READING_MODULE);
        if (err)
                return err;
        info.hdr = hdr;
        info.len = size;

        return load_module(&info, uargs, flags);
}
```

这里，调用 may_init_module()来验证调用上下文的 CAP_SYS_MODULE 特权。这个函数在失败时返回一个负数，成功时返回零。如果调用者拥有所需的特权，则使用 kernel_read_file_from_fd()函数通过 fd 访问指定的模块映像，该函数返回模块映像的地址，并将其填充到 struct load_info 的实例中。最后，使用 load_info 实例的地址以及其他通过 finit_module()调用传递下来的用户参数，来调用 load_module()核心内核函数：

```
static int load_module(struct load_info *info, const char __user *uargs,int
flags)
{
        struct module *mod;
        long err;
        char *after_dashes;
        err = module_sig_check(info, flags);
        if (err)
                goto free_copy;

        err = elf_header_check(info);
        if (err)
                goto free_copy;

        /* Figure out module layout, and allocate all the memory. */
        mod = layout_and_allocate(info, flags);
        if (IS_ERR(mod)) {
                err = PTR_ERR(mod);
                goto free_copy;
        }

        ...
        ...
```

```
    ...
}
```

这里，load_module()是一个核心内核函数，它尝试将模块映像链接到内核地址空间。该函数发起一系列的完整性检查，最后通过将模块参数初始化为调用者提供的值来提交模块，并调用模块的 init 函数。下面的步骤详细描述这些操作，并附有调用的相关辅助函数的名称。

- 检查签名（module_sig_check()）。
- 检查 ELF 头部（elf_header_check()）。
- 检查模块布局并分配必要的内存（layout_and_allocate()）。
- 将模块追加到模块列表（add_unformed_module()）。
- 分配模块中使用到的 per-CPU 区域（percpu_modalloc()）。
- 当模块位于最终位置时，找到可选的段（find_module_sections()）。
- 检查模块许可证和版本（check_module_license_and_versions()）。
- 解析符号（simplify_symbols()）。
- 按照在 args 列表中传递的值设置模块参数。
- 检查重复的符号（complete_formation()）。
- 设置 sysfs（mod_sysfs_setup()）。
- 释放 load_info 结构体的副本（free_copy()）。
- 调用模块的 init 函数（do_init_module()）。

卸载过程与加载过程非常相似。唯一不同的是，在不影响系统稳定性的情况下，有一定的完整性检查以确保模块从内核安全地移除。模块的卸载是通过调用 rmmod 工具来发起的，它调用 delete_module()函数，该函数会进入底层系统调用：

```
SYSCALL_DEFINE2(delete_module, const char __user *, name_user,
                unsigned int, flags)
{
        struct module *mod;
        char name[MODULE_NAME_LEN];
        int ret, forced = 0;
```

```
	if (!capable(CAP_SYS_MODULE) || modules_disabled)
		return -EPERM;

	if (strncpy_from_user(name, name_user, MODULE_NAME_LEN-1) < 0)
		return -EFAULT;
	name[MODULE_NAME_LEN-1] = '\0';

	audit_log_kern_module(name);

	if (mutex_lock_interruptible(&module_mutex) != 0)
		return -EINTR;

	mod = find_module(name);
	if (!mod) {
		ret = -ENOENT;
		goto out;
	}

	if (!list_empty(&mod->source_list)) {
		/* Other modules depend on us: get rid of them first. */
		ret = -EWOULDBLOCK;
		goto out;
	}

	/* Doing init or already dying? */
	if (mod->state != MODULE_STATE_LIVE) {
		/* FIXME: if (force), slam module count damn the torpedoes
*/
		pr_debug("%s already dying\n", mod->name);
		ret = -EBUSY;
		goto out;
	}

	/* If it has an init func, it must have an exit func to unload */
	if (mod->init && !mod->exit) {
		forced = try_force_unload(flags);
		if (!forced) {
			/* This module can't be removed */
			ret = -EBUSY;
			goto out;
		}
	}
```

```
        /* Stop the machine so refcounts can't move and disable module. */
        ret = try_stop_module(mod, flags, &forced);
        if (ret != 0)
                goto out;

        mutex_unlock(&module_mutex);
        /* Final destruction now no one is using it. */
        if (mod->exit != NULL)
                mod->exit();
        blocking_notifier_call_chain(&module_notify_list,
                                     MODULE_STATE_GOING, mod);
        klp_module_going(mod);
        ftrace_release_mod(mod);

        async_synchronize_full();

        /* Store the name of the last unloaded module for diagnostic
purposes */
        strlcpy(last_unloaded_module, mod->name,
sizeof(last_unloaded_module));

        free_module(mod);
        return 0;
out:
        mutex_unlock(&module_mutex);
        return ret;
}
```

在调用时，系统调用检查调用者是否具有必需的权限，然后检查是否有任何模块依赖项。如果没有，模块就可以移除（否则返回错误）。在此之后，将验证模块状态（live）。最终，调用模块的 exit 函数以及 free_module()函数：

```
/* Free a module, remove from lists, etc. */
static void free_module(struct module *mod)
{
        trace_module_free(mod);

        mod_sysfs_teardown(mod);

        /* We leave it in list to prevent duplicate loads, but make sure
        * that no one uses it while it's being deconstructed. */
```

```
        mutex_lock(&module_mutex);
        mod->state = MODULE_STATE_UNFORMED;
        mutex_unlock(&module_mutex);

        /* Remove dynamic debug info */
        ddebug_remove_module(mod->name);

        /* Arch-specific cleanup. */
        module_arch_cleanup(mod);

        /* Module unload stuff */
        module_unload_free(mod);

        /* Free any allocated parameters. */
        destroy_params(mod->kp, mod->num_kp);

        if (is_livepatch_module(mod))
                free_module_elf(mod);

        /* Now we can delete it from the lists */
        mutex_lock(&module_mutex);
        /* Unlink carefully: kallsyms could be walking list. */
        list_del_rcu(&mod->list);
        mod_tree_remove(mod);
        /* Remove this module from bug list, this uses list_del_rcu */
        module_bug_cleanup(mod);
        /* Wait for RCU-sched synchronizing before releasing mod->list and
buglist. */
        synchronize_sched();
        mutex_unlock(&module_mutex);

        /* This may be empty, but that's OK */
        disable_ro_nx(&mod->init_layout);
        module_arch_freeing_init(mod);
        module_memfree(mod->init_layout.base);
        kfree(mod->args);
        percpu_modfree(mod);

        /* Free lock-classes; relies on the preceding sync_rcu(). */
        lockdep_free_key_range(mod->core_layout.base,
mod->core_layout.size);
```

```
        /* Finally, free the core (containing the module structure) */
        disable_ro_nx(&mod->core_layout);
        module_memfree(mod->core_layout.base);

#ifdef CONFIG_MPU
        update_protections(current->mm);
#endif
}
```

这个调用将把模块从各个列表中移除，移除项是在加载期间添加进来的（sysfs、模块列表等），用来启动清理工作，调用体系结构相关的清理函数（可以在</linux/arch/<arch>/kernel/module.c>中找到）。所有依赖的模块都被遍历，并从它们的列表中移除模块。一旦清理结束，分配给模块的所有资源和内存就都将被释放。

模块数据结构

在内核中部署的每个模块通常都通过一个称为 struct module 的描述符表示。内核维护一个模块实例链表，其中每个实例代表内存中的一个特定模块：

```
struct module {
        enum module_state state;

        /* Member of list of modules */
        struct list_head list;

        /* Unique handle for this module */
        char name[MODULE_NAME_LEN];

        /* Sysfs stuff. */
        struct module_kobject mkobj;
        struct module_attribute *modinfo_attrs;
        const char *version;
        const char *srcversion;
        struct kobject *holders_dir;
        /* Exported symbols */
        const struct kernel_symbol *syms;
        const s32 *crcs;
        unsigned int num_syms;

        /* Kernel parameters. */
#ifdef CONFIG_SYSFS
```

```
        struct mutex param_lock;
#endif
        struct kernel_param *kp;
        unsigned int num_kp;

        /* GPL-only exported symbols. */
        unsigned int num_gpl_syms;
        const struct kernel_symbol *gpl_syms;
        const s32 *gpl_crcs;

#ifdef CONFIG_UNUSED_SYMBOLS
        /* unused exported symbols. */
        const struct kernel_symbol *unused_syms;
        const s32 *unused_crcs;
        unsigned int num_unused_syms;

        /* GPL-only, unused exported symbols. */
        unsigned int num_unused_gpl_syms;
        const struct kernel_symbol *unused_gpl_syms;
        const s32 *unused_gpl_crcs;
#endif

#ifdef CONFIG_MODULE_SIG
        /* Signature was verified. */
        bool sig_ok;
#endif

        bool async_probe_requested;

        /* symbols that will be GPL-only in the near future. */
        const struct kernel_symbol *gpl_future_syms;
        const s32 *gpl_future_crcs;
        unsigned int num_gpl_future_syms;

        /* Exception table */
        unsigned int num_exentries;
        struct exception_table_entry *extable;

        /* Startup function. */
        int (*init)(void);
        /* Core layout: rbtree is accessed frequently, so keep together. */
```

```
        struct module_layout core_layout __module_layout_align;
        struct module_layout init_layout;

        /* Arch-specific module values */
        struct mod_arch_specific arch;

        unsigned long taints;    /* same bits as kernel:taint_flags */

#ifdef CONFIG_GENERIC_BUG
        /* Support for BUG */
        unsigned num_bugs;
        struct list_head bug_list;
        struct bug_entry *bug_table;
#endif

#ifdef CONFIG_KALLSYMS
        /* Protected by RCU and/or module_mutex: use rcu_dereference() */
        struct mod_kallsyms *kallsyms;
        struct mod_kallsyms core_kallsyms;

        /* Section attributes */
        struct module_sect_attrs *sect_attrs;

        /* Notes attributes */
        struct module_notes_attrs *notes_attrs;
#endif

        /* The command line arguments (may be mangled). People like
         keeping pointers to this stuff */
        char *args;

#ifdef CONFIG_SMP
        /* Per-cpu data. */
        void __percpu *percpu;
        unsigned int percpu_size;
#endif

#ifdef CONFIG_TRACEPOINTS
        unsigned int num_tracepoints;
        struct tracepoint * const *tracepoints_ptrs;
#endif
```

```
#ifdef HAVE_JUMP_LABEL
        struct jump_entry *jump_entries;
        unsigned int num_jump_entries;
#endif
#ifdef CONFIG_TRACING
        unsigned int num_trace_bprintk_fmt;
        const char **trace_bprintk_fmt_start;
#endif
#ifdef CONFIG_EVENT_TRACING
        struct trace_event_call **trace_events;
        unsigned int num_trace_events;
        struct trace_enum_map **trace_enums;
        unsigned int num_trace_enums;
#endif
#ifdef CONFIG_FTRACE_MCOUNT_RECORD
        unsigned int num_ftrace_callsites;
        unsigned long *ftrace_callsites;
#endif

#ifdef CONFIG_LIVEPATCH
        bool klp; /* Is this a livepatch module? */
        bool klp_alive;

        /* Elf information */
        struct klp_modinfo *klp_info;
#endif

#ifdef CONFIG_MODULE_UNLOAD
        /* What modules depend on me? */
        struct list_head source_list;
        /* What modules do I depend on? */
        struct list_head target_list;

        /* Destruction function. */
        void (*exit)(void);

        atomic_t refcnt;
#endif

#ifdef CONFIG_CONSTRUCTORS
        /* Constructor functions. */
```

```
        ctor_fn_t *ctors;
        unsigned int num_ctors;
#endif
} ____cacheline_aligned;
```

现在让我们来看看这个结构体的一些关键字段。

- list：这是包含内核中所有已加载的模块的双向链表。
- name：指定模块的名称。这必须是一个唯一的名称，因为模块是通过这个名称来引用的。
- state：这表示模块的当前状态。一个模块可以是 <linux/module.h> 中的 enum module_state 定义的状态中的一种：

```
enum module_state {
        MODULE_STATE_LIVE,        /* Normal state. */
        MODULE_STATE_COMING,      /* Full formed, running module_init. */
        MODULE_STATE_GOING,       /* Going away. */
        MODULE_STATE_UNFORMED,    /* Still setting it up. */
};
```

在加载或移除模块时，了解它的当前状态是很重要的。例如，如果模块的状态显示它已经存在，我们就不需要插入一个已存在的模块。

- syms、crc 和 num_syms：这些用于管理由模块代码导出的符号。
- init：这是在初始化模块时调用的函数的指针。
- arch：这表示体系结构相关的结构体，该结构体应该使用体系结构相关的数据进行填充，这些数据需要模块来运行。但是，由于大多数体系结构不需要任何附加信息，因此这个结构体大部分保持为空。
- taints：如果模块正在污染内核，则使用该字段。这可能意味着内核怀疑一个模块做了一些有害的事情或者有非 GPL 兼容的代码。
- percpu：这指向属于模块的 per-CPU 数据。在模块加载时初始化。
- source_list 和 target_list：它们包含模块依赖项的详细信息。
- exit：这是 init 的对立面。它指向要执行模块的清理过程的函数。它释放模块持有的内存，并执行其他清理任务。

内存布局

一个模块的内存布局通过对象 struct module_layout 来展示，这个对象在<linux/module.h>中定义：

```
struct module_layout {
        /* The actual code + data. */
        void *base;
        /* Total size. */
        unsigned int size;
        /* The size of the executable code. */
        unsigned int text_size;
        /* Size of RO section of the module (text+rodata) */
        unsigned int ro_size;

#ifdef CONFIG_MODULES_TREE_LOOKUP
        struct mod_tree_node mtn;
#endif
};
```

11.2 小结

本章简要介绍了模块的所有核心要素及其含义和管理细节。本章旨在让读者快速、全面地了解内核是如何通过模块促进其可扩展性的。本章还介绍了让模块管理更为便利的核心数据结构。内核试图在这个动态环境中保持安全和稳定也是一个值得关注的特性。

真心希望本书能够帮助大家走出去，用 Linux 内核做更多的实验和开发工作！